高分辨率遥感影像处理方法及应用

王　鑫　石爱业　高红民　王　超　著

科 学 出 版 社

北　京

内 容 简 介

高光谱分辨率、高空间分辨率（统称高分辨率）遥感近年来发展迅速，并成为经济建设、国防安全和信息服务等方面重要的空间信息源。高分辨率影像的处理，是高分辨率遥感从数据转换为信息或知识，进而服务于城市遥感、测绘、精细农业、环境监测与评价、军事侦察等领域的重要环节，也是高分辨率遥感应用服务链的核心技术之一。本书系统介绍高分辨率遥感影像处理技术的有关概念、原理和方法，共分 10 章。第 1 章主要介绍高光谱分辨率和高空间分辨率遥感成像、预处理技术、影像分类和变化检测技术。第 2~6 章主要介绍高光谱分辨率遥感影像的波段选择和分类方法及应用。第 7~10 章主要介绍高空间分辨率遥感影像的配准、分割和变化检测方法及应用。

本书内容新颖、理论联系实际，可作为遥感技术、地球信息科学、计算机应用等相关专业的研究生和高年级本科生、科研人员、工程技术人员参考书。

图书在版编目(CIP)数据

高分辨率遥感影像处理方法及应用/王鑫等著. —北京：科学出版社，2017

ISBN 978-7-03-051935-1

Ⅰ. ①高…　Ⅱ. ①王…　Ⅲ. ①高分辨率–遥感图象–图象处理–研究
Ⅳ. ①TP751

中国版本图书馆 CIP 数据核字(2017) 第 037219 号

责任编辑：惠　雪　沈　旭 / 责任校对：刘亚琦
责任印制：徐晓晨 / 封面设计：许　瑞

科学出版社 出版
北京东黄城根北街 16 号
邮政编码：100717
http://www.sciencep.com
北京凌奇印刷有限责任公司印刷
科学出版社发行　各地新华书店经销
*
2017 年 3 月第　一　版　开本：720 × 1000　1/16
2025 年 1 月第五次印刷　印张：13 1/4
字数：267 000

定价：89.00 元

(如有印装质量问题，我社负责调换)

前　　言

高光谱分辨率、高空间分辨率、高辐射分辨率、高时间分辨率是当今对地观测技术发展的趋势，也是遥感科学技术不断追求与发展的目标。特别是高光谱分辨率、高空间分辨率 (统称高分辨率) 遥感的发展近年来十分迅速，并成为经济建设、国防安全和信息服务等方面重要的空间信息源。

高分辨率遥感图像处理是高分遥感从数据转换为信息或知识，进而服务于应用的重要环节，也是高分辨率遥感应用服务链的核心技术之一。高光谱遥感影像有着信息量大、光谱分辨率高等特点。但是，高光谱遥感数据丰富的光谱信息在有助于实现细致的遥感地物分类和识别的同时，其众多的波段数也导致信息的高冗余和数据处理的复杂，这不仅带来了巨大的计算量，而且还会降低应用精度。因此，在对高光谱影像进行处理、分析之前进行降维变得非常必要。分类作为一种重要的信息获取手段，可以通过光谱信息来辨识不同像元所对应的地物类别。现有的通过高光谱遥感影像丰富的光谱信息辨识不同像素中所包含的地物种类的方法精度低，需要进一步研究针对高光谱影像自身特点的分类方法。如何从高光谱影像产生的数据中进行高精度的分类目前仍是亟待解决的问题。随着高空间分辨率遥感影像在城市规划、自然灾害监测与评估等诸多领域的广泛应用，高分辨率遥感影像配准、分割、分类及变化检测等技术已经成为遥感技术领域的研究热点之一。空间分辨率的提高带来了更加丰富的地形、地物细节信息，也给相应的图像处理带来了新的挑战。近年来，由于高分辨率多时相遥感数据的获取手段的多样化，基于多时相高分辨率遥感的变化检测正成为研究热点之一。对象级变化检测算法采用面向对象的分析技术，为进一步提高变化检测精度提供了有效途径，是目前高分辨率遥感影像变化检测技术的主流和发展方向。为了实现高精度的对象级高分辨率遥感影像变化检测，不仅需要有效的变化检测方法，高效的几何配准、图像分割等相关技术也是成功实现变化检测的重要保证。

本书系统介绍高分辨率遥感图像处理技术的有关概念、原理和方法，也是作者多年研究工作的总结。

本书共分为 10 章。第 1 章主要介绍高分辨率遥感图像处理方法研究现状、意义及应用。第 2~10 章主要介绍作者所提出的高分辨率遥感图像处理相关技术，主要内容包括：基于模拟退火遗传算法的高光谱遥感影像波段选择技术、基于 Choquet 模糊积分优化的 SAGA 高光谱遥感影像波段选择技术、基于多目标粒子群优化算法的高光谱遥感影像波段选择技术、基于后验概率支持向量机和马尔科夫场的高光谱影像分类技术、基于多示例学习和支持向量机的高光谱遥感影像分类技术、基于 JSEG 与归一化互信息的高分辨率遥感影像配准技术、基于小波变换与改进 JSEG 算法的高分辨率遥感影像多尺度分割技术、基于多尺度融合的对象级高分辨率遥感影像变化检测技术及一种对象级高分辨率 SAR 影像洪水灾害变化检测技术等。

本书第 1 章由王鑫、石爱业编写，第 2~6 章由高红民、王鑫编写，第 7~10 章由王超、石爱业编写，全书由王鑫、石爱业统稿。

本书是在作者及其研究团队近年来科研工作的基础上完成的，先后得到了国家科技支撑计划项目 (编号：2015BAB07B01)、国家自然科学基金 (编号：61603124、61601229、61374019、61271386、60901003、60872096、60774092、60374033)、江苏高校优势学科建设工程资助项目 (PAPD)、教育部中央高校基本科研业务费 (2015B19014) 的资助。

向所有的参考文献作者及为本书出版付出辛勤劳动的同志们表示衷心的感谢！同时，特别感谢徐立中在本书编写过程中给予的帮助。

限于作者的水平，书中难免有缺点和不完善之处，恳请批评指正。

王鑫　石爱业

2016 年 11 月 6 日

于河海大学

目　　录

第1章　绪　　论

1.1　概　　述

遥感 (remote sensing) 即遥远感知，是在不直接接触的情况下来获取远方信号并使之成像[1,2]，对目标或自然现象远距离探测和感知的一种技术[3]。

随着遥感技术的不断发展，遥感影像呈现出覆盖范围广泛、高空间分辨率、低成本、更加丰富的光谱分辨率可供选择等发展趋势，这些因素都有利于进一步促进利用遥感影像进行城市规划、土地覆盖、变化监测等方面的应用。

1.1.1　高光谱分辨率遥感

与传统的多光谱扫描仪相比，高光谱影像的成像光谱仪能够得到上百通道、连续波段的影像[4]，每个影像像元可以提取一条光谱曲线[5]。与传统的多光谱遥感相比，高光谱遥感有连续光谱，因而从高光谱影像的每个影像像元都可以进一步提取出一条连续的光谱曲线[6]。高光谱成像光谱仪进行的光谱成像是一种连续的、不间断的“面”上光谱成像，所得到的影像数据具有高光谱分辨率、图谱合一、光谱在一定范围内连续成像等特点[7]。与此同时，这些影像通常有数十或数百个接近的光谱波段，这将导致在高光谱影像分类识别时要面临高冗余度和计算量庞大的问题[8]。高光谱遥感 (hyperspectral remote sensing) 中 “hyper” 的原意是 “过量的、过多的”，这首先就意味着其光谱信息量的巨大[9]。图 1.1 显示了一个原始高光谱影像。

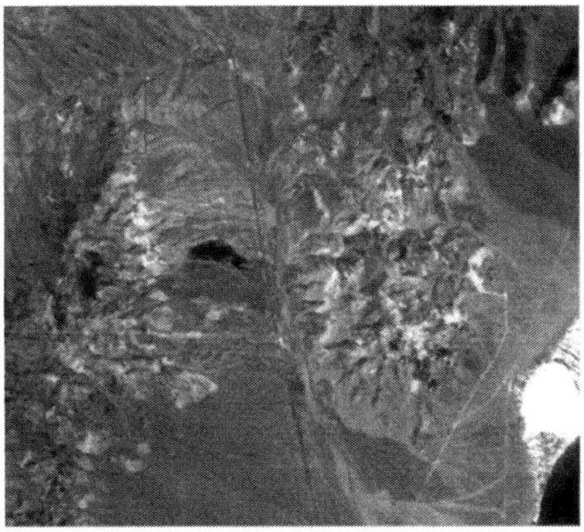

图 1.1　原始高光谱影像

高光谱遥感影像的主要特点是将传统的空间维与光谱维信息融为一体，在获取地表空间影像的同时，得到地物的连续光谱，从而实现依据地物光谱特征进行反演与地物识别的目的[10]。高光谱数据的特点决定了高光谱影像具有较其他遥感影像更强的地物识别与精细分类能力。

在高光谱数据谱分析中，一般首先借助地面测量与实验室数据分析得到具有诊断性意义的地物光谱特征，建立代表地物特性的“指纹光谱”(spectral signature)[11]；接着针对高光谱影像中每个像元的光谱反射曲线，基于光谱匹配与特征分析，利用光谱信息直接识别地物[12−14]；或者通过分析地物不同状态下光谱特征的细微变化，建立地物内在的特性和光谱波形形态的定量关系，实现地物精细分类以及理化参量的定量反演[15]。

高光谱影像相对于多光谱影像而言，可以在一定范围内连续成像，因此可以更加精确地探测到地物的光谱特性。但是，在带来一系列优点的同时，高光谱影像的波段数目也大大增加，这使得一些传统的多光谱影像处理方法无法直接应用于高光谱影像处理中，需要对高光谱影像进行一定的降维处理。经过降维处理之后，多光谱影像处理中的一些算法就可以移植到高光谱影像处理中。与传统的多光谱影像处理相比，高光谱影像数据处理存在着以下问题。

1) 计算量增加

高光谱数据量的急速增加使得计算机处理速度下降，虽然如今软硬件技术的发展可以缓解这一压力，但是数据的计算量随着数据量的增加呈四次方增长，无法满足人们对实时性处理的要求。

2) 统计参数的估计偏差增大

当影像的波段数增多时，所需的样本也随之增多。为了获得比较准确的参数估计，所需的训练样本数是已有波段一定的倍数。然而，遥感影像的训练样本数往往是有限的，如果不能获得足够多的训练样本数，就难以保证参数估计的准确性，这样就导致传统统计分类方法的性能明显下降。而在样本数不变的情况下，分类精度随所使用波段数的变化会呈现出 Hughes 现象[16]，即在样本数一定的情况下，分类精度随波段增加上升到一定程度后不再增加反而开始下降[17]，而降维正是消除高光谱影像分类中的 Hughes 现象的主要方法。

3) 数据冗余度高

高光谱影像的波段数目众多，但各波段之间存在着高相关性和高冗余度。因此，通过特征选择或特征提取的方法对原始数据进行降维，不会对结果造成很大的影响，反而会减少运算的时间、提高运算效率，同时也会较好地解决高光谱影像维数众多和样本数较少之间的矛盾。

可见，高光谱影像所具有的识别微弱信息和定量探测的优势，使得其成为遥感技术的主要发展趋势，对于高光谱遥感影像处理方法的研究可以提升高光谱影像的性能，更好地识别和探测地物。因此，开展新的适用于高光谱遥感影像处理降维和分类算法研究具有重要意义。

1.1.2 高空间分辨率遥感

高空间分辨率遥感影像带来了更加丰富的空间信息，能够更好地反映地物的光谱、纹理、形状等细节特征，同时具有定位精度高、实时性强、对比度高等诸多优点。高空间分辨率遥感应用的主要领域包括：

(1) 城市遥感。在市政基础设施建设工程中，政府部门和有关部门用高分辨率遥感数据识别和更新基础工程建设，如街道、桥梁等。

(2) 基础理论测绘。卫星新技术的发展，为高级测绘产品的生产提供了丰富的数据源，扩大了卫星测绘应用的范围。

(3) 精细农业。利用高空间分辨率遥感卫星可以精细划分地块作物的种类和长势，使得解译工作变得相对简单。

(4) 环境监测与评价。可以利用高分辨率遥感影像进行排污监测与评价，取得更高的准确性。

(5) 社会公众信息服务。近年来，国际上出现了以高空间分辨率遥感数据为背景的地理空间信息服务软件和网站，使得高空间分辨率遥感影像数据成为社会公众所熟悉和接受的主流空间信息。

目前，高空间分辨率遥感影像处理面临的挑战主要有：①数据量大；②细节复杂；③数据获取时间长而困难；④受政策影响大；⑤价格过高。

1.2 高光谱遥感影像降维和分类方法研究现状

高光谱遥感影像处理包括：辐射校正和几何纠正、影像整饰、投影变换、镶嵌、降维、分类以及各种专题处理。目前所用的高光谱影像基本上都经过了辐射校正和几何纠正，因此不必考虑。而降维与分类作为高光谱遥感影像处理中两个非常重要的部分，成为遥感领域重点研究的对象。

1.2.1 数据降维方法

目前，高光谱数据的降维方法主要是基于高光谱影像的光谱特征、空间特征或是结合光谱和空间特征，既能够针对特定地物或者像元进行光谱维特征挖掘，还能够从影像空间维和光谱特征维进行综合挖掘。这些大体分成两类：第一类是对全部的波段，进行线性的或非线性的高维向低维的映射变换，这就是特征提取 (feature extraction)[18]；第二类是从所有的几十个甚至几百个全部波段中选出最合适、最有用的波段，这就是特征选择 (feature selection)[19]。

1.2.1.1 特征提取方法

特征提取是指通过一定的规则将原始数据变换到另一空间，在变换后的空间中，原始数据的大部分信息集中在低维，用低维数据代替原始数据来进行后续处理。特征提取方法可将信息有效地转换压缩到低维空间，因此，在高光谱影像降维中的应用十分广泛。特征提取方法以提取高光谱遥感影像的特征为目的，利用低维数据来有效地表达高维数据的特征，同时压缩数据量，有利于信息的快速提取。在特征提取过程中，原始的特征需要经过加工、处理和优化产生有效的特征空间，使之能更好地反映对象本质，适合于分类器的处理。根据不同的研究目的或者前提假设，可以设计不同的特征提取方法，从而获得不同的低维数据。低维数据的维度是原来高维数据的实际维度 (或称为固有维度)，是高维数据的本质属性之一，获得这种属性的方法可以是线性的，也可以是非线性的。特征提取方法的代表性算法如下。

1. 线性特征提取方法

1) 主成分分析

主成分分析 (principal components analysis, PCA) 是最基本的高光谱数据特征提取方法，是一种线性变换。它以方差为准则，将原始数据特征变换为相关性较小的几个特征，去掉变换系数相对较小的特征，因此信息量不会有太大的损失。该变换的提出有一套严密的逻辑推理过程。

PCA 变换是基于信息量的一种正交线性变换，具体为：计算输出主成分波段，第一主成分包含最大的数据方差，第二主成分包含第二大的方差，以此类推，最后的主成分波段包含很小的方差，选择前三个至四个主成分，在降低数据维数的同时最大限度地保持了原始数据的信息[20−24]。因此，PCA 在特征提取、混合像元分解、地物分类和目标探测等领域得到了广泛的应用。

在 PCA 变换的基础上，Jia 和 Richards 提出了分块主成分分析方法[25]，该方法利用了高相关块沿对角线分布的特点，沿相关矩阵对角线进行分组，并对每组进行主成分变换，最后将每组的变换结果结合在一起进行进一步的分析。Fraser 和 Green 提出了定向主成分分析 (directed PCA，DPCA)，该方法是计算两个比值影像的主成分，可以消除植被干扰进行矿物蚀变填图[26]。Chavez 和 Kwarteng 提出了选择主成分分析 (selective PCA)[27]，该方法能够准确地预测目标特征信息，并将特征信息集中于某一成分中，但该方法仅对少数具有显著光谱特征的地物 (如水、植被等) 具有良好的效果。

PCA 变换存在两个明显的缺陷：一是影像数值变化影响明显，二是变换后的信噪比并不一定随着主成分编号的增加而降低。针对这两个问题分别发展了标准化的 PCA(standardized PCA, SPCA) 和残差调整的 PCA(residual-scaled PCA,

RPCA)。SPCA 将协方差矩阵中各元素除以对应原始变量的标准差，得到一个由各变量的相关系数构成的矩阵，然后再利用该矩阵计算线性变换的系数。为了消除噪声的影响，Roger 和 Arnold 提出了 RPCA 变换[28]。RPCA 采用了与 SPCA 类似的思想，充分利用高光谱影像间的高相关性，一个波段中可以利用其他波段通过多元线性预测的部分作为信号，不能预测的残差作为噪声，波段间的相关性越高得到的残差越接近噪声[29]。从这一角度看，RPCA 变换与最大噪声分数变换 (MNF)、噪声调整的主成分 (NAPC) 变换原理相同，只是噪声评估方式和噪声调整方法不同，同样 RPCA 变换的结果与数值变化无关。此外，针对 PCA 中噪声的影响，后来也提出了一些优化算法，主要有最小/最大自相关因子分析 (minimum/maximum autocorrelation factor, MAF)、最大噪声分数变换 (maximum noise fraction, MNF) 和噪声调整的主成分变换 (noise-adjusted principal component, NAPC) 等。

2) 最小/最大自相关因子分析

与 PCA 不同，最小/最大自相关因子分析 (MAF) 主要考虑了影像的空间特征[30]。相比于 PCA，MAF 不再是基于数据的方差，而是基于影像数据的自相关性[31]。

3) 最大噪声分数

Green 等以最大噪声分数 (MNF) 为准则代替方差来提取特征，变换后的各特征以信噪比从大到小排列[32]。MNF 变换中均设定数据之间线性相关，但是在某些情况下这一假定会使得变换后的数据出现某些人为特征，这样不仅没有达到去除噪声的目的，而且新出现的特征会影响对数据的分析。为此 Gordon 提出了通用 MNF 变换 (generalized MNF, GMNF)，采用该变换不仅可以去除影像中的噪声，而且不会产生人为特征[33]。

4) 噪声调整的主成分变换

噪声调整的主成分变换 (NAPC) 基本等同于 MNF 变换，只是将其中的广义特征值求解的问题简化而已[34]。经 NAPC 变换得到的对角矩阵中，对角线元素要求满足大于等于 1 的条件，一般 NAPC 变换后，最后几个成分的特征值接近于 1。当采用中值滤波方法对噪声矩阵进行评估时，得到的对角矩阵部分元素特征值小于 1，主要是因为在 NAPC 变换中假定信号和噪声不相关，且噪声在空间上也不相关，而在噪声估计过程中一般不满足该要求。如采用中值滤波时，得到的噪声影像通常包含原始影像的高频成分，含有一定的轮廓信息，这些信息在空间上具有很强的相关性。

在 NAPC 变换方法基础上，Roger 提出了一种 Fast-NAPC 变换方法[35]，对原有的算法进行了进一步的改进。

5) 典型分析

前几种特征提取方法的目的是采取一定的映射变换将原特征空间变换到新的

特征空间，使之达到某种意义上的最优化。然而典型分析 (canonical analysis, CA) 是以分类目标为准则，使变换后类内样本分布得到集聚，而类间距离相对拉开[36]。基于 CA 变换的特征提取方法类内与类间距离，可以通过选择不同的变换矩阵来实现。

这种方法的好处是，总的类内离散度矩阵的秩为满秩 n，可以得到 n 个互不相关的特征，根据可分离性判据的性质，逐步增加特征数量，可以使分类精度得到逐步提高。

6) 小波变换

小波变换法作为一种新的降维方法在高光谱影像降维中得到越来越多的应用[37]。由于高光谱影像的每个像元都可以获得一条连续的光谱响应曲线，通过对每个像元的光谱曲线进行小波分解，可以较好地提取光谱特征。小波变换是一种局部变换，可以较好地保持地物的局部特性，从而更有利于地物的分类和识别。

7) 非负矩阵分解

在科学研究中，讨论利用矩阵分解来解决实际问题的分析方法很多，如 PCA 等，但在所有方法中，原始的大矩阵 V 被近似分解为低秩的 $V=WH$ 形式。Lee 和 Seung 提出了一种新的矩阵分解思想，也是就是非负矩阵分解 (non-negative matrix factorization, NMF) 算法[38]。这种算法具有收敛速度快等特点。

8) 最佳基特征提取法

用于高光谱分类的最佳基特征提取法由 Kumar 等提出，该方法可以将相邻波段子集提取成特征更少的子集，有 TD-GLDB (top-down generalized local discriminant bases) 和 BU-GLDB(bottom-up generalized local discriminant bases) 两种方法[39]。前者是进行自上而下的搜索，每次回归地将数据分成两个子集，并用均值代替后一个子集；后者是自下而上地进行积累，将相邻的波段构造成累积树后，再进行特征提取。

9) 类间可分性特征提取

类间可分性特征提取 (discriminant analysis feature extraction, DAFE) 的目的是找到一个变换矩阵 A 使得数据 Y 的类间可分性最大[40]。类间可分性通过类内的变化和类间平均变化之比来衡量，类内变化通过类内散度变化矩阵来表示，类间变化通过类间散度矩阵来表示。该方法的优点是不需要知道数据的分布形式，缺点是当类别不单一时，利用该方法进行特征提取的效果不是很理想。

10) 投影寻踪法

投影寻踪方法 (projection pursuit, PP) 是一种专门处理高维数据的特征提取方法[41,42]，已被成功地推广到多元回归、多元密度估计、时间序列分析和神经网络学习等领域，其思想在高光谱特征提取与分类方面有着广泛的应用[43]。

投影寻踪就是寻找使投影指标达到最优的投影 (矩阵)A，它的一般过程为：选定投影指标，它反映何种结构是我们感兴趣的；寻找使投影指标最优的投影 A，这意味着投影后的数据含有最多我们感兴趣的结构信息；将这部分结构信息从原始数据中“剔除”，得到改进了的结构，然后重复寻优过程，寻找新的投影，直到数据的任何投影都不再显著地含有我们感兴趣的结构为止。

2. 非线性特征提取方法

1) 独立成分分析

独立成分分析 (independent component analysis, ICA) 是揭示隐藏在随机变量、测量或信号集里的统计和计算方法，主要目的是解决盲源分离问题 (blind source separation, BSS)[44,45]。ICA 定义了所观察到的多变量数据模型，它通常表示为数据库中一个大的样本。在该模型中，数据变量被假定为一些未知潜在变量的线性混合，而且混合系统也是未知的。潜在变量被假定是非高斯的且相互独立，它们被称为观察到数据的独立成分。这些独立成分，也称为源或因素，可以通过 ICA 被发现。ICA 将源信号的独立性作为分解依据，采用了高阶统计量，而且处理过程常要引入非线性环节，因此 ICA 技术要高于常用的基于二阶统计量的线性处理技术，如 PCA 等[46]。

2) 非线性主成分分析

非线性主成分分析，也称为核主成分分析 (kernel PCA, KPCA)，是在确保原始数据信息量丢失最小的原则下，在各个变量相关关系研究的基础上，将多个变量的信息压缩为几个能反映原始数据特征的综合变量指标，并据此特征信息指标对数据进行综合分析，可以有效地处理变量间的非线性关系，为解决多指标的综合评价提供一种很好的手段[47]。KPCA 是核方法的一种，其原理是将核方法运用到 PCA 上，以解决传统 PCA 无法提取非线性特征的问题，从而优化特征提取结果。核方法的基础是样本空间到特征空间的一种非线性映射，利用核方法可以高效地计算内积和有效地降低分类平面的复杂度，并且使样本空间映射到任意维特征空间变成可能，有效地解决传统线性特征提取中丢失非线性特征的问题。

3) 基于流形学习的方法

非线性降维是一种对高维数据进行数据挖掘的手段。“流形学习”(manifold learning) 是非线性降维中采用的主要方法之一，这类方法建立在如下基本假设上：高维数据在特征空间中对应的点分布在“低维流形”上。因此，只要找到各个点在“低维流形”上的坐标，就可以实现降维。由于“低维流形”通常是非线性的，所以将流形学习归为非线性降维方法。基于流形学习的非线性降维最大的特点是保持数据的相对几何结构，即在高维空间中靠近的点，在低维空间中仍然靠近。流形学习的具体实现方法包括局部线性嵌入 (locally linear embedding, LLE)[48]、等距映射 (isometric feature mapping, ISOMAP)[49]、拉普拉斯特征映射 (Laplacian eigenmap)。

在数据的全局几何结构未知 (通常呈非线性) 的情况下，欧氏距离只在很小的邻域内才有意义。因此，需要用这些已知的局部欧氏距离来逼近能有效表征数据全局几何结构的测地距离[50]。ISOMAP 算法[51] 的主要思想是使用流形上的测地线距离代替不能表示内在流形结构的欧氏距离，然后应用多维尺度 (multidimensional scaling, MDS) 算法，进而发现潜藏在高维空间的低维坐标。所谓任意两点在流形上的测地线距离是两点之间沿着流形的最短路径。

1.2.1.2　特征选择方法

在高光谱遥感影像降维中，特征选择主要是围绕从所有的几十或者几百个波段中选出若干个波段，这些波段保证是最有效的组合方式，用于后续的高光谱影像的分类识别或目标检测等，该波段组合能够在识别或检测过程中得到最高的精度、最好的效果。它针对特定应用目标，从海量信息中选取若干有效波段用于分析，在保证精度的同时降低数据量、提高运算效率。特征选择是选出原始特征空间中的某个子集，该子集是一个简化的特征空间，包含了主要的光谱特征。

对于高光谱影像来说，每个波段都可以看做是一个特征，因此特征选择的过程也可看做是波段选择的过程。目前，高光谱影像的波段选择方法主要有以下几种。

1. 基于信息量的波段选择方法

影像的信息量可以用多种标准来衡量，但因为高光谱影像数据之间的高相关性，那些相关性高的波段组合未必能获得最高的信息量。因此，基于信息量进行波段选择时，应选出那些信息量大而相关性小的波段组合，波段选择时主要考虑的因素是熵、方差、协方差矩阵行列式以及最佳指数。

1) 熵与方差

熵[52] 可以用来表征信息量，它是总体平均意义上的概念，一幅 8bit 的影像 X 上的每个像元所携带的平均信息量可用熵 H 来表示：

$$H(X)=\sum_{i=0}^{255}P_i\log_2 P_i \tag{1.1}$$

其中，P_i 为影像像素灰度值为 i 的概率。

方差代表影像中像元的灰度值与均值的偏离程度，是影像信息大小的一种度量。作为特征选择的准则，影像的方差越大，其所包含的信息也越丰富。第 i 个波段的方差定义为

$$\sigma_i^2=\frac{1}{MN}\sum_{x=1}^{M}\sum_{y=1}^{N}[f_i(x,y)-\overline{f_i}]^2 \tag{1.2}$$

其中，$M\times N$ 为影像的大小，$f_i(x,y)$ 为第 i 个波段 (x,y) 位置处的像素灰度值，$\overline{f_i}$ 为窗口内像素灰度的平均值。

2) 协方差矩阵行列式

在选择多波段影像的波段组合时，可以利用 N 维数据熵值原理来选择最优波段组合。其原理是：一个 D 维的正态分布函数的概率密度函数为

$$P(x) = \frac{1}{K}\exp[-(x-\overline{x})M^{-1}(x-\overline{x})/2] \tag{1.3}$$

其中，$K=(2\pi)^{\frac{D}{2}}|M|^{\frac{1}{2}}$，$x$ 为一个 D 维列向量，$\overline{x}$ 为 D 维均值向量，M 为 $D\times D$ 的协方差矩阵[53]。

任意 $N(N\leqslant D)$ 维函数同样适合式 (1.3)，即

$$P(z) = \frac{1}{K_{\mathrm{S}}}\exp\left[-\left(z-\overline{z}\right)M^{-1}\left(z-\overline{z}\right)/2\right] \tag{1.4}$$

由于高光谱影像可认为是符合正态分布的，因此一个 N 波段数据集的熵定义为

$$H = \ln(K_{\mathrm{s}}) + \frac{1}{2}\int z^{\mathrm{T}}M_{\mathrm{s}}^{-1}\cdot z\cdot p(z)\mathrm{d}z \tag{1.5}$$

在无偏估计的情况下，有

$$H \approx \frac{N}{2} + \ln(K_{\mathrm{s}}) = \frac{N}{2} + \frac{N}{2}\ln(2\pi) + \frac{1}{2}\ln(K_s) \tag{1.6}$$

由此可以看出，影像的熵值随着协方差 M_{s} 行列式值的变化而变化，因此任意波段组合的熵都可以用协方差的行列式来表示，将任意波段组合的协方差矩阵从大到小排列，就可以选出信息量高的波段组合。

3) 最佳索引因子法

美国的 Chavez 等提出了利用最佳索引因子 (optimum index factor, OIF) 来进行最佳波段组合选择的方法，OIF 的定义为[54]

$$\mathrm{OIF} = \frac{\sum_{i=1}^{n}\sigma_i}{\sum_{i=1}^{n}\sum_{j=i+1}^{n}|R_{ij}|} \tag{1.7}$$

其中，σ_i 为第 i 个波段的标准差，R_{ij} 为第 i 个波段和第 j 个波段之间的相关系数。影像的标准差越大，意味着影像包含的信息量越大，而波段间的相关系数越小，表明波段间数据的独立性越高[55]。因此，将 OIF 从大到小进行排列，即可选出最佳波段组合。

但在实际应用中，该方法有一定的局限性。一是对于位置一定的波段来说，影像的标准差是一定的，而波段相隔越远相关系数也越小，因此该算法只考虑了相邻波段间的相关系数，根据该方法选出的波段组合未必能获得最大的信息量；二是采用该算法对高光谱影像进行波段选择，计算量过大，因此比较适合多光谱影像的波段选择。

2. 基于类间可分性的波段选择方法

当需要对高光谱影像进行分类时，需要分析地物类别在哪些波段或者波段组合中容易区分，即高光谱各波段及各地物间的类间可分性。一般来讲，地物的类间可分性可以针对单波段也可以针对多波段组合来计算，主要计算已知地物类别在单波段或波段组合中的统计距离, 包括均值间标准距离、离散度、Bhattacharyya 距离 (简称 B 距离) 及 J-M 距离等。通常情况下，均值间标准距离表示地物类别在单波段中的可分性，而离散度、B 距离及 J-M 距离等则代表地物类别在波段组合中的可分性。

1) 均值间标准距离

均值间标准距离 d 的定义为[54]

$$d = \frac{|u_1 - u_2|}{\sigma_1 + \sigma_2} \tag{1.8}$$

其中，u_1、u_2 分别为两类样本对应区域的光谱均值；σ_1、σ_2 分别为两类样本对应区域内的方差。d 反映的是两类样本在每一个波段内的可分性大小，d 越大，表明地物的可分性越好。

2) 离散度

离散度是基于类条件概率之差的概念，表征了两类地物之间的可分性，其表达式为[56]

$$\begin{aligned} D_{ij} =& \frac{1}{2}\mathrm{tr}\left[\left(\sum\nolimits_i - \sum\nolimits_j\right)\left(\sum\nolimits_i^{-1} - \sum\nolimits_j^{-1}\right)\right] \\ &+ \frac{1}{2}\mathrm{tr}\left[\left(\sum\nolimits_i^{-1} - \sum\nolimits_j^{-1}\right)(u_i - u_j)(u_i - u_j)^{\mathrm{T}}\right] \end{aligned} \tag{1.9}$$

其中，u_i、u_j 分别为 i、j 两类样本对应区域的光谱均值矢量, $\sum_i$、$\sum_j$ 分别为 i、j 两类样本对应区域的协方差矩阵，$\mathrm{tr}A$ 表示矩阵 A 的对角线元素之和，D_{ij} 的值越大, 表明地物越容易区分。

3) B 距离

B 距离可以同时兼顾一次统计变量和二次统计变量，所以当需要衡量两类地物在多维空间上的统计距离时，应选用该距离作为最佳测度[57]，其表达式为

$$D_{ij}=\frac{1}{8}(u_i-u_j)^{\mathrm{T}}\left(\frac{\sum_i+\sum_j}{2}\right)^{-1}(u_i-u_j)+\frac{1}{2}\ln\left[\frac{\left|\frac{\sum_i+\sum_j}{2}\right|}{\left(\left|\sum_i\right|\left|\sum_j\right|\right)^{\frac{1}{2}}}\right] \tag{1.10}$$

其中，符号的意义与“离散度”定义公式中的含义相同。

4) J-M 距离

J-M 距离定义的公式为

$$J_{ij}=2[1-\exp(-D_{ij})] \tag{1.11}$$

其中，D_{ij} 为 B 距离。当 J-M 距离增加到一定程度后，其值就不再增加 (最大值为 $\sqrt{2}$)，而分类精度达到一定程度后也不再增加，这两者是一致的。这说明当两类的距离足够大，致使分类精度很高时，再增大距离对于分类精度是没有任何意义的。

5) 类间平均可分性

上述各方法都只计算了两类之间的统计距离，即衡量了类间的可分性大小。而对包含多种地物的遥感影像而言，需要计算平均可分性，即先算出每个类对间的可分性大小，再算出所有类对间统计距离的平均值，将平均值从大到小排列，就可挑出最优的波段或波段组合。

1.2.2 数据分类方法

遥感影像分类技术发展至今，已有多种算法。总体看来，根据是否已知训练样本的类别，可将这些算法大致分为监督分类法和非监督分类法[58−62]。监督分类法是指已知训练样本的类别，通过对训练样本的特征提取确定分类判别函数，进而将影像的其他像元划分到不同的类别中去。而非监督分类是在训练样本类别未知的情况下，根据影像像素本身的统计特性和空间分布来划分类别的方法，是一种边学习边分类的方法。该方法不需要事先知道训练样本的类别，而通过机器学习后建立分类判别函数，一般只需提供少量的阈值来部分控制分类过程。监督分类和非监督分类最大的区别在于监督分类会首先给定训练样本类别，而非监督分类则是在训练样本类别未知的情况下，根据影像的统计特征来确定类别。下面按照高光谱影像分类方法将监督分类研究现状和非监督分类研究现状分开分析。

1.2.2.1 监督分类

监督分类常用于高光谱影像数据的定量分析，其主要流程是：首先，利用分类器对已知类别及其对应的训练样本进行学习，获取各影像上各类别像元的分类特征；然后，选择适当的分类判据，根据分类的决策准则进行分类。用于监督分类的算法很多，主要有以下几种。

1. 基于光谱特征空间的高光谱影像分类

基于光谱特征空间的高光谱影像分类是一类基于影像光谱特征的分类方法，该方法建立在对高光谱影像光谱特征提取和变换的基础上。

1) 光谱特征匹配分类方法

基于地物辐射或反射光谱曲线进行分类识别是利用光谱库中已知的光谱数据，采用匹配的算法来识别影像中的地物覆盖类型，如决策树分类和专家系统分类。

决策树分类法是逐层进行分类的方法，它通过逐层的分类比较循环地将数据集进行划分[63]。决策树包含结点和路径，其中每棵树可以有一个根结点和多个叶子结点，从根结点到叶子结点包含多条分类路径。决策树可以有三种形式：单变决策树、多变决策树和混合决策树。其中，单变决策树是指结点分裂时采用相同的特征和算法；多变决策树是指结点分裂时算法相同，但选取的特征不同；混合决策树是指结点分裂时选取的特征和算法均不同。从算法复杂度来看，混合决策树最为复杂，但它同时也可以表示更为复杂的概念，因此分类效果也最好。

专家系统是指将某个领域的专家知识输入到电脑中，进行机器学习后来辅助人们解决问题的方法[64]。利用专家系统可以将专家的经验综合起来进行分类，将人工智能与专家系统相结合就可以实现高光谱影像地物的自动分类与识别。

将光谱看作光谱空间中的多维矢量，计算两光谱向量的广义夹角，夹角越小，光谱越相似，然后由相似性阈值作为标准对未知像元光谱进行分类，这就是我们熟知的光谱角度填图 (spectral angle mapping, SAM)[65,66] 方法。

光谱匹配的另外一种形式是编码匹配，比较简单的编码匹配是光谱二值编码匹配，包括分段二值编码匹配、单阈值编码匹配和多阈值编码匹配等。基于整波形特征的光谱匹配算法不需要对光谱进行复杂的分析，也不必根据不同的地物而调整匹配方法，算法简单且有效，但光谱匹配算法的结果对噪声敏感，要求影像光谱有很高的信噪比。在实际应用中，可以牺牲影像的空间分辨率来提高影像的信噪比。如果使用的参考光谱是实验室光谱或者地面测量光谱，在匹配前必须对影像进行光谱定标和反射率转换，然而实际上，对影像光谱进行定标和反射率转换都很难达到光谱匹配的要求。这也是限制基于整波形特征的匹配方法广泛应用的最大原因。

高光谱遥感影像的光谱波段间隐含着特定的物理含义，光谱曲线的形状特征是地物内在物理化学性质的外在反映。因此，从光谱的特征分析入手，优化和构造具有排他性的光谱特征参量，通过分析、比较地物特定的光谱参量就能够达到分类和识别的目的。

基于整波形特征的光谱匹配没有考虑到光谱的内在物理意义，而基于光谱特征参数的匹配算法从分析光谱特征入手，从光谱曲线上提取有意义的光谱特征参量，如吸收光谱的位置和吸收深度，通过少数的参数匹配来完成影像像元的分类和识别。比较典型的有建立的光谱吸收指数 (spectral absorption index, SAI)，该方法可进行高光谱遥感影像处理和鉴别光谱吸收特征，也可以进行混合光谱分解，被广泛地应用于矿物的识别和提取。Kruse 等用光谱吸收特征的最深吸收的半波长宽 (full width at half the maximum depth, FWHM)、波长位置和吸收深度来定义光谱吸收特征参数[67]。光谱的辐射特征同样可以作为光谱的特征参量用于光谱识别。

基于光谱特征参量的匹配算法对有典型的光谱吸收或发射特征的光谱能够有效地识别，尤其成功地应用在对矿物的分类和识别中。同基于整形波的光谱匹配算法一样，它对噪声也是敏感的，要求影像有很高的信噪比。

2) 遥感影像统计模型分类方法

利用统计学中的 Fisher 准则来进行分类即称为 Fisher 判别分类，其基本思想是要求类间距离最大而类内离散度最小[68]。Fisher 判别准则的基础是认为样本符合多维正态分布，它的主要目的是要找到一个方向，使得样本的投影在该方向上可以被很好地分开，这样就可以取得较好的分类效果。根据 Fisher 线性判别准则得到的判别函数为

$$g(x) = w^{\mathrm{T}}x + w_0 \tag{1.12}$$

其中，x 为样本向量，w 为权向量，w_0 为常数。

最大似然判别法 (maximum likelihood classification, MLC) 是根据概率理论建立的一种分类方法[69]。基于统计模型的最大似然分类是传统遥感影像分类中应用最为广泛的分类方法[70]。在最大似然分类器中，假设高光谱影像上的每一类地物的概率密度都服从多维正态分布[71]，这种假设大大简化了分类运算的过程。它首先根据统计方法建立起各类的判别函数集，再计算每个测试样本的统计概率，最后将样本归于统计概率大的类中去。欲在最大似然分类器中获得较好的分类效果，利用训练样本对各类别进行统计参数估计变得十分重要。为了可靠地估计类均值矢量和协方差矩阵中的元素，影像上每个类别都需要有足够的训练样本。但由于高光谱影像的维数众多、数据量庞大，传统的最大似然判别法在对高光谱影像进行分类时运行速度将明显减慢，为每个类别找到足够且具有代表性的训练样本是比较困难的，当无法取到充足数量的样本时，奇异矩阵的现象经常会出现。为此，Jia 等提出了改进的最大似然分类法，即简化最大似然性判别函数 (simplified maximum likelihood discriminant function, SMLDF)[72]。该方法首先根据高光谱影像波段间的相关性将波段分为几个相关性较高的组，再计算每个组内各类别的协方差矩阵，求出判别函数值，将所有波段组的判别函数值相加来实现分类。该方法利用了高光谱影像间的分组特性，减少了数据的计算时间，因此比较适用于高光谱影像分类。

另外，当训练样本数目较少时，利用不使用协方差矩阵的分类器更加有效，即最小距离分类器，利用像元矢量与类均值间的距离测度进行分类，将像元分类到其距离类均值距离最小的类别中。最小距离法首先计算出每类已知类别样本的均值向量，再计算各待分类样本向量到各类均值向量的距离，比较距离后将样本划分到距离最小的一类中去。一般最小距离选择欧氏距离作为光谱距离的量度，最小距离分类器也可以使用欧氏距离之外的广义距离，如马氏距离、J-M 距离和相关系数等。

2. 面向对象的高光谱影像分类

基于同质地物的提取与分类方法 (extraction and classification of homogeneous objects, ECHO)[73]，简称 ECHO 分类。该方法首先将具有相似性光谱特征的像元划分为同质区域，然后再利用最大似然分类器对这些区域进行分类。

ECHO 基本分为两个部分：首先将影像划分为不同的影像对象，影像对象为形状与光谱特征具有相似性的同质区域；对于那些没有划入同质区中的像元利用最大似然分类器对它们进行分类最终获得分类结果。ECHO 具有较高的抗噪声性能，分类的精度以及 Kappa 系数都很高，基于同质地物提取分类更有意义。

面向对象分类的特点即分类的最基本对象从像元转换到影像对象，也称为图斑对象。图斑对象定义为形状与光谱性质具有同质性的单个区域[74]。面向对象分类的核心是高光谱影像分割，在这个阶段结合应用于光谱信息和空间信息。在很多情况下，提取的图斑对象能为影像分类提供更多有意义的信息；在获取图斑对象后，利用传统分类方法或基于知识的方法对图斑对象进行分类。

面向对象的高光谱影像分类框架 (图 1.2)，主要包含三个层次，即数据层、特征层和目标层。

数据层：进行基于像元的分割处理，确定图斑对象。基于图斑对象的高光谱影像分割研究中，分割尺度是其中的关键问题之一。由于影像上地物形态的多样性，各类地物都具有其尺度特征。如果根据同一尺度进行分割，选择尺度不同，影像上图斑对象会产生极大的差异，得到的图斑对象无法体现地物在不同尺度下的特征，造成影像分类结果的误差很大。因此，在影像分割过程中，不同的尺度下进行多尺度分析十分必要。

特征层：构建图斑对象特征。图斑对象与像元不同，像元仅具有光谱特征，而图斑对象中包含了丰富的形状等空间信息，图斑对象特征构建将直接影响分类器的分类效果。因此利用多尺度图斑对象模型，要求图斑对象的多尺度特征构建有别

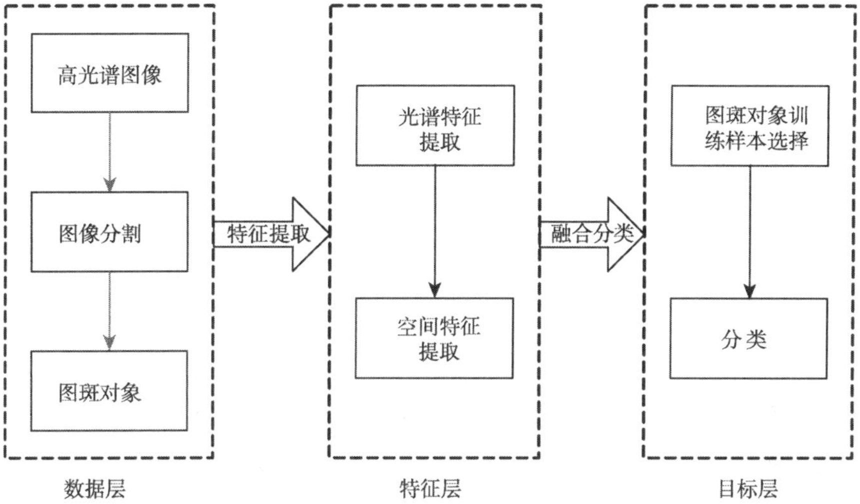

图 1.2 面向对象的高光谱影像分类框架

于传统基于像元的特征表征方式。该层涉及针对图斑对象特征选择与提取以及形状特征描述。

目标层：实现从图斑对象到目标的认知过程，在多尺度图斑对象模型及特征基础上，将模式识别方法、基于专家知识的规则集等分类方式引入到图斑对象分类中，实现图斑对象的目标识别。

1.2.2.2 非监督分类

非监督分类就是不用训练样本，直接根据影像数据的组织方式进行自学的分类方法，其快速简单且具有一定的分类精度，可以作为监督分类的重要补充手段[75]。通过参考非监督分类的结果，可以对监督分类进行修改和调整。

1. 聚类法

聚类法是通过提取地物特征，将相似的地物归并到同一类中去的方法。聚类法可以分为两种：分级集群法和非分级集群法。分级集群法是根据最小距离原则，将像元归并到不同的类中去。经过归并后的像元类别将被当做新的个体，重新计算距离并划分，直至达到最终的分类类别，而这种不断归并的过程是通过分级来实现的。而非分级集群法是在初始状态就给出合适的类别，通过对个体的不断组合最终获得分离程度最高的判别函数。

2. 分裂法

分裂的过程与聚类正好相反，该算法首先将所有的像元都看作一类，计算出各

个波段的均差 x_i 和方差 σ_i，并按照式 (1.13) 计算分裂后的两个类的中心：

$$M_{i1} = x_i - \sigma_i, \quad M_{i2} = x_i + \sigma_i \tag{1.13}$$

分别计算每个像元到中心点的距离，将像元划分到距离较近的类中，形成新类。再对新类分别求出每个波段的均值和方差，重新开始分裂，而一旦有某个波段的方差大于阈值，新类就要继续分裂。

3. 动态聚类法

动态聚类法首先确定一批初始中心，将待分类的各个像元按某种准则不断地向中心点靠近，并根据类间可分性准则和类内离散度准则不断地进行合并和分类，重新确定类中心并分类，如此不断进行下去，直到取得满意的分类效果为止。

4. K 均值算法

K 均值算法也称为 c 均值算法，其基本思想是：通过不断迭代的方法来逐渐调整每类的中心，直至得到满意的结果。

假设影像数据集 φ，像元向量为 $x_i(x_i \in \varphi)$，分为 K 个互不相交的子集 $\Gamma_k(k = 1, 2, \cdots, K)$，$N_k$ 是第 k 聚类 Γ_k 中的样本数目，m_k 是这些样本的均值，即

$$m_k = \frac{1}{N_k} \sum_{y \in \Gamma_k} y, \quad k = 1, 2, \cdots, K \tag{1.14}$$

Γ_k 中的各样本 y 与均值 m_k 间距选为欧氏距离，针对所有类结果相加后为

$$J_e = \sum_{k=1}^{K} \sum_{y \in \Gamma_k} ||y - m_k||^2 \tag{1.15}$$

其中，J_e 为价值函数，它是样本集和类别集的函数。为了分类能够得到较好的效果，首先需要选出一定的代表样本点作为聚类的核心，再将剩余的点按照某种规则不断地归并到各个类中去[76]。

5. ISODATA 算法

ISODATA (iterative self-organizing data analysis techniques algorithm) 算法也称迭代自组数据分析算法，由 Ball 和 Hall 提出[77]。与 K 均值算法相比，该算法将所有样本都调整完毕后再计算各类样本的均值，因此称为成批样本修正法，而且该算法可以自动地进行类别的分裂和合并，以得到合理的分类效果。

6. 模糊 K 均值聚类算法

确定性的分类要求影像的每个像元被准确地划分到某个类中去，但自然界中有许多事物是无法被精确描述的。因此，在模式识别中，存在着两种情况：一种是地物可以被精确地描述，因此可以对地物像元进行精确划分；另一种情况是地物无法被精确描述，因此只能对地物像元进行模糊归纳与总结，这就是将模糊理论引

入到模式识别的重要原因[78]，正基于此，在遥感界也有大量的研究人员在进行模糊分类的研究[79−81]。运用模糊理论进行模式识别的最核心问题是隶属度函数的确定，可以根据实际需要进行适当的调整。

模糊 K 均值算法又称为模糊 c 均值 (fuzzy c-means，FCM) 算法，是一种基于划分的聚类算法，是普通 K 均值算法的改进[80]。普通 K 均值算法对于数据的划分是硬性的，而模糊 K 均值则是一种柔性的模糊划分，它是用隶属度确定每个数据点属于某个聚类的程度的一种聚类算法。

应用典型非监督分类算法对高光谱影像进行非监督分类前，根据地物光谱分析特性进行波段选择或利用 PCA、MNF、ICA 变换进行特征提取，通过这些方式提高影像信噪比，降低冗余，扩大不同类型地物光谱间距离，然后再进行影像非监督分类，不仅有利于提高分类效率，而且从一定程度上减少噪声对分类结果的干扰，提高了分类结果的精度。

1.3 基于计算智能方法的高光谱遥感应用

计算智能是借助现代计算工具通过模拟人或其他生物的智能来求解问题或处理信息的理论与方法，它是人工智能的深化与发展，是人工智能技术的重要组成部分，它适合处理大数据量的寻优问题[82]。近年来，计算智能理论逐渐应用于高光谱遥感处理领域中，而高光谱影像正具有这种大数据量、高冗余的特征，因此用计算智能对高光谱影像进行降维越来越受到人们的重视，其有效解决了传统算法无法解决的难题，具有良好的发展前景。

1.3.1 计算智能方法

目前常用的计算智能方法有：遗传算法、蚁群算法、粒子群优化算法、人工神经网络以及支持向量机方法。

1.3.1.1 遗传算法

遗传算法 (genetic algorithm, GA) 是 1962 年由美国 Michigan 大学 Holland 教授提出的模拟自然界遗传机制和生物进化论准则而成的一种基于生物进化论和分子遗传学的搜索优化算法，其基本原理仿效生物界中的 “物竞天择，适者生存” 的演化法则[83,84]。它把自然界优胜劣汰的生物进化原理引入优化参数形成的编码串联群体中，按照所选择的适应度函数，利用迭代的方式进行选择、交叉和变异运算对个体进行筛选，淘汰适应度差的个体，将适应度好的个体保留下来，最终生成符合优化目标的染色体。

遗传算法方法专门处理传统的计算方法无法解决的计算复杂度高、计算时间长等问题，特别是对于一些复杂的非线性和多维空间寻优问题，它能在可以忍受的时间内求出精确的解，具有可实现的并行计算行为，应用范围十分广泛。虽然遗传算法在许多领域中都有成功的应用，但其自身也存在不足，如局部搜索能力差、存在未成熟收敛和随机游走等现象，导致算法的收敛性能差，需要很长时间才能找到最优解等问题。这些不足阻碍了遗传算法的推广应用。如何改善遗传算法的搜索能力和提高算法的收敛速度，使其更好地应用于实际问题的解决中，是研究者们一直探索的课题。

1.3.1.2　蚁群算法

蚁群算法 (ant colony optimization, ACO)，又称蚂蚁算法，是由 Marco Dorigo 于 1992 年提出的一种用来在图中寻找优化路径的概率型算法，其灵感来源于蚂蚁在寻找食物过程中发现路径的行为[85]。蚁群算法是一种模拟进化算法，初步的研究表明该算法具有许多优良的性质。蚁群算法是一种概率型的全局搜索方法，通过候选解组成的群体的进化过程来寻求最优解。在这个过程中，蚁群算法不需要任何先验知识，最初只是随机地选择搜索路径，随着对解空间的不断了解，搜索变得有规律，并逐渐逼近直至最终达到全局最优解。蚁群算法因其自组织性、并行性、分布式计算机制、易于实现和较强的鲁棒性等优点，已在组合优化、数据挖掘、函数优化等方面得到了广泛的应用。蚁群算法的缺点是需要较长的搜索时间，且出现停滞现象，即搜索进行到一定程度后，所有个体发现的解完全一致，不能对解空间进一步搜索，不利于发现更优的解。

1.3.1.3　粒子群优化算法

粒子群优化算法 (particle swarm optimization, PSO) 是在 1995 年由 Kennedy 博士和 Eberhart 博士[86−89] 提出的，其灵感来自于对鸟群或鱼群的社会行为的研究，它们的捕食方法就是搜寻当前距离食物最近的鸟的周围区域[90−93]。PSO 是计算智能领域，除了遗传算法、蚁群算法之外的一种群体智能优化算法，可以用来寻找非常困难或不可能的数值最大化和最小化问题近似解。粒子群算法与前面所说的遗传算法有许多相似之处，它也是首先进行种群随机初始化，然后通过迭代更新寻找最优解。但是粒子群与遗传算法不同的是它没有进化算子，如交叉和变异。取而代之的是一种叫做粒子的东西，通过它的移动实现个体在可解空间中的寻优。相对于别的优化算法来说，粒子群优化算法是求解非线性优化问题的好方法。

粒子群优化算法就是将鸟的捕食行为和求解优化问题对应起来，将鸟想象成没有质量和体积但是却有位置和速度的粒子，每个粒子都有一个被优化函数决定的适应度值，除此之外，粒子本身还有速度和位置，这些表示了粒子的特征。粒子在解空间中运动，它会知道它目前为止发现的最好位置，这可以看作粒子自身的飞行经验，这就是个体极值 Pbest。同时粒子还会通过“同伴”粒子的经验，知道并发现所有粒子迄今为止最好的位置，这也就是群体极值 Gbest。然后通过跟踪个体极值 Pbest 和群体极值 Gbest 来进行迭代寻优。粒子群优化算法的主要特点是简单、易理解、参数较少。但是，粒子群优化算法存在易陷入局部最优解的缺点，因此对 PSO 算法还需进一步的改进。

1.3.1.4 人工神经网络

人工神经网络 (artificial neural network, ANN) 理论目前已广泛地应用于模式识别领域中[79]。1965 年，Nilsson 提出了一个将阈值逻辑单元相互连通的分类器网络结构，称为层次分类结构，它是神经网络分类器的雏形[94]。神经网络的主要结构包括输入层、输出层和隐含层，隐含层可以为一个或多个。参与分类的特征决定了输入层的节点数，而输出层的节点数目与测试样本类别的数目相同，隐含层的结构通过实验来获得。形成这种分类器网络的优点在于，对于采用简单分类器无法分开的数据，多个分类器组成的分类器网络可以构造一个非线性的分类平面将其分开，因此神经网络分类器对于非线性可分的数据具有良好的分类效果。当应用神经网络进行分类时，通常需要多次迭代才能达到一定的训练精度，整个工作比较耗时，但神经网络训练完成后，可以较快地应用于模式识别。但也存在收敛速度慢、训练过程易陷入局部极小值、网络泛化能力差等缺点。

1.3.1.5 支持向量机方法

支持向量机 (support vector machine, SVM) 是 20 世纪 90 年代中后期在统计学习理论的基础上发展起来的，与多层感知器网络和径向基网络一样，可用于模式分类和非线性回归的一种较新的机器学习方法[95]。如果仅从分类的角度来说，支持向量机是一种广义的线性分类器，它在线性分类器的基础上，通过引入结构风险最小化原理[96,97]、最优化理论和核方法演化而成。作为一种有坚实理论基础的小样本学习方法，SVM 基本上不涉及概率测度和大数定律，因此不同于现有的统计方法。从本质上看，它避开了从归纳到演绎的传统过程，实现了高效的从训练样本到预报样本的“转导推理”，大大简化了通常的分类和回归等问题。

1.3.2 计算智能方法在高光谱遥感上的应用

计算智能算法多次成功应用于高光谱遥感影像降维和分类中。

Li Shijin 等提出了基于遗传算法的波段选择方法[98]，其基本思想是：将染色体上的每个基因对应高光谱影像的每一个波段，“0” 表示该波段不被选择，“1” 表示选中该波段，通过初始化种群、选择、交叉、变异等步骤，将高光谱影像的分类精度作为适应度函数，实现对波段的选取。

周爽提出了基于蚁群算法的高光谱影像波段选择和分类方法[99]。波段选择的基本思想是：先初始化，将每个波段看做是蚂蚁觅食时所经过的节点，随机选择所有特征波段中的一个特征波段，然后计算其与剩余波段间的相关性的大小，判别下一步路径，选择分类精度、相关性、互信息三个指标作为判别准则进行迭代优化，从而最终选出合适的波段。该方法使获得的波段数目在一定范围内的波段组合具有更好的性能，降低了计算复杂度。波段分类方法的基本思想是：由于高光谱影像波段之间的高相关，采用蚁群算法进行子空间分解，在子空间中采用特征变换的方式降低高光谱特征空间的维数。该方法将波段作为蚂蚁觅食时经过的节点，将高光谱影像各个波段数据经过离散化后形成的条件项当做蚂蚁的候选路径节点，按照适应度函数值经过优化搜索之后将高维高光谱数据空间分解为几个较低维的数据子空间。这样所形成的分类规则简单，对训练样本数目依赖较小。

丁胜等提出了粒子群优化算法用于高光谱遥感影像分类的自动波段选择[100]。该粒子群优化算法自动选择合适的波段影像并对支持向量机核函数参数进行优化。通过它的移动实现个体在可解空间中的寻优。相对于别的优化算法来说，粒子群优化算法是求解非线性优化问题的好方法，它就是将鸟的捕食行为和求解优化问题对应起来，将鸟想象成没有质量和体积但是有位置和速度的粒子，粒子本身具有速度和位置，这些表示了粒子的特征。适应度函数仍旧是分类精度，同遗传算法一样，“0” 表示该波段不被选择，“1” 表示选中该波段，反复迭代，达到最优。该方法不需要人为指定要选择的影像波段数，能够智能地在分类精度和波段数目之间取得平衡，提高了分类精度。

林娜等将核最小噪声分离变换 (KMNF) 与 BP 神经网络相结合进行特征提取[101] 以实现对高光谱影像降维的目的。以 KMNF 特征提取后的前几个特征分量作为 BP 神经网络的输入层，进行高光谱影像分类，加快了 BP 网络的收敛速度，提高了 BP 算法的效率，使 BP 神经网络分类总体精度及时间性能均得到了改善，达到了很好的应用效果。

SVM 是统计学习中最有效也是应用最广的方法，就分类能力而言，SVM 在小样本学习、抗噪声性能、学习效率与推广方面都优于最大似然、神经网络等分类器，能够有效地克服高光谱分类中样本不足所带来的 Hughes 现象[102−105]。另外，支持向量机用于高光谱分类的优点在于能够直接地对高维数据进行处理，但也可以处理经过降维后的低维数据。

1.4　多时相遥感影像变化检测研究现状

1.4.1　遥感影像变化检测的基本概念

近四十年来，随着航空航天遥感技术的飞速发展，海量的多传感器类型、多时相遥感影像为监测区域乃至全球的土地覆盖变化提供了重要的数据来源[106−113]。土地覆盖是指人造目标与自然营造地物所构成的地表要素综合体，是地表自然状况的反映。多时相遥感影像的土地覆盖变化检测是目前遥感应用领域研究的热点之一，其实质是利用同一地区不同时相的多幅遥感影像，判断该地区地物变化信息的过程，即通过在不同时期观察某一对象或现象，识别它们不同状态的过程[114,115]。

在不同时相、相同地区的遥感影像中，光谱的变化能够较好地反映地表中不同地物类型的变化是利用遥感影像进行变化检测的前提之一，这是由不同类型地物具有不同的波谱反射特性所决定的。另外，光照差异、视角差异、不同传感器间的差异、噪声、阴影等干扰因素必须小于地物发生的真实变化，也是实现准确变化检测的重要前提[116−121]。一般广义的变化检测即判断某一地物是否发生了变化，最终获得发生变化的区域，即确定“变与不变 (change/no change)”，是变化检测研究的基础与核心。在此基础上，可以进一步判别变化的性质即确定“由什么变成什么 (from-to)”及变化类型即确定“变化的过程 (change trajectory)”。

1.4.2 变化检测的基本流程及相关技术

变化检测算法的基本工作流程主要包括：数据选择，即根据研究目的选择合适的遥感影像；数据预处理，主要涉及几何配准技术、辐射校正技术等；特征提取，即提取目标的特征以比较目标在不同时相间的差异；变化检测方法，即选择合适的特征检测对象在多时相影像中是否发生了变化；精度评价，即利用目视分析、精度指标等手段对检测结果进行评价。变化检测的基本工作流程如图 1.3 所示。

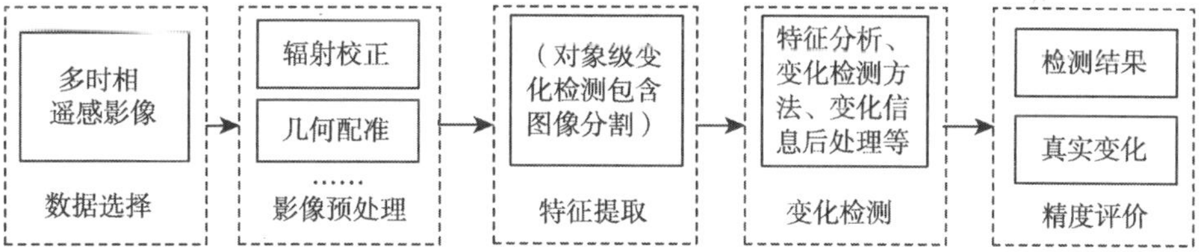

图 1.3 变化检测基本工作流程

1.4.2.1 多时相遥感影像数据选择

根据研究目的选择合适的多时相遥感影像数据是开展变化检测的基础和前提。首先，应尽量选择采集时刻接近、季节相同的多时相遥感影像，以减少太阳角、物候条件等因素造成的影响[116]。另外，应尽量选择辐射分辨率相同的遥感影像，同时大气环境、光照条件、云层遮盖等也是需要考虑的因素[122]。此外，遥感影像的时间分辨率也是需要考虑的因素。一般认为遥感影像采集间隔为 3~4 年才能较为准确地反映土地覆盖变化。但随着人类活动进程的不断加快，往往需要更高的时间分辨率才能取得理想的检测效果[123]。

目前变化检测所采用的高分辨率遥感影像主要包括航空遥感影像、合成孔径雷达 (synthetic aperture radar, SAR) 卫星遥感影像、光学卫星遥感影像等，根据研究目的合理选择不同传感器类型的遥感影像也是数据选择的重要内容。例如，航空遥感影像通常具有 1m 以内的高空间分辨率，还具有可读性强、信息量丰富、应用范围广等优点，但在变化检测中较卫星遥感影像更容易受到几何配准、阴影、噪声以及气象条件等因素的影响[124]。而 SAR 影像具有全天候、穿透力强等优点，能够在极端天气条件下获取可靠的观测数据，但成像机理导致的大量相干斑噪声使 SAR 影像变化检测较光学遥感影像面临更多的挑战[125]。

1.4.2.2　影像预处理

由于遥感系统的信息获取会受到太阳高度角、光照差异、云层遮盖、大气的吸收与散射、传感器高度与姿态角等因素的影响，在变化检测之前首先需要合理有效的影像预处理过程，主要包括辐射校正、几何配准、图像镶嵌、图像增强、图像裁剪等。其中，辐射校正与几何配准对变化检测精度影响最大[126]。

辐射校正是对遥感影像成像过程中由于辐射差异造成的影像畸变进行校正或消除的过程。造成辐射差异的主要原因包括[127]：传感器系统的非正常工作、大气衰减引起的吸收及散射率变化等。辐射校正又分为相对辐射校正和绝对辐射校正[128]。相对辐射校正是指通过计算多时相影像间的灰度线性变换关系，以参考影像来修改待配准影像的灰度统计特征，使多时相影像间具有趋于一致的光谱特征。绝对辐射校正是针对单一时相影像，使校正后的灰度统计特征能够真实反映地物的光谱特征。目前很多学者已经针对变化检测中的辐射校正取得了很多研究成果，且已经证明：彻底的辐射校正并不能显著提高变化检测精度，而相对辐射校正即可满足大多数变化检测应用的要求[129]。因此，辐射校正不作为本书研究的重点。

几何配准作为变化检测中重要的预处理过程，是对同一场景中两幅或者多幅不同时相、不同视角的影像进行对应和匹配的过程。低精度的几何配准往往会造成变化检测结果中存在大量无意义的“伪变化”信息。几何配准的效果通常与两个因素有关[130]：待配准影像的空间分辨率和感兴趣目标的结构特征。尤其在高分辨率遥感影像配准中，Dai 等的研究成果表明，遥感影像的空间分辨率越高，配准误差对变化检测精度的影响越大[131]。因此，高分辨率遥感影像几何配准技术是本书的研究重点之一。

1.4.2.3　特征提取

在特征提取时，应选择某种地物区别于其他地物的独有特征，这些特征可包括目标的灰度特征、纹理特征、形状特征、语义信息等。在具体应用中，为提高检测精度通常应选择多种特征组成的特征向量，并且使变化区域的特征向量在长度或者方向上有足够大的差异，而非变化区域则具有一致方向或者长度的特征向量。

像素级的变化检测方法以像素作为特征提取的基本单位，而对象级变化检测方法主要利用属于对象的独特特征来提取复杂的地理空间信息，如几何形状、纹理特征等，而不是专注于孤立的像素[132,133]。因此对象级变化检测方法还包括图像分割这一关键步骤，也是本书的研究重点之一。

1.4.2.4 变化检测

变化检测是通过选择合适的方法，利用提取的特征检测多时相影像间的变化信息。国内外学者已提出了很多变化检测算法，国际上处于领先地位的主要有意大利特兰托大学 (University of Trento)Bruzzone 教授及 Bovolo 教授领导的遥感实验室团队等[134−136]。目前常用的变化检测算法主要包括直接比较法和先分析后比较法两类[137,138]：

1. 直接比较法

直接比较法是指通过直接比较像素或者各种特征 (包括变换后的特征以及基于对象的特征) 间的差异来提取变化区域的检测方法。直接比较法又可分为代数运算法和变换法。

1) 代数运算法

代数运算法主要包括图像差值法、图像比值法、变化矢量分析法等。

(1) 图像差值法。图像差值法基于配准结果，直接使两时相影像中像素的灰度值相减获得差值影像。差值影像中的灰度值通常接近高斯分布，变化区域的灰度值接近高斯曲线的尾部，而非变化区域的灰度值分布于高斯曲线的峰值附近。如 Weismiller 等采用图像差值法在得克萨斯州的海岸环境监测中取得了良好的效果[139]。图像差值法直观且容易解译，但对季节变化、太阳高度角不同等造成的灰度差异非常敏感，增加了误检的几率，同时对配准精度的要求较高。

(2) 图像比值法。图像比值法基于配准结果，直接使两时相影像中的灰度值相除。在理想情况下变化区域的结果为非 1，而未变化区域的结果为 1。图像比值法适用于提取某些特殊地物的变化信息，如 Lee 等采用图像比值法检测植被变化取得了良好的效果[140]。图像比值法较差值法能够消除一些太阳角、地形等引起的乘性误差，但比值结果通常不服从高斯分布，因而给进一步分析造成了困难。

(3) 变化矢量分析法。变化矢量分析是将多光谱影像各个波段作为一个个光谱分量，从而构成一个维数与波段数相同的矢量空间来描述多光谱影像。矢量空间的每个点都对应表示影像中的每一个像素，且点的坐标即为该像素的灰度值。因此，每个像素都可被表示为具有一定强度与方向的变化矢量。变化矢量分析法 (change vector analysis, CVA) 通过差值影像获得变化矢量，其中变化矢量的内容由方向表示，变化矢量的方向由欧氏距离表示[141]。CVA 方法计算简单，能够充分利用多波段所包含的光谱信息来检测变化区域，尤其适用于多光谱影像的变化检测。在 CVA 方法的基础上，Bruzzone 等提出了一种该改进的 CVA-EM 方法，该方法利用最大期望算法 (expectation maximum, EM) 求解混合密度函数，从而实现非监督下变化与非变化阈值的自动确定[142]。

2) 变换法

变换法主要包括主成分分析法 PCA 以及穗帽变换法 (Kauth-Thomas transformation) 等。

(1) 主成分分析法。主成分分析法是基于统计特征的多波段正交线性变换，通过计算多光谱影像各个波段间的协方差矩阵获得特征向量与特征值，从而获得变换矩阵，经过变换后的波段称为主成分[143]。在特征域中主成分之间正交不相关，能量主要集中于前几个主成分中，随后的主成分信息量逐渐减少。因此，主成分分析法能够实现分离影像中的变化信息、减少数据冗余以及突出不同种类地物的目的。如邓劲松等利用主成分分析法增强了影像中的光谱变化信息，利用高分辨率 SPOT 5 影像实现了高精度的城市土地利用变化检测[144]。主成分分析法能够消除各波段间的相关性，实现信息集中及数据压缩的目的，是目前常见的遥感数据分析方法之一。但与此同时，主成分变换过程会破坏原始影像中的物理光谱信息，因此在进一步的处理中难以确定各主成分所代表的含义。

(2) 穗帽变换法。为了克服主成分分析法在去除波段相关性的同时，存在不同类型传感器遥感影像提取的主成分之间难以比较的问题，Kauth 和 Thomas 在研究农作物和植被的生长过程时提出了一种特殊的主成分分析方法即穗帽变换法[150]。经过穗帽变换会产生四个分量：绿度指数 (greenness)、黄度指数 (yellow stuff)、土壤亮度指数 (soil brightness) 以及噪声 (non-such)。随着植被的生长当植被密度逐渐增大时，土壤亮度指数将逐渐变小而绿度指数正好相反。据此，基于不同时相影像的穗帽变换指数可以利用差值法、比值法等实现对植被覆盖的变化检测。穗帽变换的转换系数是固定的，因此适用于多源遥感影像的变化检测。但穗帽变换主要对植被覆盖的变化信息敏感，而对其他类型的变化检测则精度不高，因此限制了其应用范围。

2. 先分析后比较法

先分析后比较法主要可分为分类后比较法以及对象级变化检测两类。

1) 分类后比较法

分类后比较法是指首先对单一时相影像中的地物进行分类，并根据分类结果获得发生变化的区域及类型。如 Michele Volpi 等针对高分辨率遥感影像提出了一种基于上下文信息及支持向量机 (support vector machines, SVM) 的变化检测方法[146]。该方法采用统计学与形态学方法提取局部区域的空间及纹理信息，利用 SVM 实现了单一时相影像中的准确分类，并通过差异影像获得了发生变化的区域及类型。除分别对单一时相影像进行分类外，有学者提出将多时相影像合成为单一时相的多光谱影像，再进行分类及变化检测。如利用综合水体指数、归一化植被指数 (normalized difference vegetation index, NDVI) 等作为输入数据，采用监督或非监督分类[147,148]、决策树[149]、面向对象[150]、光谱匹配方法[151] 进行分类，或者采用主成分分析[152]、傅里叶变换[153] 等处理后分类的检测方法，在大范围土地覆盖分类及变化检测中取得了良好的效果。

采用先分类后比较法能够克服地面环境变化、季节差异、传感器类型变化等因素给变化检测造成的困难，因此应用非常广泛。另一方面，尽管目前图像分类技术已较为成熟，但分类过程中每一处错误分类都会导致变化检测中漏检或者误检的发生。因此，先分类后比较法通常会夸大实际变化。

2) 对象级变化检测

近年来高性能计算机系统的不断发展和各种高效图像分割、特征提取算法的不断涌现，极大地促进了基于格栅的遥感影像处理与基于矢量的地理信息系统 (geographic information system, GIS) 的无缝集成[154]。这些进展也促进了遥感影像变化检测方法从像素级的变化检测向对象级的变化检测转变。面向对象的分析技术采用图像格栅作为数据源，可以以任意尺度生成包含丰富属性信息地理对象的影像。对象级变化检测方法结合了空间信息、光谱信息、地理信息以先验知识等进行地理实体建模，并以对象为图像分析的基本单元，实现了基于对象的特征提取与变化检测[155]。对象级变化检测的一个显著特点是通过分割 (两个或更多) 输入的遥感图像来提取有意义的地理对象，这与变化检测提出时的概念即利用变化检测来识别观察到的 “对象或现象” 的不同状态是一致的。因此在传统变化检测工作流程的基础上，对象级变化检测的工作流程可具体阐述为：数据选择、影像预处理、对象提取、基于对象的变化检测与精度评价 (图 1.4)。

近十几年来，对象级变化检测方法获得了学者们的高度关注与深入研究，并且已成功应用于高分辨率遥感影像变化检测中[156,157]。随着遥感影像空间分辨率的不断提高，接下来亟须解决的问题就变成了知道哪些数据、工具和方法，进而提供解决具体问题的最佳方法。

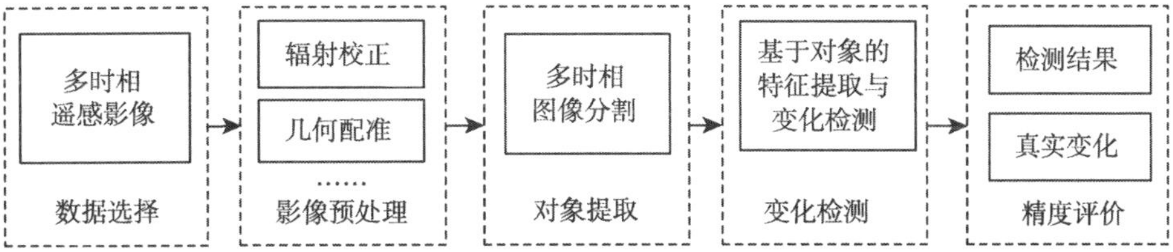

图 1.4 对象级变化检测工作流程

1.4.2.5　精度评价

像素级变化检测中常用的精度指标可以通过计算灰度误差矩阵获得，主要包括：总体精度 (overall accuracy)、漏检率 (miss detcction rate)、误检率 (false alarm rate)、Kappa 系数等[158]。其中，总体精度是指正确的样本在总体样本中所占的比例，Kappa 系数则能够综合反映变化检测算法的精度。Biging 等的研究表明，基于像素的精度评估往往低于基于对象的精度评估，但计算复杂度更高[159]。另外，对象级变化检测算法为评估对象的大小、形状以及边界范围等特征的变化等级提供了可能，但目前鲜有这方面的研究[160]。

1.4.3　对象级变化检测国内外研究现状

1.4.3.1　对象级变化检测的优势及特性

近三十年来，像素级变化检测方法一直是遥感领域重要的研究课题。已有一些综述性文章深入探讨了像素级变化检测技术及其相关应用[161,162]。根据这些文章，像素级变化检测依然有很多关键问题有待解决，其中一些与数据质量有关，而另一些则与像素级变化检测算法的性质有关。而对象级变化检测为解决这些问题提供了新的途径，尤其适用于高分辨率遥感影像的变化检测，主要体现在以下几个方面。

1. 多尺度空间分析

在遥感影像中存在各种不同大小、不同形状的地理对象，没有一种单一的空间分辨率足以描绘它们的全部特征[163]。从像素级变化检测的角度来看，这也意味着很难用一个特定的空间分辨率精确地检测所有类型的地理对象变化[164]。针对这一问题，对象级变化检测可以用不同大小的对象表示场景中的不同景观特征，而组成对象的像素集合都由相同分辨率的像素组成。通过定义对象尺寸的最大和最小值来提取属于不同地理对象的独有特征，从而提高变化检测精度[165−167]。一个典型的例子是 Cleve 等提出的一种基于对象的双尺度对象级变化检测方法，即采用小尺度表示房子，而大尺度则用于描述植被斑块，检测精度与像素级的变化检测方法相比提高了 18%[168]。

2. 减少“伪变化”

高分辨率遥感影像较中、低分辨率遥感影像提供了更加丰富的图像细节信息。另一方面，空间分辨率的提高也造成了同一对象内部在不同时相影像间可能存在显著的光谱差异，也就是“同物异谱”现象，而“同谱异物”现象依然存在，是导致“伪变化”信息的重要原因。对象级变化检测以具有地理意义的对象为分析的基本单元，能够利用图像中的对象模拟实际的地理实体目标[169]。对象级变化检测在每个地理对象范围内针对这些“伪变化”加以分析和判别，通过引入基于对象的特征有利于减少甚至彻底消除这些“伪变化”。如 Zhou 等在动态监测城市土地覆盖变化时，特别比较了对象级与像素级变化算法的检测效果，对象级变化检测算法有效减少了地理对象中的“伪变化”，检测精度提高了 9%[170]。

3. 基于对象的特征提取与变化检测

尽管像素级检测算法能够提取影像的纹理特征，但通常计算的是某一固定尺寸正方形窗口内的特征值。但方形窗口的特征值计算会偏向对角线方向，同时窗口所在的区域可能会跨越两个或多个地物的边界[171]。而对象级的变化检测算法能够基于对象的固有轮廓定义窗口的尺寸与形状，进而提取对象的独立特征，如几何形状、纹理特征、背景信息等，从而能够提取复杂的地理空间信息[172]。近年来大量研究也证明了利用对象特征的有效性，包括城市土地利用变化检测领域[173]、灌木入侵监测领域[174]、红树林生态动力学领域[175]、森林退化监测领域[176] 等。另外，基于对象的特征已经被商业遥感软件所广泛采用，例如德国 Definiens Imaging 公司的 eCognition、美国 ITT 视觉解决方案 (visual information solutions) 的 ENVI EX 模块以及美国 ERDAS 公司的 ERDAS IMAGINE Objective 模块等。

1.4.3.2 对象级变化检测算法的分类及优缺点比较

近年来针对高分辨率遥感影像变化检测，国内外学者已提出了许多对象级变化检测算法，主要可以分为以下四种类型：“图像/对象”检测方法、“分类/对象”检测方法、“多时相/对象”检测方法、“像素/对象”混合检测方法[177]。下面分别对这四类方法进行阐述和分析，并将各类算法的优缺点进行了比较。

1. “图像/对象”检测方法

“图像/对象”检测方法是指在多时相影像中提取统一的对象，并对每个对象在不同时相影像中对应的区域直接进行比较，获得变化检测结果。如 Miller 等提出了一种针对两时相灰度影像间的变化检测方法[178]。该方法首先采用联通性分析 (connectivity analysis) 提取参考影像中的对象，再根据这些对象在另一时相影像中寻找一一对应的对象区域。最后，采用一种基于位于对象边界的像素间匹配策略判断是否发生了变化。但这种方法没有考虑对象的纹理特征，因此仅适用于输入影像受到噪声干扰较少的应用场合。针对这一问题，Lefebvre 等进一步评估了几何特征 (如大小、形状、位置等) 以及基于小波变换的纹理特征在对象级变化检测中的作用[179]。其研究成果表明，对象的轮廓以及纹理特征在亚米级的超高分辨率遥感影像变化检测中能够显著提高检测精度。

“图像/对象”检测方法的主要优点是能够直接比较对象且容易实现，是目前最流行的对象级变化检测方法。但也存在着以下局限性[180]：①由于对象的大小和形状是不同的，一个关键的步骤就是在多时相影像中寻找相应的对象。而配准误差及分割误差造成的误差积累，会严重影响变化检测精度。②“图像/对象” 检测方法的另一个局限性是选择合适的变化阈值。由于阈值通常被研究人员直接地定义，可能会使检测结果造成偏差。同时，这也存在于基于像素的变化检测中，变化类或非变化类的阈值都必须定义。

2. “分类/对象” 检测方法

“图像/对象” 检测方法不能表示变化对象的景观变化类型即 “from-to”，因此需要加入分类信息。“分类/对象” 检测方法是一类通过比较独立分类的多时相影像中的对象来检测景观变化类型的对象级变化检测算法。由于每个对象都属于一个特定的类，因此对象的比较步骤不需要再考虑对象光谱和纹理特征等。如 Durieux 等利用基于模糊隶属度函数的分类方法对空间分辨率为 2.5m、覆盖范围为 2512km^2 的 SPOT 5 影像进行了分类，通过对建筑物的提取监测了 6 年间城市的扩张情况[181]。Walter 则评估了使用不同输入特征 (光谱特征、植被指数和纹理特征) 对分类精度及变化检测精度造成的影响[182]。为了检测军事目标的变化，Hazel 利用不同时相影像间的置信度关联 (association confidence) 提取对象所对应的区域，包括对象质心之间的空间距离、重叠程度、空间和光谱特征之间的距离等[183]。Li 等采用形状相似性度量对湖泊的变化进行了监测[184]。

“分类/对象” 检测方法不但可以检测变化信息，更能够直观地表示景观变化的种类。另外，地图或 GIS 的更新可以直接应用到采用 “分类/对象” 检测方法的应用场合中。存在的局限主要包括[185]：①由于很难区分对象的差异是由于真正的变化或仅仅是由于几何形状不一致引起的，这导致了在涉及 GIS 的应用场合，需要对大小、形状和位置等定义一系列的特定规则来比较对象;②变化检测结果受到初步分类过程的强烈影响，而分类精度涉及合适的影像分割技术的选择。因此，分割和分类的误差传播是影响 “分类/对象” 检测方法精度的重要因素。

3. “多时相/对象” 检测方法

受到光照情况、视角以及气象等因素的影响，不同日期获得的遥感图像很少能够确保以相同的方式捕获地面场景[186]。因此，分割结果中不同时期的影像生成的同一对象，通常在几何形状中发生了改变。“多时相/对象” 检测方法是利用了每个场景具有的多时相状态，而不是单独分割多时相影像。具体来说，就是将时间上连续的影像结合起来一起分割，从而产生了空间上对应的变化对象。Desclée 等首次明确提出了一种 “多时相/对象” 检测方法，能够取得总体精度高于 90%、Kappa 系数高于 0.8 的检测精度。该方法利用每个时相影像中所有对象的光谱特征 (包括均值和标准差) 将一组多时相影像一起分割，最后通过基于卡方检验 (Chi-square test) 的统计分析来区分变化与非变化对象[187]。与对多时相影像一起分割相比，Li 等针对高分辨率 SAR 影像提出了一种新颖的分割模式：首先对第一时相影像进行分割，将分割结果作为一个基础层，并导出衍生层与第二时相影像一起进行分割。

该方法的基本思想是已完成的分割应当指导后续的分割，以应对在多时相影像中可能存在的相同对象边界不一致的情况[188]。

尽管“多时相/对象”检测方法对多时相影像一起进行分割，有利于保持对象在不同时相影像中大小、形状和位置坐标上的一致性，但同时也存在以下局限[189]：①由于在多时相影像中相同位置可能包含了多个不同的对象，这一问题对分割结果及变化检测精度的影响目前仍不明确；②结构复杂的对象中丰富的光谱信息对检测结果的影响也有待进一步研究。

4. “像素/对象”混合检测方法

“像素/对象”混合检测方法的基本思想是利用成熟的像素级变化检测方法获得初步的变化检测结果，在此基础上，利用面向对象的分析技术获得更好的变化检测结果。如 Bovolo 提出了一种针对高分辨率遥感影像的多尺度对象级变化检测方法[190]。该方法对场景进行多时相、多空间分辨率下的对象建模，进而通过基于对象的空间上下文信息对每一个像素进行多尺度下的变化向量分析，从而提取变化区域并取得了良好的效果。Niemeyer 等采用相似的方法获得了良好的效果，区别在于他们采用的是基于正交的差分影像，而不是传统的图像差分方法[191]。

“像素/对象”混合检测方法由于结合了像素级和对象级检测方法各自的优势，能够有效减少噪声对变化检测的影响，且能够准确识别由于对象轮廓不一致造成的“伪变化”。但是，目前仍不清楚采用不同的像素级及对象级算法组合方案会如何影响最终的变化检测结果[192]。

1.4.4 对象级变化检测面临的挑战

伴随着遥感空间分辨的不断提高，实现高精度的对象级变化检测需要高精度的多时相影像配准、分割及高效的变化检测方法[193]。因此，尽管对象级变化检测方法为高分辨率遥感影像变化检测提供了新的发展方向， 但仍然存在很多挑战。

(1) 几何配准误差依然是影响对象级变化检测精度的重要因素。高分辨率遥感影像通常足以完整描述个别感兴趣的地理对象，大量存在的“同物异谱”和“同谱异物”现象增加了误匹配的可能[194]。另外，地表高层地物可能产生更加显著的“投影差”，从而改变对象内部或局部区域的灰度分布，也增加了准确几何配准的难度。Dai 等对四组中、低分辨率 TM(thematic mapper) 影像的研究成果表明，只有配准精度小于 0.2 像素时，变化检测算法才能检测到 90%的真实地表变化。其中，配准精度是指地面控制点 (groud control point, GCP) 的均方根误差 (root mean square error, RMSE)。而与中、低分辨率相比，高分辨率遥感影像更加难以产生准确的配准结果，而配准误差对检测精度的影响也更加强烈。

(2) 准确的图像分割是进一步变化检测的基础。为了提取地理对象，需要根据空间和光谱特征以及用户的经验分割遥感图像。由于高分辨率遥感影像纹理特征更加丰富，尤其在城市场景中存在多样的生态环境与结构复杂的人造目标，这些因素都给准确地提取地理对象造成了困难，而目前大部分针对中、低分辨率遥感影像的传统分割方法已经很难直接应用于高分辨率遥感影像[195]。目前针对高分辨率遥感影像的分割算法有如下几个发展趋势：多光谱遥感图像分割、不同尺度下的遥感图像分割、针对遥感图像的多特征分割、遥感图像分割的精度和速度要求等。

(3) 高分辨率遥感影像对比度更强，有效改善了混合像元问题，但“同谱异物”“同物异谱”现象导致的“伪变化”也更加突出[196]。由于对象级变化检测算法以对象为基本的研究单元，因此如何选择合适的对象特征 (如几何形状、光谱特征、纹理特征和背景信息等) 并定义有效判别规则来识别对象的变化信息是解决这一问题的关键[197−208]。

参 考 文 献

[1] 张达, 郑玉权. 高光谱遥感的发展与应用 [J]. 光学与光电技术, 2013, 11(3): 67-73.

[2] 万余庆, 谭克龙, 周日平. 高光谱遥感应用研究 [M]. 北京: 科学出版社, 2006.

[3] Huni G R. Electromagnetic Radiation: The Communication Link in Remote Sensing [M]. Remote Sensing in Geology. New York: Wiley, 1980.

[4] 张昊然. 遥感影像信息提取的方式 [J]. 测绘与空间地理信息, 2014, 37(2): 156-158.

[5] Ly N H, Du Q, Fowler J E. Sparse graph-based discriminant analysis for hyperspectral imagery [J]. IEEE Transactions on Geoscience and Remote Sensing, 2013, 52(7): 3872-3884.

[6] Ma W K, Bioucas-Dias J M, Chan T H, et al. A signal processing perspective on hyperspectral unmixing [J]. Signal Processing Magazine, 2014, 31(1): 67-81.

[7] Landgrebe D. On Information Extraction Principles for Hyperspectral Data [M]. West Lafayette: Purdue University, 1997.

[8] Zhang B, Wang X J, Liu J G, et al. Hyperspectral image processing and analysis system (HIPAS) and its applicatons [J]. Photogrammetric Engineering & Remote Sensing, 2000, 66(5): 605-609.

[9] Goetz A F H. Three decades of hyperspectral remote sensing of the Earth: a personal view [J]. Remote Sensing of Enviroment, 2009, 113: 5-16.

[10] 刘翔. 基于光谱维变换的高光谱图像目标探测研究 [D]. 北京: 中国科学院研究生院 (遥感应用研究所), 2008.

[11] Fan X, Zhang Y, Li F, et al. A robust spectral target recognition method for hyperspectral data based on combined spectral signatures[C]. Geoscience and Remote Sensing

Symposium (IGARSS), 2011, 4328-4331.

[12] 黄凤辰, 李敏, 石爱业, 等. 受昆虫视觉启发的多光谱遥感影像小目标检测 [J]. 通信学报. 2011，32(9)88-95.

[13] 徐立中, 李敏, 石爱业, 等. 受昆虫视觉启发的多光谱遥感影像特征检测器模型 [J]. 电子学报. 2011, 39(11): 2497-2501.

[14] Xu M, Sun Q, Lu Y, et al. A novel fast remote sensing targets detection model based on KSC-SBOW[J], International Journal of Signal Processing, Image Processing and Pattern Recognition, 2016, 9(3): 341-354.

[15] 李小文. 遥感科学与定量遥感 [J]. 科学观察, 2006, 1(5): 44-45.

[16] Hughes G F. On the mean accuracy of statistical pattern recognizers [J]. IEEE Transactions on Information Theory, 1968, 14(1): 55-63.

[17] Wei D, Crawford M M. Active learning via multi-view and local proximity co-regularization for hyperspectral image classification [J]. IEEE Journal of Selected Topics in Signal Processing, 2011, 5(3): 618-628.

[18] 李静. 高光谱遥感影像降维及分类方法研究 [D]. 长沙: 中南大学, 2012.

[19] 刘春红, 赵春晖, 张凌雁. 一种新的高光谱遥感图像降维方法 [J]. 中国图象图形学报, 2005, 10(2): 18-22.

[20] Li X, Yeh A. Principal component analysis of stacked multi-temporal images for the monitoring of rapid urban expansion in the Pearl River Delta [J]. International Journal of Remote Sensing, 1998, 19(8): 1501-1518.

[21] Pu R, Gong P. Wavelet transform applied to EO-1 hyperspectral data for forest LAI and crown closure mapping [J]. Remote sensing of Environment, 2004, 91(2): 212-224.

[22] Smith M O, Johnson P E, Adams J B. Quantitative determination of mineral type and abundances from reflectance spectra using principal components analysis [J]. Journal of Geophysical Research, 1985, 90: 797-804.

[23] Bachmann C M, Donato T F, Lamela G M, et al. Automatic classification of land cover on Smith Island, VA, using HyMAP imagery [J]. IEEE Transaction on Geoscience and Remote Sensing, 2002, 40(10): 2313-2330.

[24] Pierre G, Jacquez G M, Andrew M. Geostatistical and local cluster analysis of high resolution hyperspectral imagery for detection of anomalies [J]. Remote Sensing of Environment, 2005, 95(3): 351-367.

[25] Jia X P, Richards J A. Segmented principal components transformation for efficient hyperspectral remote image display and classification [J]. IEEE Transactions on Geoscience and Remote Sensing, 1999, 37(1): 538-542.

[26] Fraser S J, Green A A. A software defoliant for geological analysis of band ratios [J]. International Journal of Remote Sensing, 1987, 8(3): 525-532.

[27] Chavez Jr P S, Kwarteng A Y. Extracting spectral contrast in Landsat thematic mapper

image data using selective principal component analysis [J]. Photogrammetric Engineering and Remote Sensing, 1989, 57(3): 339-348.

[28] Roger R E, Arnold J F. Reliably estimating the noise in AVIRIS hyperspectral images [J]. International Journal of Remote Sensing, 1996, 17(10): 1951-1962.

[29] Roger R E. Principal components transform with simple, automatic noise adjustment [J]. International Journal of Remote Sensing, 1996, 17(14): 2719-2727.

[30] Switzer P, Green A. Min/max Autocorrelation Factors for Multivariate Spatial Imagery [C]. Dept. of Statistics, Stanford University, Tech. Rep. 6. 1984.

[31] Nielsen A A. Analysis of regularly and irregularly sampled spatial, multivariate and multi-temporal data [D]. Ph. D. Thesis, IMM/Technical University of Denmark, 1994.

[32] Green A, Berman M, Switzer P, et al. A transformation for ordering multispectral data in terms of imagequality with implications for noise removal [J]. IEEE Transactions on Geoscience and Remote Sensing, 1988, 26(1): 65-74.

[33] Gordon C. A generalization of the maximum noise fraction transform [J]. IEEE Transactions on Geoscience and Remote Sensing, 2000, 38(1): 608-610.

[34] Jams B L, Woodyatt A S, Bernan M. Enhancement of high spectral resolution remote-sensing data by a noise adjusted principal components transform [J]. IEEE Transactions Geosciences and Remote Sensing, 1990, 37(1): 538-542.

[35] Roger R E. A faster way to compute the noise-adjusted principal components transform matrix [J]. IEEE Transactions on Geoscience and Remote Sensing, 1994, 32(6): 1194-1196.

[36] Anderson M J, Willis T J. Canonical analysis of principal coordinates: a useful method of constrained ordination for ecology [J]. Ecology, 2003, 84: 511-525.

[37] Kaewpijit S, Moigne J L, El-Ghazawi T. Automatic reduction of hyperspectral imagery using wavelet spectral analysis [J]. IEEE Transactions on Geoscience and Remote Sensing, 2003, 41(4 Part 1): 863-871.

[38] Lee D D, Seug H S. Learning the parts of objects by non-negative matrix factorization [J]. Nature, 1999, 401: 788-791.

[39] Kumar S, Ghosh J, Crawford M M. Best-bases feature extraction algorithms for classification of hyperspectral data [J]. IEEE Transactions on Geoscience and Remote Sensing, 2001, 39(7): 1368-1379.

[40] Kuo B ,D Landgrebe. Improved statistics estimation and feature extraction for hyperspectral data classification [C]. School Electrical & Computer Engineering. Purdue University. West Lafayette, Technical Report. 2001: 1-6.

[41] Kruskal J B. Toward a paractical method which helps unconver the structure of a set of multivariate observations by finding the linear transformation which optimizes a new index of condensation[Z]// Milton R C, Nelder J A.Statistical Compution. New Nork: Academic Press, 1969: 427-440.

[42] Friedman J H, Turkey J W. A projection pursuit for algorithm for exploratory data analysis [J]. IEEE Transactions on Computers, 1974, 23(1): 881-889.

[43] 刘卓, 易东云. 投影寻踪方法与高光谱遥感图像数据特征提取的研究 [J]. 数学理论与应用, 2003, 23(1): 76-81.

[44] Herault J, Jutten C. Space or time adaptive signal processing by neural network models[Z]// Denker J S. Neural Networks for Computing. New York: AIP Conference Proceedings, 1986: 151.

[45] Comon P. Independent component analysis, A new concept? [J]. Signal Processing, 1994, 36(3): 287-314.

[46] 杨福生, 洪波. 独立分量分析的原理与应用 [M]. 北京: 清华大学出版社, 2006.

[47] 李冬琴, 王丽铮, 王呈方. 核主成分分析方法在船型方案综合评价中的应用 [J]. 船海工程, 2007, 36(2): 1-3.

[48] David H K, Leif H F. Hyperspectral image processing using locally linear embedding [C]. Proceedings of the 1st International IEEE EMBS conference on Neural Engineering. Capri Island, Italy, 2003: 316-319.

[49] Wang X R, Kumar S, KauppT, et al. Applying ISOMAP to the learning of hyperspectral image [C]. Proceedings of the 2005 Australiasian Conference on Robotics and Automation(ACRA). Sydney, 2005.

[50] 邵超, 万春红, 陈广宇. 基于最小联通领域图的 ISOMAP 算法 [J]. 计算机应用, 2007, 27(10): 2570-2574.

[51] Tenenbaum J B, Silva V, Langford J C. A global geometric framework for nonlinear dimensionality reduction [J]. Science, 2000, 290: 2319-2322.

[52] Shannon C. A mathematical theory of communication [J]. ACM SIGMOBILE Mobile Computing and Communications Review, 2001, 5(1): 3-55.

[53] 魏芳洁. 高光谱图像波段选择方法的研究 [D]. 哈尔滨: 哈尔滨工程大学, 2013.

[54] Chavez P, Berlin G, Sowers L B,et al. Statistical method for selecting Landsat MSS ratios [J]. Journal of applied photographic engineering, 1982, 8(1): 23-30.

[55] 陈桂芬, 曾广伟, 陈航, 等. 基于纹理特征和神经网络算法的遥感影像分类方法研究 [J]. 中国农机化学报, 2014, 35(1): 270-274.

[56] Jimenez L O, Landgrebe D A. Supervised classification in high-dimensional space: geometrical, statistical, and asymptotical properties of multivariate data [J]. IEEE Transactions on Systems, Man, and Cybernetics, Part C: Applications and Reviews, 1998, 28(1): 39-54.

[57] 黄文钰, 尚海兴. 基于小波变换的高光谱遥感影像光谱匹配技术研究 [J]. 西北水电, 2013:7-9.

[58] 童庆禧, 张兵, 郑兰芬. 高光谱遥感 —— 原理、技术与应用 [M]. 北京: 高等教育出版社, 2006.

[59] Gao J Q, Xu L Z, Shen J, et al. A novel information transferring approach for the classification of remote sensing images [J]. EURASIP Journal on Advances in Signal Processing, 2015, 2015:38.

[60] Gao J Q, Xu L Z, Huang F C. A spectral–textural kernel-based classification method of remotely sensed images [J]. Neural Comput & Applic. 2016, 27(2): 431-446.

[61] Wang X, Shen S Q, Ning C, et al. Multi-class remote sensing objects recognition based on discriminative sparse representation [J]. Applied Optics. 2016, 55(6): 1381-1394.

[62] Xu M X, Sun Q S, Lu Y S,et al. Nearest-neighbors based weighted method for the BOVW applied to image classification [J]. Journal of Electrical Engineering and Technology, 2015, 10(4): 1877-1885.

[63] Friedl M, Brodley C, Strahler Al. Maximizing land cover classification accuracies produced by decision trees at continental to global scales [J]. IEEE Transactions on Geoscience and Remote Sensing, 1999, 37(2 Part 2): 969-977.

[64] Kartikeyan B, Majumder K, Dasgupta A . An expert system for land cover classification [J]. IEEE Transactions on Geoscience and Remote Sensing, 1995, 33(1): 58-66.

[65] Kruse F A, Lefkoff A, Boardman J, et al. The spectral image processing (SIPS)-interactive visualization and analysis of imaging spectrometer data [J]. Remote Sensing of Environment, 1993, 44: 145-163.

[66] Hecker C, Meijde M Werff H, et al. Assessing the influence of reference spectra on synthetic SAM classification results [J]. IEEE Transactions on Geoscience and Remote Sensing, 2008, 46(12): 4162-4262.

[67] Kruse F, Kierein Y K, Boardman J. Mineral mapping at Cuprite, Nevada with a 63-channel imaging spectrometer [J]. Photogrammetric Engineering and Remote Sensing, 1990, 56(1): 83-92.

[68] Loog M, Duin R, Haeb-Umbach R. Multiclass linear dimension reduction by weighted pairwise Fisher criteria [J]. IEEE Transactions on Pattern Analysis and Machine Intelligence, 2001, 23(7): 762-766.

[69] Strahler A H. The use of prior probabilities in maximum likelihood classification of remotely sensed data [J]. Remote Sensing of Environment, 1979, 10(2): 135-163.

[70] Mayer D, Friedl M. Using prior probabilities in decision-tree classification of remotely sensed data [J]. Remote Sensing of Environment, 2002, 81(2-3): 253-261.

[71] 石爱业，徐立中，汤敏. 联合 IHS 变换和 MAP 估计的遥感图像融合 [J]. 遥感学报，2010, 14(6): 1259-1272.

[72] Jia X , Richards J. Efficient maximum likelihood classification for imaging spectrometer data sets [J]. IEEE Transactions on Geoscience and Remote Sensing, 1994, 32(2): 274-281.

[73] Ketting R, Landgrebe D. Classification of multispectral image data by extraction and classifition of homogenous objects [J]. IEEE Transactions on Geoscience Electronics,

1976, 14(1): 19-26.

[74] Benz U, Hofmann P, Willhauck G, et al. Multi-resolution, object-oriented fuzzy analysis of remote sensing data for GIS-ready information [J]. ISPRS Journal of dirty pictures. Journal of Photogrammertry and Remote sensing. 2004, 58(3-4): 239-258.

[75] 李旭, 周买春, 梁智宏, 等. 遥感图像分类方法 [J]. 北京农业, 2014: 217-218.

[76] 刘润宗. 模式识别领域中形变不变量的若干关键问题研究模式识别 [D]. 重庆: 重庆大学, 2012.

[77] Ball G, Hall D. ISODATA, a Novel Method of Data Analysis and Pattern Classification [M]. Technical report, Stanford University, CA,1965.

[78] Bezdek J. Pattern Recognition with Fuzzy Objective Function Algorithms [M]. Norwell, MA, USA: Kluwer Academic Publishers, 1981.

[79] Carpenter G. Fuzzy ARTMAP: a neural network architecture for incremental supervised learning of analog multidimensional maps [J]. IEEE Transactions on Neural Networks, 1992, 3(5): 698-712.

[80] Wang F. Fuzzy supervised classification of remote sensing images [J]. IEEE Transactions on Geoscience and Remote Sensing, 1990, 28(2): 194-201.

[81] Warner T, Shank M. An evaluation of the potential for fuzzy classification of multispectral data using artificial neural newtworks [J]. Photogrammetric Engineering and Remote Sensing, 1997, 63(11): 1285-1294.

[82] Xu L Z, Li X F, Yang S X. Intelligent information processing and system optimization [J]. Intelligent Automation and Soft Computing, 2011, 17(7): 829-833.

[83] 黄国栋. 基于遗传神经网络的短期负荷预测研究 [J]. 电力技术探讨, 2014, 301: 261-265.

[84] 徐丹, 郑彬彬. 遗传算法并行化研究 [J]. 计算机与网络, 2011, 8: 228.

[85] Dorigo M, Maniezzo V, Colorni A. Ant System: Optimization by a colony of cooperating agents [J]. IEEE Transactions on Systems, Man, and Cybernetics, Part B 1996, 26(1): 29-41.

[86] Kennedy J, Eberhart R C. Particle swarm optimization [C]. Proceedings of the IEEE International Conference on Neural Networks, 1995, 1942-1948.

[87] Panagiota M, Jocelyn C, Erwan P. A support vector regression approach for building seismic vulnerability assessment and evaluation from remote sensing and in-situ data [C]. IEEE International Geoscience and Remote Sensing Symposium, Munich, Germany, 2012.

[88] Tan G P, Ni X Y, Liu X Q, et al. Real-time multicast with network coding in mobile ad-hoc networks [J]. Intelligent Automation and Soft Computing, 2012, 18(7): 783-794.

[89] Xu M X, Wei C L. Remotely sensed image classification by complex network eigenvalue and connected degree [J]. Computational and Mathematical Methods in Medicine, 2012:1-8.

[90] Shi Y, Liu H, Gao L, et al. Cellular particle swarm optimization [J]. Information Sciences, 2011, 181(20): 4460-4493.

[91] Wang H, Wu Z, Rahnamayan S, et al. Enhancing particle swarm optimization using generalized opposition-based learning [J]. Information Sciences, 2011, 181(20): 4699-4714.

[92] Nasir M, Maity D, Das S, et al. A dynamic neighborhood learning based particle swarm optimizer for global numerical optimization [J]. Information Sciences, 2012, 209(20): 16-36.

[93] Montes de Oca M, Stutzle T, Birattari M, et al. Frankenstein's PSO: a composite particle swarm optimization algorithm [J]. IEEE Transactions on Evolutionary Computation, 2009, 13(5): 1120-1132.

[94] Nilsson N J. Learing Machines [M]. New York: McGraw-Hill, 1965.

[95] Vapnik V. The Nature of Statistical Learning Theory [M]. Berlin: Springer Verlag, 2000.

[96] 邓乃扬, 田英杰. 数据挖掘中的新方法—支持向量机 [M]. 北京: 科学出版社, 2004.

[97] 高隽. 人工神经网络原理及仿真实例 [M]. 北京: 机械工业出版社, 2003.

[98] Li S J, Wu H, Wan D S, et al. An effective feature selection method for hyperspectral image classification based on genetic algorithm and support vector machine [J]. Knowledge Based System, 2010, 24(1): 40-48.

[99] 周爽. 蚁群算法在高光谱图像降维和分类中的应用研究 [D]. 哈尔滨: 哈尔滨工业大学, 2010.

[100] 丁胜, 袁修孝, 陈黎. 粒子群优化算法用于高光谱遥感影像分类的自动波段选择 [J]. 测绘学报, 2010, 39(3): 257-263.

[101] 林娜, 杨武年, 王斌. 基于 KMNF 和 BP 神经网络的高光谱遥感影像分类 [J]. 计算机工程与设计, 2013, 34(8): 2774-2777.

[102] Bigdeli B, Samadzadegan F, Reinartz P. A multiple SVM system for classification of hyperspectral remote sensing data [J]. Journal of the Indian Society of Remote Sensing, 2013, 41(4):763-776.

[103] Gualtieri J, Cromp R. Support vector machines for hyperspectral remote sensing classification [J]. IEEE Transaction on Systems, Man and Cybernetics, 1999, 3(6): 610-621.

[104] 周聪, 郑金华. 一种改进的 TSP 启发交叉算子 [J], 计算机工程与应用. 2008, 44(9): 37-39.

[105] 曲良东, 何登旭. 混合变异算子的人工鱼群算法 [J]. 计算机工程与应用. 2008, 44(35): 50-52.

[106] Singh A. Review article digital change detection techniques using remotely-sensed data [J]. International Journal of Remote Sensing, 1989, 10(6): 989-1003.

[107] Malik M I, Bhat M S. Anthropogenic land use change detection in a Kashmir Himalayan Watershed–a remote sensing and GIS approach [J]. Journal of Remote Sensing & GIS, 2014, 5(1): 34-42.

[108] Ghosh S, Bruzzone L, Patra S, et al. A context-sensitive technique for unsupervised change detection based on Hopfield-type neural networks [J]. IEEE Transactions on Geoscience and Remote Sensing, 2007, 45(3): 778-789.

[109] Bovolo F, Bruzzone L. A split-based approach to unsupervised change detection in large-size multi-temporal images: Application to tsunami-damage assessment [J]. IEEE Transactions on Geoscience and Remote Sensing, 2007, 45(6): 1658-1670.

[110] 祝锦霞. 高分辨率遥感影像变化检测的关键技术研究 [D]. 杭州: 浙江大学, 2011.

[111] Canty M J. Image Analysis, Classification and Change Detection in Remote Sensing: With Algorithms for ENVI/IDL and Python [M]. CRC Press, 2014.

[112] Bruzzone L, Carlin L. A multilevel context-based system for classification of very high spatial resolution images [J]. IEEE Transactions on Geoscience and Remote Sensing, 2006, 44(9): 2587-2600.

[113] 殷守敬, 吴传庆, 王桥, 等. 多时相遥感影像变化检测方法研究进展综述 [J]. 光谱学与光谱分析, 2013, 12: 45.

[114] Moser G, Angiati E, Serpico S B. Multi-scale unsupervised change detection on optical images by Markov random fields and wavelets [J]. IEEE Geoscience and Remote Sensing Letters, 2011, 8(4): 725-729.

[115] Chen G, Hay G J, Castilla G, et al. A multi-scale geographic object-based image analysis to estimate lidar-measured forest canopy height using Quickbird imagery [J]. International Journal of Geographical Information Science, 2011, 25(6): 877-893.

[116] 钟家强. 基于多时相遥感图像的变化检测 [D]. 长沙: 国防科学技术大学, 2005.

[117] 徐立中，冯肖亮，文成林. 网络化多传感器系统的序贯式融合滤波 — 基于噪声估计方法 [J]. 电子学报, 2014, 42(1): 160-168

[118] 石爱业, 徐枫, 徐梦溪. 图像超分辨率重建方法及应用 [M]. 北京: 科学出版社, 2016.

[119] Shen J, Xu F, Xu M X, et al. Super-resolution reconstruction based on tukey norm and adaptive bilateral total variation [J], International Journal of Signal Processing, Image Processing and Pattern Recognition, 2016, 9(5): 399-416.

[120] Shi A, Xu L Z, Xu F, et al. Multispectral and panchromatic image fusion based on improved bilateral filter [J]. Journal of Applied Remote Sensing, 2011, 5: 053542-1-053542-17.

[121] Dai X, Khorram S. Quantification of the impact of misregistration on the accuracy of remotely sensed change detection[C]. Proceedings of IEEE International Conference on Geoscience and Remote Sensing-A Scientific Vision for Sustainable Development, 1997, 4: 1763-1765.

[122] 孙晓霞, 张继贤, 燕琴, 等. 遥感影像变化检测方法综述及展望 [J]. 遥感信息, 2011, 1: 119-123.

[123] 李向军. 遥感土地利用变化检测方法探讨 [D]. 北京: 中国科学院遥感应用研究所, 2006.

[124] 徐小芹, 沈佳洁, 吴友凤, 等. 航空遥感影像的变化检测 [J]. 地理空间信息, 2011, 9(2).

[125] 申邵洪, 谭德宝, 梁东业. 基于马尔科夫随机场的多时相 SAR 影像变化检测研究 [J]. 长江科学院院报, 2010, 27(1): 49-51.

[126] Othman A A, Al-Saady Y I, Al-Khafaji A K, et al. Environmental change detection in the central part of Iraq using remote sensing data and GIS [J]. Arabian Journal of Geosciences, 2014, 7(3): 1017-1028.

[127] Lu D, Mausel P, Brondizio E, et al. Change detection techniques [J]. International Journal of Remote Sensing, 2004, 25(12): 2365-2401.

[128] Collins J B, Woodcock C E. Change detection using the Gramm-Schmidt transformation applied to mapping forest mortality [J]. Remote Sensing of Environment, 1994, 50(3): 267-279.

[129] Song C, Woodcock C E, Seto K C, et al. Classification and change detection using Landsat TM data: when and how to correct atmospheric effects? [J]. Remote sensing of Environment, 2001, 75(2): 230-244.

[130] Townshend J R G, Justice C O, Gurney C, et al. The impact of misregistration on change detection[J]. IEEE Transactions on Geoscience and Remote Sensing, 1992, 30(5): 1054-1060.

[131] Dai X, Khorram S. The effects of image misregistration on the accuracy of remotely sensed change detection [J]. IEEE Transactions on Geoscience and Remote Sensing, 1998, 36(5): 1566-1577.

[132] Hay G J, Castilla G. Geographic Object-Based Image Analysis (GEOBIA): A New Name for a New Discipline[M]. Object-Based Image Analysis. Springer Berlin Heidelberg, 2008: 75-89.

[133] Sun C, Wu Z, Lv Z, et al. Quantifying different types of urban growth and the change dynamic in Guangzhou using multi-temporal remote sensing data [J]. International Journal of Applied Earth Observation and Geoinformation, 2013, 21: 409-417.

[134] Subudhi B N, Bovolo F, Ghosh A, et al. Spatio-contextual fuzzy clustering with Markov random field model for change detection in remotely sensed images [J]. Optics & Laser Technology, 2014, 57: 284-292.

[135] Ghosh A, Subudhi B N, Bruzzone L. Integration of Gibbs Markov random field and Hopfield-type neural networks for unsupervised change detection in remotely sensed multi-temporal images[J]. IEEE Transactions on Image Processing, 2013, 22(8): 3087-3096.

[136] Bovolo F, Marin C, Bruzzone L. A hierarchical approach to change detection in very high resolution SAR images for surveillance applications [J]. IEEE Transactions on Geoscience and Remote Sensing, 2013, 51(4): 2042-2054.

[137] 周启鸣. 多时相遥感影像变化检测综述 [J]. 地理信息世界, 2011, 2: 010.

[138] Shi A, Huynn D Q, Huang F C, et al. Unsupervised change detection based on robust chi-squared transform for bitemporal remotely sensed images[J]. International Journal

of Remote Sensing, 2014, 35(21): 7555-7566.

[139] Weismiller R A, Kristof S J, Scholz D K, et al. Change detection in coastal zone environments [J]. Photogrammetric Engineering and Remote Sensing, 1977, 43(12).

[140] El-Asmar H M, Hereher M E. Change detection of the coastal zone east of the Nile Delta using remote sensing[J]. Environmental Earth Sciences, 2011, 62(4): 769-777.

[141] Wang C, You Z, Xing F, et al. Optical flow inversion for remote sensing image dense registration and sensor's attitude motion high-accurate measurement [J]. Mathematical Problems in Engineering, 2014, 2014.

[142] Bruzzone L, Prieto D F. Automatic analysis of the difference image for unsupervised change detection [J]. IEEE Transactions on Geoscience and Remote Sensing, 2000, 38(3): 1171-1182.

[143] Byrne G F, Crapper P F, Mayo K K. Monitoring land-cover change by principal component analysis of multi-temporal Landsat data [J]. Remote Sensing of Environment, 1980, 10(3): 175-184.

[144] 邓劲松, 李君, 王珂. 基于多时相 PCA 光谱增强和多源光谱分类器的 SPOT 影像土地利用变化检测 [J]. 光谱学与光谱分析, 2009 (6): 1627-1631.

[145] Kauth R J, Thomas G S. The Tasselled Capa graphic description of the spectral-temporal development of agricultural crops as seen by Landsat[C]. LARS Symposia. 1976: 159.

[146] Volpi M, Tuia D, Bovolo F, et al. Supervised change detection in VHR images using contextual information and support vector machines [J]. International Journal of Applied Earth Observation and Geoinformation, 2013, 20: 77-85.

[147] Friedl M A, Sulla-Menashe D, Tan B, et al. MODIS Collection 5 global land cover: Algorithm refinements and characterization of new datasets [J]. Remote Sensing of Environment, 2010, 114(1): 168-182.

[148] Esquerdo J, Zullo Junior J, Antunes J F G. Use of NDVI/AVHRR time-series profiles for soybean crop monitoring in Brazil [J]. International Journal of Remote Sensing, 2011, 32(13): 3711-3727.

[149] Redo D J, Millington A C. A hybrid approach to mapping land-use modification and land-cover transition from MODIS time-series data: A case study from the Bolivian seasonal tropics [J]. Remote Sensing of Environment, 2011, 115(2): 353-372.

[150] Gao Y, Mas J F, Navarrete A. The improvement of an object-oriented classification using multi-temporal MODIS EVI satellite data [J]. International Journal of Digital Earth, 2009, 2(3): 219-236.

[151] Thenkabail P, GangadharaRao P, Biggs T, et al. Spectral matching techniques to determine historical land-use/land-cover (LULC) and irrigated areas using time-series 0.1-degree AVHRR Pathfinder datasets [J]. Photogrammetric Engineering & Remote Sensing, 2007, 73(10): 1029-1040.

[152] 史培军, 等. 土地利用 / 覆盖变化研究的方法与实践 [M]. 北京: 科学出版社, 2000.

[153] Westra T, De Wulf R R. Monitoring Sahelian floodplains using Fourier analysis of MODIS time - series data and artificial neural networks [J]. International Journal of Remote Sensing, 2007, 28(7): 1595-1610.

[154] Gärtner P, Förster M, Kurban A, et al. Object based change detection of Central Asian Tugai vegetation with very high spatial resolution satellite imagery[J]. International Journal of Applied Earth Observation and Geoinformation, 2014, 31: 110-121.

[155] Blaschke T. Towards a framework for change detection based on image objects [J]. Göttinger Geographische Abhandlungen, 2005, 113: 1-9.

[156] Hay G J, Hemachandran B, Kyle C D. HEAT (Home Energy Assessment Technologies): Residential waste heat monitoring, Google Maps and airborne thermal imagery [J]. GIM Int, 2010, 3: 13-15.

[157] Johansen K, Arroyo L A, Phinn S, et al. Comparison of geo-object based and pixel-based change detection of riparian environments using high spatial resolution multi-spectral imagery [J]. Photogrammetric Engineering & Remote Sensing, 2010, 76(2): 123-136.

[158] Wang C, Xu L Z, Wang X, et al. A multi-scale segmentation method of oil spills in SAR images based on JSEG and spectral clustering [J]. International Journal of Signal Processing, Image Processing & Pattern Recognition, 2014, 7(1).

[159] Biging G S, Colby D R, Congalton R G. Sampling systems for change detection accuracy assessment[J]. Remote Sensing Change Detection: Environmental Monitoring Methods and Applications, 1998: 281-308.

[160] Chen Z Q, Hutchinson T C. Urban damage estimation using statistical processing of satellite images [J]. Journal of Computing in Civil Engineering, 2007, 21(3): 187-199.

[161] Radke R J, Andra S, Al-Kofahi O, et al. Image change detection algorithms: a systematic survey [J]. IEEE Transactions on Image Processing, 2005, 14(3): 294-307.

[162] Aplin P. On scales and dynamics in observing the environment [J]. International Journal of Remote Sensing, 2006, 27(11): 2123-2140.

[163] Pugliese L, Scarpetta S. An Object Based Analysis Applied to Very High Resolution Remote Sensing Data for the Change Detection of Soil Sealing at Urban Scale[M]. Recent Advances of Neural Network Models and Applications. Springer International Publishing, 2014: 155-162.

[164] Marceau D J, Gratton D J, Fournier R A, et al. Remote sensing and the measurement of geographical entities in a forested environment. 2. The optimal spatial resolution[J]. Remote Sensing of Environment, 1994, 49(2): 105-117.

[165] Laliberte A S, Herrick J E, Rango A, et al. Acquisition, or thorectification, and object-based classification of unmanned aerial vehicle (UAV) imagery for rangeland monitoring [J]. Photogrammetric Engineering & Remote Sensing, 2010, 76(6): 661-672.

[166] Duveiller G, Defourny P, Desclée B, et al. Deforestation in Central Africa: Estimates

at regional, national and landscape levels by advanced processing of systematically-distributed Landsat extracts [J]. Remote Sensing of Environment, 2008, 112(5): 1969-1981.

[167] Johansen K, Phinn S, Lowry J, et al. Quantifying indicators of riparian condition in Australian tropical savannas: integrating high spatial resolution imagery and field survey data [J]. International Journal of Remote Sensing, 2008, 29(23): 7003-7028.

[168] Cleve C, Kelly M, Kearns F R, et al. Classification of the wildland–urban interface: A comparison of pixel-and object-based classifications using high-resolution aerial photography [J]. Computers, Environment and Urban Systems, 2008, 32(4): 317-326.

[169] Castilla G, Hay G J. Image Objects and Geographic Objects// Object-based Image Analysis[M]. Springer Berlin Heidelberg, 2008: 91-110.

[170] Zhou W, Troy A, Grove M. Object-based land cover classification and change analysis in the Baltimore metropolitan area using multi-temporal high resolution remote sensing data[J]. Sensors, 2008, 8(3): 1613-1636.

[171] McDermid G J, Pape A, Chubey M S, et al. Object-oriented analysis for change detection[C]. Proceedings, 25th Canadian Symposium on Remote Sensing. 2003.

[172] Blaschke T. Object based image analysis for remote sensing[J]. ISPRS Journal of Photogrammetry and Remote Sensing, 2010, 65(1): 2-16.

[173] Herold M, Scepan J, Clarke K C. The use of remote sensing and landscape metrics to describe structures and changes in urban land uses[J]. Environment and Planning A, 2002, 34(8): 1443-1458.

[174] Laliberte A S, Rango A. Texture and scale in object-based analysis of sub-decimeter resolution unmanned aerial vehicle (UAV) imagery[J]. IEEE Transactions on Geoscience and Remote Sensing, 2009, 47(3): 761-770.

[175] Conchedda G, Durieux L, Mayaux P. An object-based method for mapping and change analysis in mangrove ecosystems[J]. ISPRS Journal of Photogrammetry and Remote Sensing, 2008, 63(5): 578-589.

[176] De Chant T, Kelly M. Individual object change detection for monitoring the impact of a forest pathogen on a hardwood forest [J]. Photogrammetric Engineering and Remote Sensing, 2009, 75(7): 1005-1014.

[177] Chen G, Hay G J, Carvalho L M T, et al. Object-based change detection[J]. International Journal of Remote Sensing, 2012, 33(14): 4434-4457.

[178] Miller O, Pikaz A, Averbuch A. Objects based change detection in a pair of gray-level images [J]. Pattern Recognition, 2005, 38(11): 1976-1992.

[179] Lefebvre A, Corpetti T, Hubert-Moy L. Object-oriented approach and texture analysis for change detection in very high resolution images[C]. Geoscience and Remote Sensing Symposium, 2008, 4: IV-663-IV-666.

[180] Roy M, Routaray D, Ghosh S, et al. Ensemble of multilayer perceptrons for change

detection in remotely sensed images[J]. IEEE Geoscience and Remote Sensing Letters, 2014, 11(1): 49-53.

[181] Durieux L, Lagabrielle E, Nelson A. A method for monitoring building construction in urban sprawl areas using object-based analysis of Spot 5 images and existing GIS data[J]. ISPRS Journal of Photogrammetry and Remote Sensing, 2008, 63(4): 399-408.

[182] Walter V. Object-based classification of remote sensing data for change detection[J]. ISPRS Journal of Photogrammetry and Remote Sensing, 2004, 58(3): 225-238.

[183] Hazel G G. Object-level change detection in spectral imagery[J]. IEEE Transactions on Geoscience and Remote Sensing, 2001, 39(3): 553-561.

[184] Li J, Narayanan R M. A shape-based approach to change detection of lakes using time series remote sensing images[J]. IEEE Transactions on Geoscience and Remote Sensing, 2003, 41(11): 2466-2477.

[185] Linke J, McDermid G J, Laskin D N, et al. A disturbance-inventory framework for flexible and reliable landscape monitoring[J]. Photogrammetric Engineering & Remote Sensing, 2009, 75(8): 981-995.

[186] Wulder M A, White J C, Coops N C, et al. Multi-temporal analysis of high spatial resolution imagery for disturbance monitoring[J]. Remote Sensing of Environment, 2008, 112(6): 2729-2740.

[187] Desclée B, Bogaert P, Defourny P. Forest change detection by statistical object-based method[J]. Remote Sensing of Environment, 2006, 102(1): 1-11.

[188] Li X, Yeh A G O, Qian J, et al. A matching algorithm for detecting land use changes using case-based reasoning[J]. Photogrammetric Engineering & Remote Sensing, 2009, 75(11): 1319-1332.

[189] Stow D, Hamada Y, Coulter L, et al. Monitoring shrubland habitat changes through object-based change identification with airborne multispectral imagery[J]. Remote Sensing of Environment, 2008, 112(3): 1051-1061.

[190] Bovolo F. A multilevel parcel-based approach to change detection in very high resolution multi-temporal images [J]. IEEE Geoscience and Remote Sensing Letters, 2009, 6(1): 33-37.

[191] Niemeyer I, Nussbaum S, Canty M J. Automation of change detection procedures for nuclear safeguards-related monitoring purposes[C]. IGARSS. 2005, 5: 2133-2136.

[192] Jin S, Yang L, Danielson P, et al. A comprehensive change detection method for updating the national land cover database to circa 2011[J]. Remote Sensing of Environment, 2013, 132: 159-175.

[193] 刘小洲. 高分辨率遥感图像的变化检测技术研究 [D]. 长沙: 国防科学技术大学, 2007.

[194] Jiao J, Deng Z, Zhao B, et al. A hybrid method for multi-sensor remote sensing image registration based on salience region[J]. Circuits, Systems, and Signal Processing, 2014,33(7): 2293-2317.

[195] 霍春雷, 程健, 卢汉清, 等. 基于多尺度融合的对象级变化检测新方法 [J]. 自动化学报, 2008, 34(3): 251-257.

[196] Foody G M. Status of land cover classification accuracy assessment[J]. Remote Sensing of Environment, 2002, 80(1): 185-201.

[197] Jiang Y, Zhang G, Tang X, et al. Geometric calibration and accuracy assessment of ZiYuan-3 multispectral images[J]. IEEE Transactions on Geoscience and Remote Sensing, 2014.

[198] Staub G, Bähr H P. Potential of remote sensing-a study based on natural disasters occurred during the last 5 years in Chile[J]. Boletim de Ciências Geodésicas, 2014, 20(1): 204-221.

[199] Cao S, Jiang J, Zhang G, et al. An edge-based scale-and affine-invariant algorithm for remote sensing image registration[J]. International Journal of Remote Sensing, 2013, 34(7): 2301-2326.

[200] Wang W T, Li Y L, Zhao Q L. A new approach to automatic feature based registration of multi-sensor remote sensing images[C]. Proceedings of the 2012 2nd IEEE International Conference on Remote Sensing, Environment and Transportation Engineering, 2012: 1-5.

[201] Wang Q, You S. Automatic registration of large-scale multi-sensor datasets// Trends and Topics in Computer Vision [M]. Berlin Heidelberg: Springer, 2012: 225-238.

[202] Dalla Mura M, Benediktsson J A, Bovolo F, et al. An unsupervised technique based on morphological filters for change detection in very high resolution images[J]. IEEE Geoscience and Remote Sensing Letters, 2008, 5(3): 433-437.

[203] Da Cunha A L, Zhou J, Do M N. The non-subsampled contourlet transform: theory, design, and applications[J]. IEEE Transactions on Image Processing, 2006, 15(10): 3089-3101.

[204] Zavorin I, Le Moigne J. Use of multi-resolution wavelet feature pyramids for automatic registration of multi-sensor imagery[J]. IEEE Transactions on Image Processing, 2005, 14(6): 770-782.

[205] Li A, Cheng X, Guan H, et al. Novel image registration method based on local structure constraints[J]. IEEE Geoscience and Remote Sensing Letters, 2014, 11(9): 1584-1588.

[206] Baraldi A, Boschetti L. Operational automatic remote sensing image understanding systems: Beyond Geographic Object-Based and Object-Oriented Image Analysis (GEOBIA/GEOOIA). Part 2: Novel system architecture, information/knowledge representation, algorithm design and implementation[J]. Remote Sensing, 2012, 4(9): 2768-2817.

[207] Zhang Y, Guindon B, Lantz N, et al. Quantification of anthropogenic and natural changes in oil sands mining infrastructure land based on RapidEye and SPOT5[J]. International Journal of Applied Earth Observation and Geoinformation, 2014, 29: 31-43.

[208] Vitter M, Pluvinet P, Vaudor L, et al. An Image Segmentation Process Enhancement

for Land Cover Mapping from Very High Resolution Remote Sensing Data Application in a Rural Area//Connecting a Digital Europe Through Location and Place[M]. New York: Springer International Publishing, 2014: 215-233.

第 2 章　基于模拟退火遗传算法的高光谱遥感影像波段选择

遗传算法是计算机科学人工智能领域中用于解决最优化的一种搜索启发式算法，它运用适应度函数值来进行评估。因此，遗传算法在处理波段数目多、数据量大的高光谱影像时具有较强的优势。但是，将遗传算法直接用于高光谱遥感影像数据波段的选择，由于存在易陷入局部极值而导致过早收敛问题，其所选出的波段组合并不非常理想。为了进一步完善基于遗传算法的高光谱遥感影像波段选择方法，本章将研究优化方法，可有效地解决遗传算法在高光谱影像波段选择中的不足。

2.1　问 题 分 析

在现有高光谱遥感影像降维方法[1−3] 中，特征选择所需要做的事情是选出原始特征空间中的某个子集，该子集是一个简化的特征空间，包含了主要的光谱特征。该过程是对原始数据进行直接处理的过程，应该能保留原始数据的特征和顺序。然而普遍采用的特征提取[4−10] 方法是将原始的特征空间经过线性或非线性的变换，投影到一个低维并优化后的新特征空间[11]，它是对各光谱波段间重新组合和优化，如主成分分析法[12−15]、独立成分分析法[16,17]，其在投影之后原始波段的排列顺序发生了改变，波段与波段间的相关性也同样发生了变化。如主成分分析法将高光谱影像各个波段通过矩阵进行线性变换，得到一个新的矩阵。设 $X=[x_1,x_2,\cdots,x_p]$ 是 $p\times N$ 维矩阵，行向量组的均值向量 $E(X)=0$，当均值不为 0 时，可以通过 $X-E(X)$ 将向量组的均值变为 0。若采用变换矩阵 A 对矩阵 X 进行线性变换，则有

$$Z=AX=\begin{bmatrix} z_1\\ z_2\\ \vdots\\ z_p \end{bmatrix}=\begin{bmatrix} a_1^{\mathrm{T}}X\\ a_2^{\mathrm{T}}X\\ \vdots\\ a_p^{\mathrm{T}}X \end{bmatrix}=\begin{bmatrix} a_{11}x_1+a_{21}x_2+\cdots+a_{p1}x_p\\ a_{12}x_1+a_{22}x_2+\cdots+a_{p2}x_p\\ \vdots\\ a_{1p}x_1+a_{2p}x_2+\cdots+a_{pp}x_p \end{bmatrix} \tag{2.1}$$

其中，$A=\begin{bmatrix} a_1, & a_2, & \cdots, & a_p \end{bmatrix}$ 为变换矩阵；$Z=\begin{bmatrix} z_1, & z_2, & \cdots, & z_p \end{bmatrix}^{\mathrm{T}}$ 为经线性变换后的矩阵，大小为 $p\times N$，则得到的各向量的方差和各向量间的协方差：

$$\mathrm{Var}\left(z_i\right)=a_i^{\mathrm{T}}\sum a_i,\quad i=1,2,\cdots,p \tag{2.2}$$

$$\mathrm{Cov}\left(z_i, z_j\right) = a_i^{\mathrm{T}} \sum a_i, \quad i, j = 1, 2, \cdots, p \tag{2.3}$$

其中，$\mathrm{Var}\left(z_i\right)$ 为 z_i 的方差；$\mathrm{Cov}\left(z_i, z_j\right)$ 为 z_i 与 z_j 的协方差，且其值为 0。所有主成分分量按照 $\mathrm{Var}\left(z_i\right)$ 大小排列。

原始的波段是高相关的，但经过上述矩阵变换后形成的各个主成分分量已互不相关，并且各主成分编号按信息量大小遗传递减排列，改变了原始的波段顺序，破坏了光谱的物理特性，导致光谱信息的丢失，影响了后续的分类精度。

遗传算法是计算机科学人工智能领域中用于解决最优化的一种搜索启发式算法，它不用搜索空间的知识或其他辅助信息，仅用适应度函数值来进行评估。因此，用遗传算法来处理波段数目多、数据量大的高光谱影像具有较强的优势[18−22]。Li 等[23] 提出了基于遗传算法进行高光谱遥感影像的波段选择方法，他采用传统的选择 — 交叉 — 变异机制和按适应度比例选择，在高光谱影像降维方面取得了积极效果。但是，由于存在易陷入局部极值而导致过早收敛问题，采用遗传算法所选出的波段组合并不非常理想。为了进一步完善基于遗传算法的高光谱遥感影像波段选择方法，本章将研究优化方法，可有效地解决遗传算法在高光谱影像波段选择中的不足[24]。

2.2 模拟退火遗传算法

模拟退火遗传算法 (simulated annealing genetic algorithm, SAGA)[25−27] 主要包括以下四个部分。

1. 适应度函数

在模拟退火遗传算法中，对每个个体的适应度函数 $\varPhi\left(\hat{f}_i\right)$，按照其值判定进行寻优。

2. 选择/再生

假设适应度函数变动的阈值为 $\varPhi^t$，新的适应度函数值为 $\varPhi^{t+1}$，则当 $\varPhi^{t+1} > \varPhi^t$ 时，选择新个体；当 $\varPhi^{t+1} < \varPhi^t$ 时，则会以一定概率 P 选择新个体。

$$P = \exp\left[\left(\varPhi^{t+1} - \varPhi^t\right)/T\right] \tag{2.4}$$

其中，T 是一个大小可变的参数，用于控制。

3. 交叉和变异

1) 两点算术交叉 (two-point arithmetical crossover)

设个体 $f_1^t = (f_1^1, f_2^1, \cdots, f_n^1)$ 和 $f_2^t = (f_1^2, f_2^2, \cdots, f_n^2)$，在第 i 个元素和第 j 个元素之间作两点算术交叉，产生的后代是

$$f_1^{t+1} = (f_1^1, \cdots, f_i^1, \cdots, f_j^1, f_{j+1}^1, \cdots, f_n^1) \tag{2.5}$$

$$f_2^{t+1}=(f_1^2,\cdots,f_i^2,\cdots,f_j^2,f_{j+1}^2,\cdots,f_n^2) \tag{2.6}$$

其中，向量 f_1^{t+1} 中，从 f_i^1 到 f_j^1 间的每个元素 $f_k^1(i\leqslant k\leqslant j)$ 由线性组合 $f_k^1=\alpha f_k^1+(1-\alpha)f_k^2$ 产生。向量 f_2^{t+1} 中，从 f_i^2 到 f_j^2 的每个元素 $f_k^2(i\leqslant k\leqslant j)$, 由 $f_k^2=\alpha f_k^2+(1-\alpha)f_k^1$ 确定，f_k^1，f_k^2 分别是向量 f_1^t，f_2^t 中相应的元素。

2) 非均匀变异 (non-uniform mutation)

设个体 $f^t=(f_1,f_2,\cdots,f_n)$，元素被随机选为变异，$f_k\in[L_k,U_k]$ 域，变异结果为

$$f^{t+1}=(f_1,f_2,\cdots,f_k,\cdots,f_n), \tag{2.7}$$

其中，

$$f_k'=\begin{cases}f_k+\Delta(t,U_k-f_k),\text{随机取数}0\\ f_k-\Delta(t,f_k-L_k),\text{随机取数}1\end{cases} \tag{2.8}$$

这里函数 $\Delta(t,y)$ 返回 [0,y] 区间的一个值，取如下函数：

$$\Delta(t,y)=y\left[1-r^{(1-t/t_{\mathrm{m}})^b}\right] \tag{2.9}$$

其中，r 是 [0,1] 区间的随机数；t 是群体的当时代龄；t_{m} 是最大代龄；b 是参数。

$$y=\begin{cases}U_k-f_k, & \text{随机取数}0\\ f_k-L_k, & \text{随机取数}1\end{cases} \tag{2.10}$$

4. 算法

模拟退火遗传算法仍遵循图式定理，实现流程如图 2.1 所示，计算步骤如下：

Step1 初始化。$T\leftarrow T_0, M\leftarrow 0$，先对群体进行随机初始化，同时要计算出群体的适应度值。

Step2 若 $T>T_{\text{fina}}$，做以下各步；否则结束，返回最优解。

Step3 若 $M>M_{\text{c}}$, 继续；否则，$T_M\leftarrow T_{M+1}$,$T_{M+1}<T_M$,$M\leftarrow M+1$ 返回 Step2。

Step4 从群体中选择 n 对个体作为父本，对每个父本，f_k^t，f_{k+1}^{t+1}，通过交叉、变异算子生成下一代 f_k^t，f_{k+1}^{t+1}，计算下一代的适应度 Φ^{t+1}。若 $\Phi^{t+1}>\Phi^t$，则用下一代替代父代，如果 $\Phi^{t+1}<\Phi^t$，那么就以概率 $P=\exp\left[\left(\Phi^{t+1}-\Phi^t\right)/T\right]$ 保持父本。

Step5 返回 Step3。

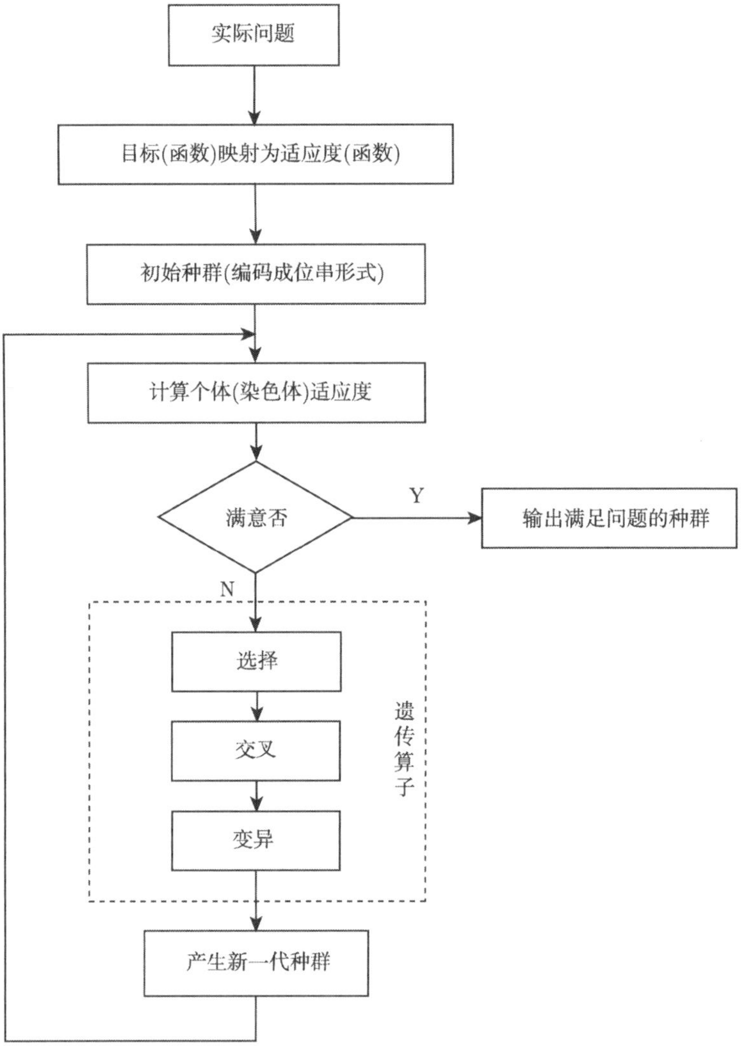

图 2.1　模拟退火遗传算法流程图

2.3　基于模拟退火遗传算法的高光谱遥感影像波段选择方法

2.3.1　子空间分解

高光谱遥感数据最主要的特点就是成像通道数量多 (有 200 多个波段) 和成像波段比较窄。这使得其光谱比较集中，全局和局部特性会存在很大的差异，如果面向全局进行波段选择势必会丢失一些关键的局部特性。然而，高光谱影像波段之间存在着高相关和高冗余特性，从全局范围来看，呈现出明显的分组特性，只要某些波段相关性低些，就可以从中间分开形成几个组。子空间分解降低了影像的维数，提高了数据的处理效率[28−32]。目前子空间分解方法有以下几种。

1. 等间隔划分数据源

等间隔划分数据源 (uniform subspace decomposition, USD)，是对高光谱数据源进行划分最简单的一种方式，即将原始的高光谱数据平均分配到各个子空间内，其表达式为

$$N_{\mathrm{bands}} = \frac{N}{N_{\mathrm{source}}} \tag{2.11}$$

其中，N 为高光谱影像总波段数，N_{source} 为划分后的子空间数，N_{bands} 为平均分配到每个子空间的波段数。

该方法的优点在于划分简单、易于理解，但缺点在于未考虑实际地物类型及光谱特性，因此缺乏一定的理论依据支持。

2. 基于光谱范围的子空间分解

高光谱影像的覆盖范围可从可见光直至红外区域，可以根据光谱覆盖范围的不同进行数据源的划分。该方法考虑到影像的光谱电磁特性，但未考虑具体光谱覆盖的地物类型的变化及其对数据结构造成的影响，因此有一定的局限性。

3. 基于相关性过滤的自适应子空间分解

张钧萍等人通过研究发现在整个数据空间内，前后波段之间的相关性相差很多，并由此提出了基于相关性过滤的自适应子空间分解 (adaptive subspace decomposition, ASD) 划分数据源的方法[33−35]。该方法首先计算出两波段间的相关系数 $R_{i,j}$，$R_{i,j}$ 的取值范围为 $-1 < R_{i,j} < 1$。相关系数的绝对值越大，表明波段间的相关性越强；越接近于 0，相关性越弱。$R_{i,j}$ 的定义为

$$R_{i,j} = \frac{E\left[(x_i-\mu_i)(x_j-\mu_j)\right]}{\sqrt{E\left[(x_i-\mu_i)\right]^2}\sqrt{E\left[(x_j-\mu_j)\right]^2}} \tag{2.12}$$

其中，μ_i、μ_j 分别为 x_i、x_j 的均值，$E(\cdot)$ 表示对括号内的函数求数学期望。

根据得到的相关系数矩阵 R，设定相应的阈值 T，将 $R_{i,j} \geqslant T$ 的连续波段组合成新的子空间。通过调整 T 的大小可以自适应地改变每个子空间的波段数量和子空间个数。随着 T 的增加，每个空间内的波段数目减少，子空间个数随之增加。

4. 基于局部相关极小值提取的自动子空间划分

该方法根据高光谱影像相邻波段间的相关系数矩阵，确定相邻波段的相关系数矢量，定义为 $r = (r_{12}, r_{23}, \cdots, r_{i,i+1}, \cdots, r_{l-2,l-1}, r_{l-1,l})^{\mathrm{T}}$。对该矢量进行处理，从中提取局部相关的极小值。根据提取的极小值将高光谱数据空间 S 分为 P 个适合的数据子空间。该方法利用了波段间的近邻可传递性，实现了自动子空间划分，经划分的子空间内的数据具有相近的光谱特性。

2.3.2 算法实现流程

基于模拟退火遗传算法的波段选择流程图如图 2.2 所示，算法步骤：①采用基于相关性过滤的自适应子空间分解方法，对原始高光谱影像进行子空间分解；②采用模拟退火遗传算法产生初始种群，通过选择、交叉、变异不断进行迭代，计算每次迭代的适应度函数，判别是否满足要求；③若不满足优化准则或迭代次数，则返回步骤②；④若满足优化准则或达到迭代次数，则输出各子空间最佳波段；⑤组合所有空间的波段，采用第 1 章分类方法研究现状里所提到的支持向量机方法进行分类；⑥求得分类结果。

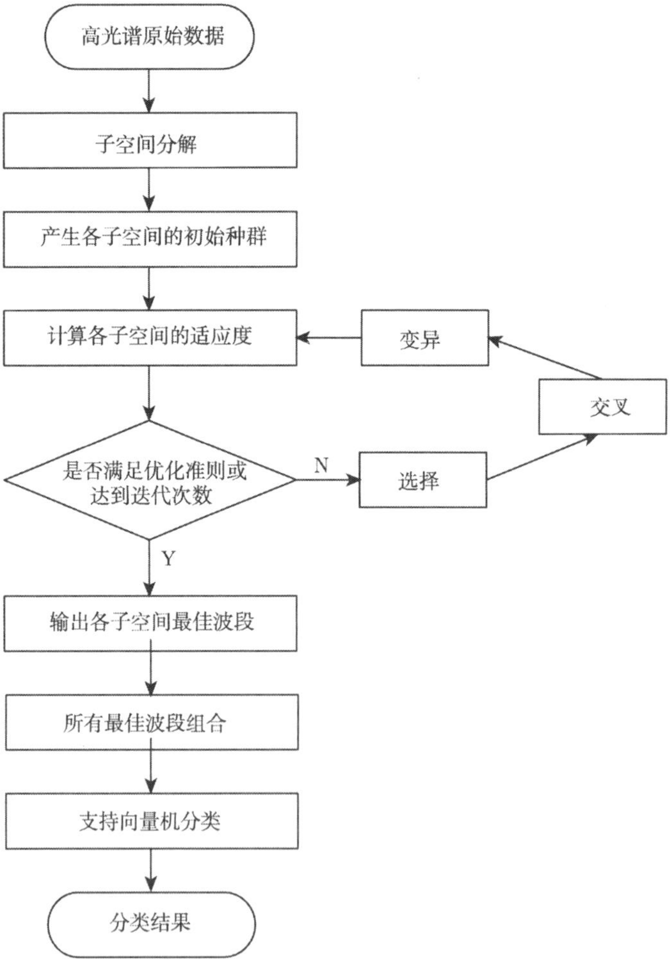

图 2.2 基于模拟退火遗传算法的波段选择流程

2.4 实验与分析

2.4.1 软件工具及实验数据

本节主要介绍书中所使用的软件工具以及实验所采用的数据。本书主要利用仿真实验对算法的性能进行分析和评价, 实验所用的软件包括 MATLAB、ENVI 和 ERDAS，在 CPU 为 Inter(R)Core(TM) 2.10GHz，内存 2GB 的 PC 机上，利用 Matlab2009a 进行仿真实验。所有章节的实验数据均来源于美国普渡大学(http://dynamo.ecn.purdue.edu/biehl/MultiSpec) 免费提供的 AVIRIS 高光谱遥感影像数据以及 HYDICE 高光谱遥感影像数据。

1. AVIRIS 高光谱数据

由普渡大学公布的 1992 年 6 月 12 日在美国印第安纳州西北部的遥感实验区拍摄的 AVIRIS 高光谱遥感影像，总共有 220 个波段，实验影像大小为 145×145 像素。实验选取 89、5、120 波段形成的假彩色影像如图 2.3 所示，原始地物定标图如图 2.4 所示。

图 2.3 AVIRIS 假彩色合成图像

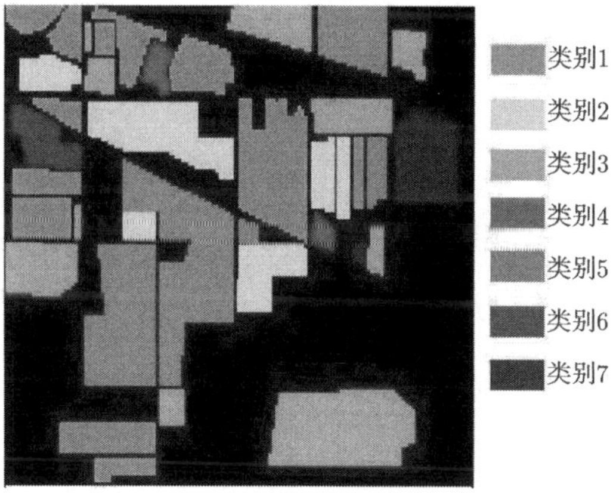

图 2.4 地面真实类别图

2. HYDICE 高光谱数据

这个实验数据由 HYDICE 高光谱传感器系统在 Washington DC Mall 上空拍摄，数据仍由普渡大学提供，影像数据大小为 307×1208 像素，包含有 191 个波段。HYDICE 高光谱影像波段 63、27、17 合成的假彩色影像如图 2.5 所示，定标图如图 2.6 所示。

HYDICE 传感器的空间分辨率较高，能达到 1m 左右，具体的空间分辨率和飞行高度有关，因此我们从图中可以通过目测判别部分地物的类别，然而如果单纯依靠颜色或纹理信息进行分类将存在一定的难度，特别是其中水体和阴影的鉴别以及道路和屋顶的鉴别。

图 2.5　HYDICE 假彩色合成图像

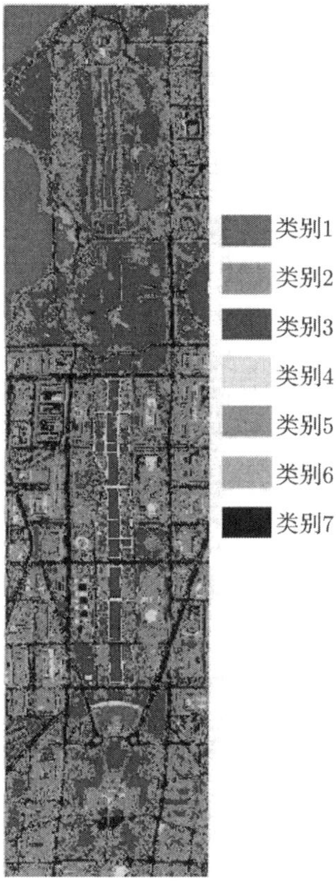

图 2.6　地面真实类别图

2.4.2　分类精度评价

高光谱影像的分类精度评价，指的是对高光谱影像分类完成后，依据所搜集的地面真实参考数据，评估分类影像的准确性。精度指的是正确性，即一幅不知道质量的影像和一幅假设准确的影像之间的吻合度。如果一幅分类影像的类别和位置都和参考图接近，则称这幅影像精度较高。高光谱影像具有其他遥感手段不具有的精细分类特性，那么分类结果的详细度应远远高于其他影像。分类越细，越容易产生误差，因此在高光谱影像的分类中，精度评价不能仅凭借地图的外观、个人经验等主观手段，还应该采用系统、定量的方法。

1. 误差矩阵

误差矩阵 (error matrix) 也称为混淆矩阵，构建误差矩阵需要进行评价的图像与定标图像作点对点的比较，准确地确定定标图像上每个点在分类图像中所对应的位置。事实上这个误差矩阵提供了描述分类精度和识别误差的基础，有助于改善分类或由此得到的评价结果。

误差矩阵主要对两种信息源进行系统地对比：遥感分类影像的像元或多边形及地面参考验证信息。表 2.1 为一个典型的误差矩阵，其用来评价 k 种地物种类的分类精度。误差矩阵的主体是一个 $k \times k$ 的方阵。该矩阵的列为地面参考验证信息，行以感兴趣区域 (region of interest, ROI) 形式表示为遥感数据分析的类别 (即分类结果)。行列相交的部分概括了分配到与野外验证的实际类别有关的某一特定类别中的样本单元数目 (如像元、多边形)。假设 $x_{i,j}$ 为位于第 i 行第 j 列的观测点个数，x_{i+} 和 x_{+i} 分别表示第 i 行和与第 i 列的和，检验的样本总数为 N。

表 2.1 误差矩阵

项目	地面参考信息						行总计
	类别	1	2	3	$\cdots$	k	—
分类结果	1	$x_{1,1}$	$x_{1,2}$	$x_{1,3}$	$\cdots$	$x_{1,k}$	x_{1+}
	2	$x_{2,1}$	$x_{2,2}$	$x_{2,3}$	$\cdots$	$x_{2,k}$	x_{2+}
	3	$x_{3,1}$	$x_{3,2}$	$x_{3,3}$	$\cdots$	$x_{3,k}$	x_{3+}
	$\vdots$	$\vdots$	$\vdots$	$\vdots$	$\vdots$	$\vdots$	$\vdots$
	k	$x_{k,1}$	$x_{k,2}$	$x_{k,3}$	$\cdots$	$x_{k,k}$	x_{k+}
列总计	—	x_{+1}	x_{+2}	x_{+3}	$\cdots$	x_{+k}	N

矩阵的主对角元素 (加粗表示) 表示被分到正确类别的像元个数。对角线以外的元素为遥感分类相对于地面参考点的错误分类树，被称为误差。误差既包含正确类别的漏分，也包括所划归的错误类别的多分。其中，行中各元素表示分类结果中某类的集合和地面参考中各类集合的交集像元个数；列中各元素表示地面参考信息中某类集合与分类结果各类集合的交集像元个数；列总计为地面参考信息的某类所有像元个数的总和。

其中，生产者精度 (product's accuracy, PA) 为

$$PA_i = \frac{x_{i,i}}{x_{+i}} \tag{2.13}$$

用户精度 (user's accuracy, UA) 为

$$UA_i = \frac{x_{i,i}}{x_{+i}} \tag{2.14}$$

2. Kappa 分析

Kappa 分析[36,37] 是一种定量评价遥感分类图与参考数据之间一致性或精度的方法，能够体现整体图像的分类误差性[38]，它采用离散的多元方法，克服了整体精度过于依赖类别数和样本数的问题[39−44]。该方法于 1981 年被引入遥感分类评价

领域，用公式表示为

$$\text{Kappa} = \frac{\text{总体精度–期望精度}}{\text{1–期望精度}} \tag{2.15}$$

这种量度通过误差矩阵的对角线和行列总数给出的概率一致性来表达，可以用式 (2.16) 来计算。

$$\text{Kappa} = \frac{N\sum_{i=1}^{k} x_{i,i} - \sum_{i=1}^{k}(x_{i+} \times x_{+i})}{N^2 - \sum_{i=1}^{k}(x_{i+} \times x_{+i})} \tag{2.16}$$

Kappa 值大于 0.8 指分类图和地面参考信息间的一致性很大或精度很高。0.4 ～ 0.8 表示一致性中等，小于 0.4 表示一致性很差。高光谱影像的分类精度可以用 Kappa 系数描述，该系数既考虑了误差矩阵对角线上正确分类的像元，也考虑了非对角线上元素的信息 (行列边缘总计值的乘积)。它利用误差矩阵的总体精度、用户精度等信息综合测度分类结果与参考数据之间的一致性。

2.4.3 AVIRIS 高光谱数据实验

1. 子空间分解

采用基于相关性过滤的自适应子空间分解，求出各个波段间的相关系数值，由于数值过多，只列出其中部分波段的相关系数值 (表 2.2)，相关系数矩阵灰度图如图 2.7 所示。灰度图中较亮的点表示相关系数较高的点，最亮的点代表相关系数为 1，矩阵对角线的相关系数均为 1。从相关系数矩阵灰度图来看，高光谱影像有明显的分块特性，因此利用波段间的相关性进行子空间分解可以合理地将波段分组，而在子空间内进行后续处理也可以有效地提高高光谱数据的处理速度。

表 2.2 5～15 波段的相关系数值

Bands	5	6	7	8	9	10	11	12	13	14	15
5	1.0000	0.9793	0.9823	0.9813	0.9809	0.9800	0.9785	0.9769	0.9750	0.9710	0.9667
6	0.9793	1.0000	0.9889	0.9892	0.9886	0.9881	0.9869	0.9857	0.9835	0.9798	0.9755
7	0.9823	0.9889	1.0000	0.9920	0.9930	0.9926	0.9918	0.9911	0.9892	0.9856	0.9819
8	0.9813	0.9892	0.9920	1.0000	0.9938	0.9941	0.9935	0.9929	0.9911	0.9875	0.9836
9	0.9809	0.9886	0.9930	0.9938	1.0000	0.9950	0.9954	0.9949	0.9934	0.9897	0.9861
10	0.9800	0.9881	0.9926	0.9941	0.9950	1.0000	0.9959	0.9959	0.9944	0.9907	0.9872
11	0.9785	0.9869	0.9918	0.9935	0.9954	0.9959	1.0000	0.9966	0.9959	0.9926	0.9894
12	0.9769	0.9857	0.9911	0.9929	0.9949	0.9959	0.9966	1.0000	0.9968	0.9943	0.9915
13	0.9750	0.9835	0.9892	0.9911	0.9934	0.9944	0.9959	0.9968	1.0000	0.9965	0.9949
14	0.9710	0.9798	0.9856	0.9875	0.9897	0.9907	0.9926	0.9943	0.9965	1.0000	0.9977
15	0.9667	0.9755	0.9819	0.9836	0.9861	0.9872	0.9894	0.9915	0.9949	0.9977	1.0000

图 2.7 AVIRIS 相关系数矩阵灰度图

由表 2.2 可以看出，高光谱数据中，每一波段与它自身的相关系数为 1，波段与波段之间的相关系数较大，这验证了前面所提到的波段之间相关性很强，存在大量数据冗余，降维是十分必要的。通过设定相应的阈值，可以确定每个子空间的波段数量和子空间个数。本节将阈值设为 0.8，分解后得到 7 个子空间，各子空间维数如表 2.3 所示。

表 2.3 子空间分解维数及包含波段

子空间	1	2	3	4	5	6	7
包含波段	1~15	16~35	36	37,38	39~76	77~97	98~220
波段数	15	20	1	2	38	21	123

由于原始波段中有部分波段受水汽吸收和噪声污染严重，必须要剔除，这些波段是：1~4、78、80~86、103~110、149~165、217~220。去除噪声严重污染的波段后子空间分解维数及包含波段如表 2.4 所示。

表 2.4 去除噪声后子空间分解维数及包含波段

子空间	1	2	3	4	5	6	7	8	9	10	11
包含波段	5~15	16~35	36	37,38	39~76	77	79	87~97	98~102	111~148	166~216
波段数	11	20	1	2	38	1	1	11	15	38	51

2. 子空间内波段选择

根据地面的真实情况，按照 7 类地物进行分类实验，训练样本和测试样本按照约为 1:1 的比例来选取，在每个子空间内运用遗传算法，计算出每个子空间的适应度值，也就是分类准确率，如图 2.8 所示。由于第 3、6、7 三个子空间都是单波

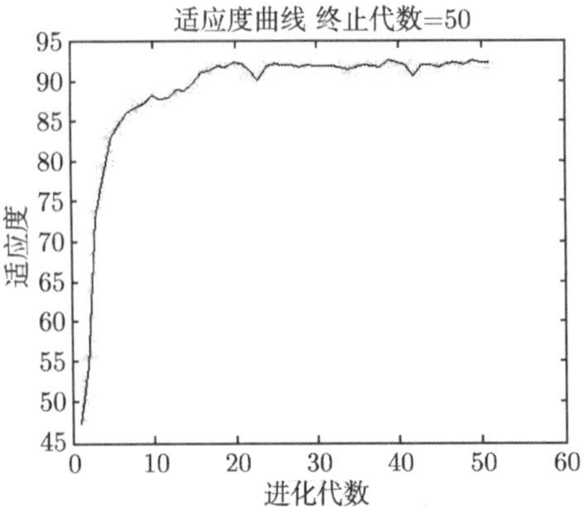

(a) 子空间1适应度曲线

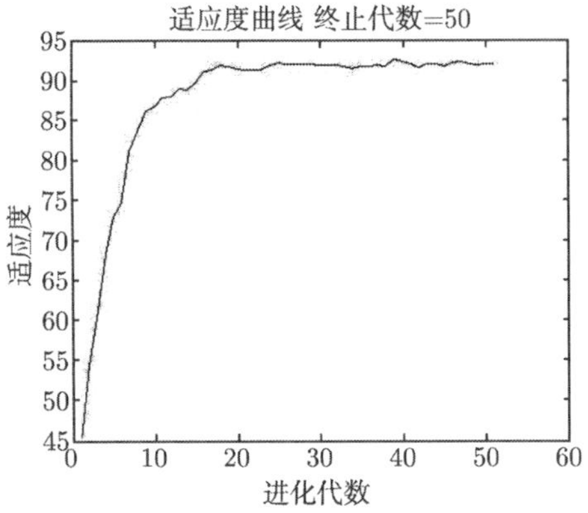

(b) 子空间2适应度曲线

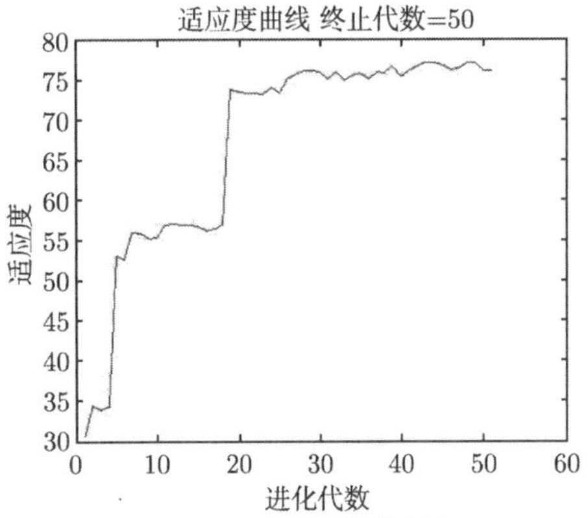

(c) 子空间4适应度曲线

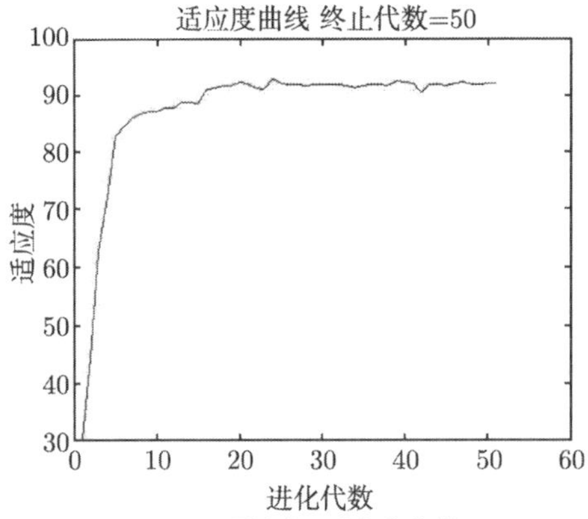

(d) 子空间5适应度曲线

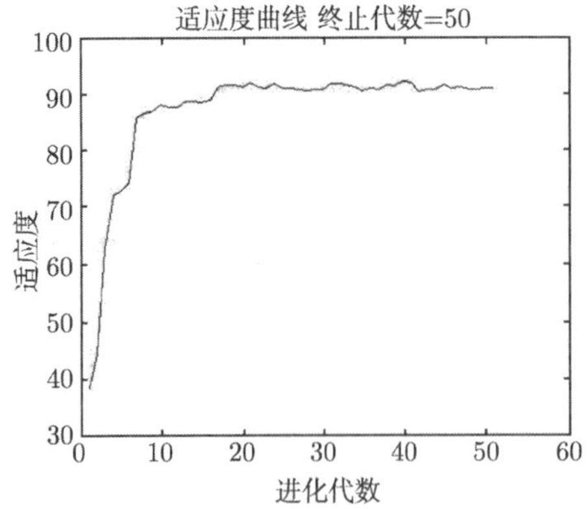

(e) 子空间8适应度曲线

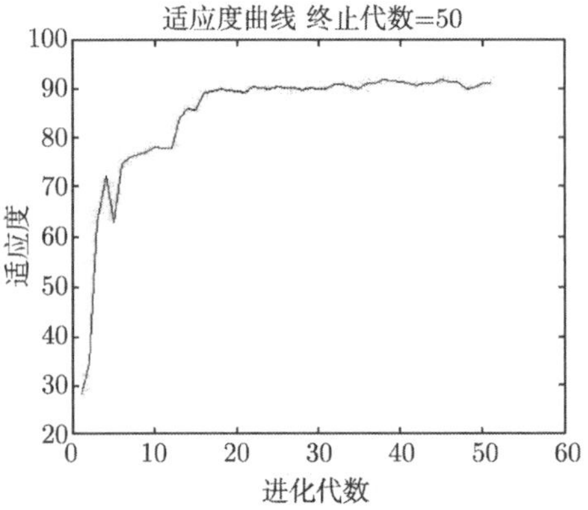

(f) 子空间9适应度曲线

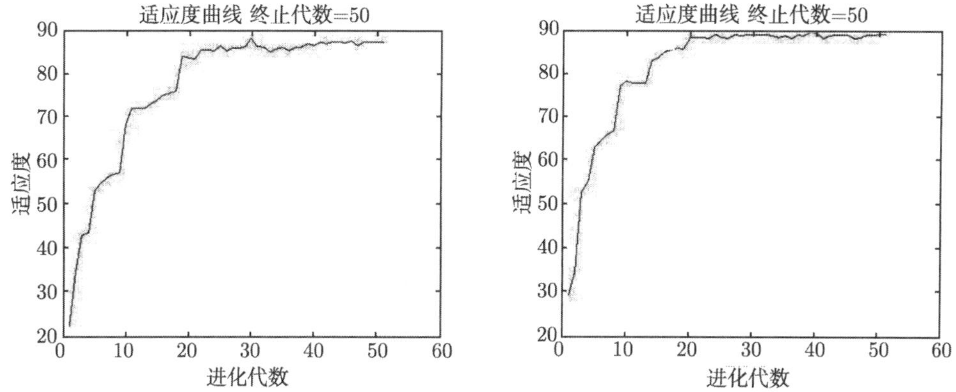

(g) 子空间10适应度曲线 (h) 子空间11适应度曲线

图 2.8 各子空间的适应度值

段，所以不必采用遗传算法进行波段选择。支持向量机选用高斯径向基核函数，C 和 γ 的搜索范围分别为：$[2^{-3}, 2^{10}]$ 和 $[2^{-8}, 2^{2}]$。

3. 分类实验

在选定了相应的波段后，选择 7 类地物进行分类，这里仍旧采用支持向量机方法，训练样本和测试样本按照约为 1:3 的比例来选取，具体的选取情况如表 2.5 所示。

表 2.5 实验训练样本及测试样本类别和数目

类别	类别 1	类别 2	类别 3	类别 4	类别 5	类别 6	类别 7
训练样本数目	48	485	632	86	777	749	163
测试样本数目	150	1435	2192	235	2417	2469	516

在确定了训练样本和测试样本后，我们分别将提出的基于模拟退火遗传算法进行波段选择并用支持向量机分类的方法 (SAGA-SVM) 与另外两种相似的分类方法——基于遗传算法波段选择和支持向量机分类方法 (GA-SVM) 及支持向量机直接分类方法 (SVM) 进行比较和分析。分类的误差矩阵如表 2.6、表 2.7 和表 2.8 所示，Kappa 值如表 2.9 所示。

表 2.7 和表 2.8 比较，在选择完全相同的样本条件下，改进算法在用户精度和生产者精度两方面都比未改进的高，在一些个别的类别上精度甚至有了大幅度的提高。从表 2.9 可以看出，经过波段选择后的 SVM 分类的精度反而比不降维直接采用 SVM 分类的精度要高近 3%，SAGA-SVM 分类的总体分类精度和 Kappa 值比 SVM 分类以及 GA-SVM 分类又有了大幅度的提高。

SVM 分类结果、GA-SVM 分类结果以及 SAGA-SVM 分类结果如图 2.9 所示。从图 2.9 明显可以看出，SVM 分类精度最低，GA-SVM 分类精度比 SVM 分类精度要高，SAGA-SVM 分类精度最高。

表 2.6　SVM 分类误差矩阵

项目	地面参考信息								行总计	用户精度
	类别	1	2	3	4	5	6	7		
分类结果	1	132	0	50	3	55	53	0	293	0.4505
	2	0	1284	58	7	101	0	15	1465	0.8765
	3	3	0	1942	0	107	75	0	2127	0.9130
	4	5	37	65	210	0	0	9	326	0.6442
	5	6	35	0	0	2055	94	19	2179	0.9431
	6	0	38	77	6	0	2078	10	2209	0.9405
	7	4	41	0	9	99	69	463	685	0.6759
列总计	—	150	1435	2192	235	2417	2369	516	9414	—
生产者精度	—	0.8800	0.8947	0.8859	0.8936	0.8502	0.8772	0.8973	—	0.8672

表 2.7　GA-SVM 分类误差矩阵

项目	地面参考信息								行总计	用户精度
	类别	1	2	3	4	5	6	7		
分类结果	1	135	0	28	4	48	58	0	273	0.4945
	2	0	1305	31	5	47	0	4	1392	0.9375
	3	5	0	1975	0	52	89	0	2121	0.9311
	4	1	29	30	219	0	0	11	290	0.7552
	5	8	28	0	0	2198	43	12	2289	0.9602
	6	0	29	25	3	0	2226	11	2294	0.9704
	7	1	44	0	4	32	0	478	559	0.8551
列总计	—	150	1435	2192	235	2417	2469	516	9414	—
生产者精度	—	0.9000	0.9094	0.9010	0.9319	0.9093	0.9016	0.9164	—	0.9067

表 2.8　SAGA-SVM 分类误差矩阵

项目	地面参考信息								行总计	用户精度
	类别	1	2	3	4	5	6	7		
分类结果	1	137	0	35	3	51	44	0	270	0.5074
	2	0	1328	42	4	41	0	9	1424	0.9326
	3	1	0	2024	0	45	107	0	2177	0.9297
	4	4	22	38	222	0	0	13	299	0.7425
	5	5	28	0	0	2235	47	10	2325	0.9613
	6	0	36	53	3	0	2271	8	2371	0.9578
	7	3	21	0	3	45	0	476	548	0.8686
列总计	—	150	1435	2192	235	2417	2469	516	9414	—
生产者精度	—	0.9133	0.9254	0.9234	0.9446	0.9247	0.9198	0.9225	—	0.9249

表 2.9 总体分类精度和 Kappa 值

分类算法	总体分类精度/%	Kappa 值
SVM	86.72	0.8315
GA-SVM	90.67	0.8826
SAGA-SVM	92.49	0.9030

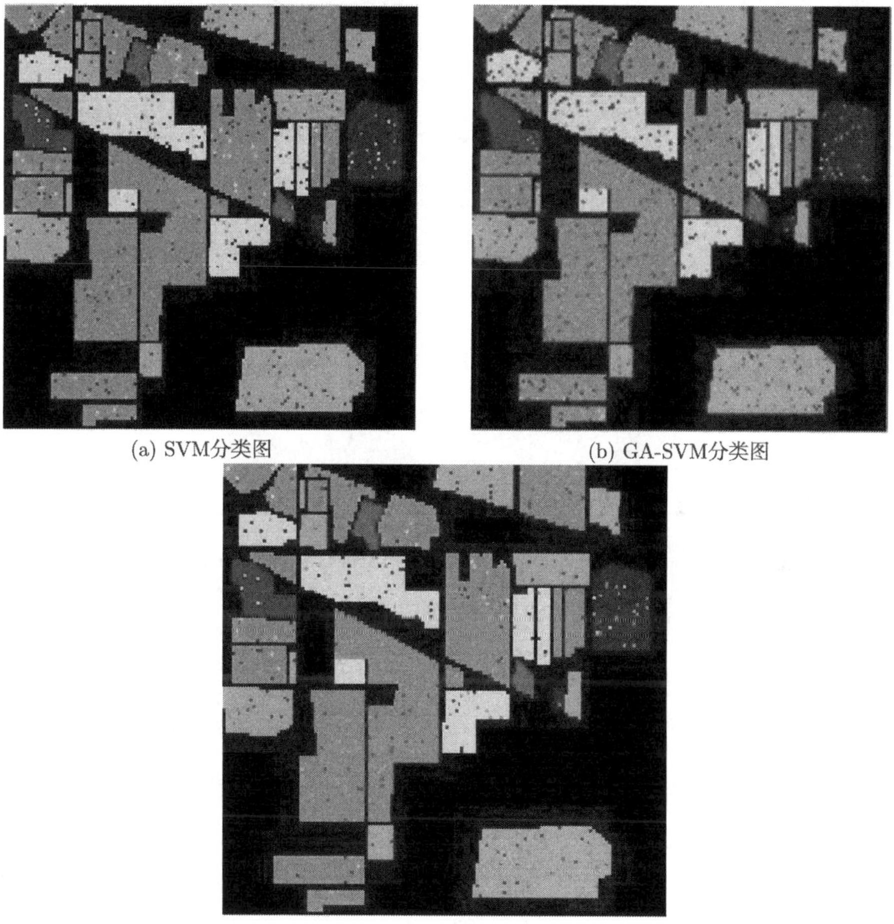

(a) SVM分类图 (b) GA-SVM分类图

(c) SAGA-SVM分类图

图 2.9 不同算法分类结果

2.4.4 HYDICE 高光谱数据实验

采用基于相关性过滤的自适应子空间分解，求出各个波段间的相关系数值，相关系数矩阵灰度图如图 2.10 所示，SVM、GA-SVM 以及 SAGA-SVM 的总体分类精度和 Kappa 值如表 2.10 所示，而分类结果如图 2.11 所示。

图 2.10　HYDICE 相关系数矩阵灰度图

表 2.10　总体分类精度和 Kappa 值

分类算法	总体分类精度/%	Kappa 值
SVM	87.65	0.8456
GA-SVM	90.88	0.8875
SAGA-SVM	92.62	0.9068

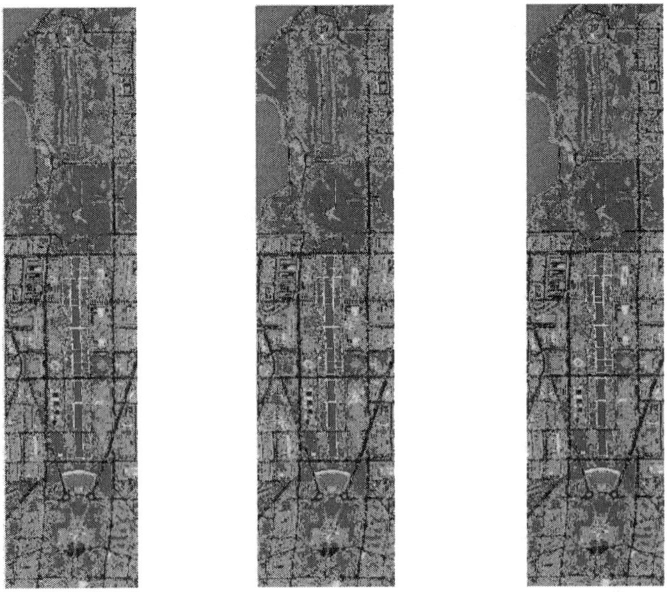

(a) SVM 分类图　(b) GA-SVM 分类图　(c) SAGA-SVM 分类图

图 2.11　不同算法分类结果

参 考 文 献

[1] 高红民. 高光谱遥感影像降维与分类算法研究 [D]. 南京: 河海大学, 2014.

[2] 张兵, 高连如. 高光谱图像分类与目标探测 [M]. 北京: 科学出版社, 2011: 25~101.

[3] Pu H, Chen Z, Wang B, et al. A novel spatial-spectral similarity measure for dimensionality reduction and classification of hyperspectral imagery[J]. IEEE Transactions on Geoscience and Remote Sensing, 2014, 52(11): 7008-7022.

[4] 朱贺, 李臣明, 张丽丽, 等. 融合图模型及形态模型的 SAR 图像中河道提取 [J]. 遥感技术与应用, 2015, 30(2): 337-344.

[5] Zhu H, Li C, Shen J, et al. River channel extraction from SAR images by combining gray and morphological features[J]. Circuits, Systems, and Signal Processing, 2015, 34(7): 2271-2286.

[6] 朱贺, 李臣明, 张丽丽, 等. 联合灰度阈值分割及轮廓形态识别的河道提取 [J]. 电子测量与仪器学报, 2014, 28(11): 1288-1296.

[7] 徐枫, 严锡君, 黄陈蓉, 等. 特征驱动先验的归一化卷积超分辨率重建 [J]. 中国图象图形学报, 2014, 19(10): 1514-1523.

[8] Lunga D, Prasad S, Crawford M M, et al. Manifold-learning-based feature extraction for classification of hyperspectral data: a review of advances in manifold learning[J]. IEEE Signal Processing Magazine, 2014, 31(1): 55-66.

[9] 徐立中, 李敏, 石爱业, 等. 受昆虫视觉启发的多光谱遥感影像特征检测器模型 [J]. 电子学报, 2011, 39(11): 2497-2501.

[10] Huang F C, Li M, Shi A Y, et al. Insect visual system inspired small target detection for multi-spectral remotely sensed images[J]. Journal of China Institute of Communications, 2011, 32(9): 88-95.

[11] 李静. 高光谱遥感影像降维及分类方法研究 [D]. 长沙: 中南大学, 2012.

[12] 田野, 赵春晖, 季亚新. 主成分分析在高光谱遥感图像降维中的应用 [J]. 哈尔滨师范大学自然科学学报,2007(5): 58-60.

[13] Jolliffe I. Principal Component Analvsis [M]. New York: Springer, 1986: 35-43.

[14] 陈庆, 黄蕾, 李雪梅. 基于主成分判别分析的高光谱遥感影像分类方法 [J]. 地理空间信息, 2016,(1): 76-78.

[15] Li C F, Yin J Y. Variational Bayesian independent component analysis-support vector machine for remote sensing classification[J]. Computers and Electrical Engineering, 2013, 39(3): 717-726.

[16] Lennon M, Mercier G, Mouchot1 M C, et al. Independent component analysis as a tool for the dimensionality reduction and the representation of hyperspectral images[C]//Geoscience and Remote Sensing Symposium. IEEE International Conference on Geoscience and Remote Sensing, 2001.

[17] 冯燕, 何明一, 宋江红, 等. 基于独立成分分析的高光谱图像数据降维及压缩 [J]. 电子与信息学报, 2007, 29(12): 2871-2875.

[18] Shen J, Xu F, Xu M, et al. Super-resolution reconstruction based on tukey norm and adaptive bilateral total variation[J], International Journal of Signal Processing, Image Processing and Pattern Recognition, 2016, 9(5): 399-416.

[19] 赵冬, 赵光恒. 基于改进遗传算法的高光谱图像波段选择 [J]. 中国科学院研究生院学报, 2009, 26(6): 795-802.

[20] Zhuo L, Zheng J, Li X, et al. A genetic algorithm based wrapper feature selection method for classification of hyperspectral images using support vector machine[C]// Geoinformatics 2008 and Joint Conference on GIS and Built Environment: Classification of Remote Sensing Images, 2008:71471J-71471J-9.

[21] Shi A, Huynn D Q, Huang F C, et al. Unsupervised change detection based on robust chi-squared transform for bitemporal remotely sensed images[J]. International journal of Remote Sensing, 2014, 35(21): 7555-7566.

[22] 黄凤辰, 李敏, 石爱业, 等. 受昆虫视觉启发的多光谱遥感影像小目标检测 [J]. 通信学报, 2011, 32(9): 88-95.

[23] Li S, Wu H, Wan D, et al. An effective feature selection method for hyperspectral image classification based on genetic algorithm and support vector machine[J]. Knowledge-Based Systems, 2011, 24(1): 40-48.

[24] Gao H, Xu L, Li C, et al. A new feature selection method for hyperspectral image classification based on simulated annealing genetic algorithm and choquet fuzzy integral[J]. Mathematical Problems in Engineering, 2013: 1-13.

[25] 武兆慧, 张桂娟, 刘希玉. 基于模拟退火遗传算法的聚类分析 [J]. 计算机应用研究, 2005, 22(12): 24-26.

[26] Lin F T, Kao C Y, Hsu C C. Applying the genetic approach to simulated annealing in solving some NP-hard problems[J]. IEEE Transactions on Systems Man and Cybernetics, 1993, 23(6): 1752-1767.

[27] 杨元峰. 基于模拟退火遗传算法的多车场车辆调度问题的研究与应用 [D]. 苏州: 苏州大学, 2006.

[28] Gao H M, Xu B H, Xu M X, et al. Design on three-channel CMOS synchronous polarization imaging device[C]//Singapore, 2013 5th International Conference on Advanced Computer Control, 2014:14-15.

[29] 柳萍萍, 林辉, 孙华, 等. 高光谱数据的降维处理方法研究 [J]. 中南林业科技大学学报, 2011, 31(11): 34-38.

[30] Gu Y, Zhang Y. Unsupervised subspace linear spectral mixture analysis for hyperspectral images[C]//Proceedings of International Conference on Image Processing, 2003, 1: 801-804.

[31] 赵慧洁, 李明康, 李娜, 等. 一种基于改进子空间划分的波段选择方法 [J]. 红外与激光工程, 2015, 44(10): 3155-3160.

[32] Shih F Y, Cheng S. Automatic seeded region growing for color image segmentation[J]. Image and Vision Computing, 2005, 23(10): 877-886.

[33] 田野. 高光谱遥感图像降维方法研究 [D]. 哈尔滨: 哈尔滨工程大学, 2008.

[34] Zhang J, Zhang Y, Zou B, et al. Fusion Classification of hyperspectral image based on adaptive subspace decomposition [C]//Proceedings 2000 International Conference on Image Processing. IEEE Signal Processing Society, 2000, 3: 472-475.

[35] Zhang Y, Zhang J, Jin M, et al. Adaptive subspace decomposition and classification for hyperspectral images [J]. Chinese Journal of Electronics. 2000, 9(1): 82-88.

[36] Zhang Y, Desai M D, Zhang J, et al. Adaptive subspace decomposition for hyperspectral data dimensionality reduction [C]//ICIP 99 Proceeding, Japan. IEEE Signal Processing Society, 1999, 2: 326-329.

[37] Cohen J. A coefficient of agreement for nominal scales[J]. Educational and Psychological Measurement, 1960, 20: 37-46.

[38] Cohen J. Weighted Kappa: Nominal scale agreement with provision for scaled disagreement or partial credit[J]. Psychological Bulletin, 1968, 70(4): 213.

[39] 许文宁, 王鹏新, 韩萍, 等. Kappa 系数在干旱预测模型精度评价中的应用 —— 以关中平原的干旱预测为例 [J]. 自然灾害学报, 2011, 20(6): 81-86.

[40] Gao J, Xu L. An efficient method to solve the classification problem for remote sensing image[J]. AEU-International Journal of Electronics and Communications, 2015, 69(1): 198-205.

[41] Gao J, Xu L, Shen J, et al. A novel information transferring approach for the classification of remote sensing images[J]. EURASIP Journal on Advances in Signal Processing, 2015: 38.

[42] Gao J, Xu L, Huang F. A spectral–textural kernel-based classification method of remotely sensed images [J]. Neural Computing and Applications. 2016, 27(2): 431-446.

[43] Wang X, Shen S, Ning C, et al. Multi-class remote sensing objects recognition based on discriminative sparse representation [J]. Applied Optics, 2016, 55(6): 1381-1394.

[44] Kang X, Li S, Benediktsson J A. Spectral-spatial hyperspectral image classification with edge-preserving filtering[J]. IEEE Transactions on Geoscience and Remote Sensing, 2014, 52(5): 2666-2677.

第3章 基于 Choquet 模糊积分优化的 SAGA 高光谱遥感影像波段选择

高光谱遥感影像光谱分辨率相当高，波段数量巨大，第 2 章所采用的模拟退火遗传算法主要是从光谱角度进行选择，而未充分考虑波段的信息量以及类间可分性等因素[1]。针对地物类别较多的高光谱影像，本章提出了基于 Choquet 模糊积分优化的 SAGA 波段选择方法，将 Choquet 模糊积分[2−7] 融合各因素得到一个指标，然后再对模拟退火遗传算法所选择的波段进行优化，进一步提高分类的精度。

3.1 问题分析

目前，高光谱遥感影像波段选择[8] 方法主要就是围绕基于波段的信息量以及基于类间可分性两个方向展开的。波段的信息量越大表明该波段越重要，信息熵[9−11] 作为信息量的一个重要的衡量标准，它的大小完全代表信息量的大小。而类间可分性[10] 指的是高光谱影像中各地物间的可分性，当需要对高光谱影像进行分类[12] 时，需要分析地物类别在哪些波段或者波段组合中容易区分。如果只将信息量这一个指标作为判别标准，选出的是信息量高的波段，然而在此波段上的地物类别之间的统计距离不一定最大，也就是总的类间可分性不一定最好。反之，我们只考虑类间可分性这一个指标，所得到的波段的信息量也未必最优，同样影响分类的精度。最后还有相邻波段间的相关性[13]，也即相邻波段相关系数[14]，这在子空间分解时，本身就已经作为考核指标，也是一个非常重要的因素。波段与相邻波段的相关系数越小，说明此波段越独立，而独立性越高的波段越具有代表性，重要性也越高。因此，依据高光谱遥感影像自身的特点，进行关于高光谱影像的数据降维时，波段信息量、类间可分性、相邻波段间相关系数都是必不可少的，需要同时予以考虑。

由于 SAGA 选出的波段数仍旧很多，同时考虑波段信息量、类间可分性、相邻波段间相关系数这三个因素数据量大，不可能只凭简单的观察判断，只能依靠融合判断。然而在融合上述三个因素时，考虑到波段信息量、类间可分性这两个指标是越大越好，但是相邻波段间相关系数却正好相反，数值越小越有益。因此，难以将它们融合形成统一指标。Choquet 模糊积分作为一种多指标的融合方法，可以通过构造信度函数消除各指标越大越好还是越小越好的差异，形成一个统一的平稳的指标用于后续判别。

本章着重从融合信息量、类间可分性和波段间相关性这三个因素为一个统一指标的角度，对模拟退火遗传算法所选出的波段进行进一步选择优化。

3.2 Choquet 模糊积分

Choquet 模糊积分是一种信息融合方法，下面主要介绍模糊测度和模糊积分的定义[15−16]。

定义 1 模糊测度：用 **B** 表示波莱尔集，其是论域 $X=\{x_1,x_2,\cdots,x_n\}$ 的幂集，若映射 g：$B\to[0,1]$，满足如下的条件：

(1) $g(X)=1$; $g(\varnothing)=0$, $\varnothing$ 是空集；

(2) 给出两个子集 $A,B\subset\mathbf{B}$, 如果 $A\subseteq B$, 则 $g(A)\leqslant g(B)$；

(3) 如果 $A_1\subset A_2\subset\cdots\subset A_n\subset\cdots$, 则 $\lim\limits_{i\to\infty}(g(A_i))=g(\lim\limits_{i\to\infty}A_i)$。

则 g 被定义为模糊测度。根据模糊测度的定义，Sugeno 等[16] 提出了 g-模糊测度，定义如下：

定义 2 g-模糊测度：对于所有集合 $A,B\subset X$，$A\cap B=\varnothing$，存在 $\lambda>-1$，使其满足：

$$g(A\cup B)=g(A)+g(B)+\lambda g(A)g(B) \tag{3.1}$$

显然，当 $\lambda=0$, g-模糊测度是概率测度。

给定一个有限集 $X=\{x_1,x_2,\cdots,x_n\}$，令 $g^i=g(\{x_i\})$，映射 $g:x_i\to g^i$ 作为模糊密度函数，如果 $A=\{x_{i1},x_{i2},\cdots x_{im}\}\subseteq X$, 依照公式 (3.1)，则其可表示为

$$g(A)=\frac{\prod\limits_{x_i\in A}(1+\lambda g^i)-1}{\lambda} \tag{3.2}$$

其中，$\lambda>-1,\lambda\neq 0$。λ 值可由 $g(X)=1$ 得到，也即 $\lambda+1=\prod\limits_{i=1}^{n}(1+\lambda g^i)$。可以证明，给定有限集合 $\{g^i\}$，$0<g^i<1$, 有且只有一个 $\lambda\in(-1,\infty)$ 且 $\lambda\neq 0$ 与之对应。

因此，倘若模糊密度 $g^i(i=1,2,\cdots,n)$ 已知，则可以唯一确定 g-模糊测度。模糊密度 g^i 表示信源 x_i 在融合过程中的重要程度。在数据融合过程中，信源组 A 能够确定唯一的 g-模糊测度。在 g-模糊测度的基础上，Choquet 提出了模糊积分方法。

定义 3 Choquet 积分：给定函数 $h: X \rightarrow [0,1]$，则 h 在模糊测度 g 上的 Choquet 积分定义[17] 为

$$C_\mu(h(x_1), h(x_2), \cdots, h(x_n)) = \sum_{i=1}^{n} (h(x_i) - h(x_{i-1}))g(A_i) \tag{3.3}$$

在式 (3.3) 中，函数 $h(x_i)$ 的值可以表示为具体目标源 x_i 上的可靠性预测。注意到函数 $h(x_i)$ 呈递增顺序排列且 $0 = h(x_0) \leqslant h(x_1) \leqslant h(x_2) \leqslant \cdots \leqslant h(x_n) \leqslant 1$。模糊测度 g 是关于最终决策或预测的信源组 $A_i = \{x_i, x_{i+1}, \cdots, x_n\}$ 的重要程度。

根据式 (3.3)，Choquet 模糊积分可以看成是 $h(x_1), h(x_2), \cdots, h(x_n)$ 的加权和，且权值取决于 $\{x_i\}$ 的排序，而 $\{x_i\}$ 的排序结果取决于对应函数值 $h\{x_i\}$ 的相对大小，所以积分值是函数 h 的非线性函数。当 $\lambda = 0$ 时，g-模糊测度是概率测度，Choquet 模糊积分还原为 Lebesgue 积分[14,18]，是函数 h 的线性函数。

在计算模糊积分之前我们必须先计算 λ 值，从式 (3.2) 可以知道求解模糊积分的 λ 解是高位多项式的根。如果有很多信源，得到参数 λ 的计算量会很大。

3.3 基于 Choquet 模糊积分优化的 SAGA 高光谱遥感影像波段选择方法

3.3.1 子空间内波段排序

首先，依旧采用张钧萍提出的基于相关性过滤的自适应子空间分解法进行子空间分解。在此基础上，每个子空间内，我们要对波段进行排序，按照 Choquet 模糊积分值的大小，大的在前，小的在后。至于 Choquet 模糊积分需要提供的因素指标，从以下三个角度考虑：首先，信息量作为一个非常重要的因素，信息量越大表示此波段所包含的信息越多；其次，波段间的相关程度，在进行子空间分解时，正是用相邻波段间的相关系数来进行分解的，这个因素在子空间内还需要继续考虑；再次，区域内地物间的可分性也是一个非常重要的因素，对高光谱数据进行波段选择，首先要确定选择波段的准则，常用的判别方式有两种：第一种是从信息论角度出发，选取使得信息量最大的波段或波段组合；第二种是从分类的角度出发，选取使得地物类间可分性最大的波段或波段组合。由此可以看出，波段选择应考虑以下三方面因素：① 波段或波段组合所包含信息量的多少，② 各波段间相关性的强弱，③ 研究区域内地物的类间可分性。那些信息含量多、相关性小、地物光谱可分性好的波段就是应该选择的最佳波段。Choquet 模糊积分具有将多源信息组合在一起的能力，因此利用 Choquet 模糊积分综合上述三种单因素指标得到一个综合指标，并据此在子空间内选择波段，是一种行之有效的方法。具体实现步骤如下：

Step1 根据信息熵的定义式 (1.1) 计算出每个子空间内波段信息熵的大小，记为 u_1。

Step2 利用谱间相关系数来计算波段间相关性的强弱。设波段 i 的影像为 $f_i(x,y)$，波段 $i+1$ 的影像为 $f_{i+1}(x,y)$，定义波段 i 的谱间相关系数为

$$\mathrm{CC}=\frac{\sum_{x=1}^{M}\sum_{y=1}^{N}[f_i(x,y)-\mu_i][f_{i+1}(x,y)-\mu_{i+1}]}{\sqrt{\left(\sum_{x=1}^{M}\sum_{y=1}^{N}[f_i(x,y)-\mu_i]^2\right)\left(\sum_{x=1}^{M}\sum_{y=1}^{N}[f_{i+1}(x,y)-\mu_{i+1}]^2\right)}} \tag{3.4}$$

其中，$\mu_i=\frac{1}{M\times N}\sum_{x=1}^{M}\sum_{y=1}^{N}f_i(x,y)$，$\mu_{i+1}=\frac{1}{M\times N}\sum_{x=1}^{M}\sum_{y=1}^{N}f_{i+1}(x,y)$。

由式 (3.4) 可知第 i 波段的谱间相关系数定义为第 i 波段影像与第 $i+1$ 波段影像的相关系数，记为 u_2。

Step3 由于是针对子空间内的单个波段进行波段选择，而均值间的标准距离 (定义见式 (1.8)) 表明了类对在每一个波段中的可分性大小，因此在考虑类间可分性时，采用均值间的标准距离，而高光谱遥感影像通常包含多种地物类别，因此计算出所有类对间的平均均值标准距离, 记为 u_3。

Step4 构造信度函数。取论域 $U=\{u_1,u_2,u_3\}$，其中 $u_1=$ 子空间内各波段影像熵值；$u_2=$ 子空间内各波段谱间相关系数；$u_3=$ 子空间内各波段类对间平均均值标准距离。论域 U 中各单因素指标值与波段选择的关系可以描述如下：① 子空间内波段影像熵值越大，说明该波段影像中包含的信息量越多；② 子空间内波段谱间相关系数越小，说明该波段的独立程度越高，与其他波段的冗余度越小；③ 子空间内波段类对间平均均值标准距离越大，说明地物的类间可分性越好，所选波段对后续分类处理效果越好。

设已经得到 n 个子空间，为满足模糊积分的约束性条件：$0\leqslant h(u)\leqslant 1$，在每个子空间内，确定每个单因素指标 u_i 的最大值 $u_{i\max}$、最小值 $u_{i\min}$，根据各单因素指标值和波段选择的关系构造 Choquet 模糊积分信度函数如下：

$$h(u_1)=\frac{u_1-u_{1\min}}{u_{1\max}-u_{1\min}};\ h(u_2)=\frac{u_{2\max}-u_2}{u_{2\max}-u_{2\min}};\ h(u_3)=\frac{u_3-u_{3\min}}{u_{3\max}-u_{3\min}}; \tag{3.5}$$

依据模糊积分的单调性约束条件：$0\leqslant h(u_1)\leqslant h(u_2)\leqslant\cdots\leqslant h(u_m)\leqslant 1$，将式 (3.5) 重新排列，即

$$h(u_1)=\min\{h(u_1),h(u_2),h(u_3)\}$$

$$h(u_2)=\mathrm{mid}\{h(u_1),h(u_2),h(u_3)\} \tag{3.6}$$

$$h(u_3) = \max\{h(u_1), h(u_2), h(u_3)\}$$

$h(u_1)$、$h(u_2)$ 和 $h(u_3)$ 分别代表三者的最小值、中值和最大值。

Step5 确定模糊测度值。应用 Choquet 积分进行融合时，另一个重要问题是确定 $P(U)$ 上的 F 测度 g [18]，这里用对各单因素指标的重视程度来表征模糊测度，由于信度函数从小到大排列，因此对较大的信度函数给予较大的重视程度，具体定义如下：

在每个子空间中，对每个波段而言，令 $S = h(u_1) + h(u_2) + h(u_3)$，

$$g(u_1) = \frac{h(u_1)}{S};\ g(u_2) = \frac{h(u_2)}{S};\ g(u_3) = \frac{h(u_3)}{S}. \tag{3.7}$$

Step6 Choquet 模糊积分值的确定。在每个子空间内，对每个波段，可按式 (3.8) 计算其模糊积分值：

$$C = \sum_{i=1}^{3} g(u_i)(h(u_i) - h(u_{i-1})) \tag{3.8}$$

其中，$h(u_0) = 0$。

Step7 子空间内选择波段。在每个子空间内，根据 Choquet 模糊积分值选出 n 个波段，按原有的光谱顺序对选出的波段进行调整，并将调整后的波段组合成新的特征空间。每个子空间内选择波段的数量可由三种方法确定：① 每个子空间选择相同数目的 M 个波段，N 个子空间共可选择 $M \times N$ 个波段；② 设定 Choquet 模糊积分值阈值 T_{B}，从每个子空间中选择 Choquet 模糊积分值大于 T_{B} 的波段组合成特征子空间，并可根据具体需要适当调整阈值 T_{B} 大小；③ 确定每个子空间内波段选择比例 R_{S}，从每个子空间按 R_{S} 比例来选择 Choquet 模糊积分值排列在前面的波段。

由于每个子空间的波段数目不均匀，难以保证每个空间都能挑选出相同数目的波段；而每个空间算得的模糊积分值并不相同，很难从全局确定阈值 T_{B} 的大小。因此本章采用第三种方法，即采用一定的比例 R_{S} 从每个子空间中选取波段，该方法可以保证从每个子空间都能选择出综合信息比较好的波段。

3.3.2 算法实现流程

具体实现流程图如图 3.1 所示。

基于 SAGA 和 Choquet 模糊积分的高光谱遥感影像波段选择方法是在模拟退火遗传算法的基础上，利用 Choquet 模糊积分综合单波段的信息量、与其他波段的相关性以及地物的类间可分性形成 Choquet 模糊积分值对已选出的波段进行进一步的优化。

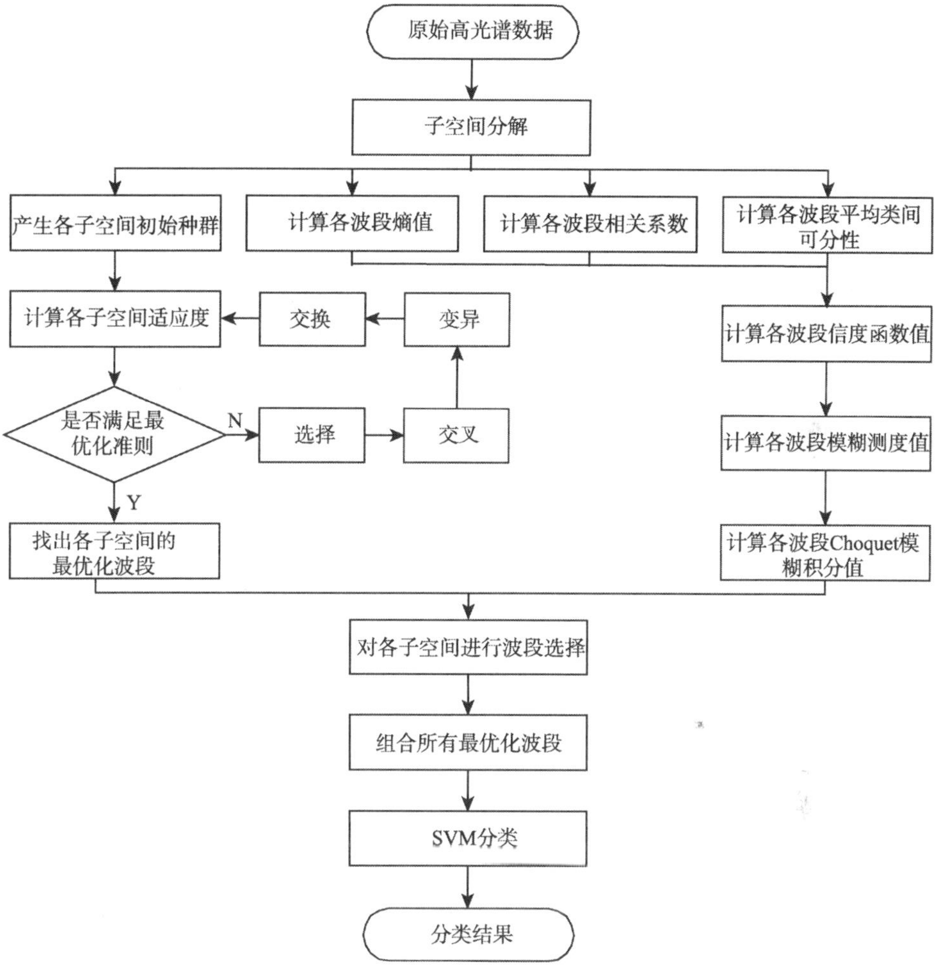

图 3.1 基于 Choquet 模糊积分优化的 SAGA 高光谱遥感影像波段选择算法流程图

3.4 实验与分析

3.4.1 AVIRIS 高光谱数据实验

1. Choquet 模糊积分值

通过计算信息熵、相关系数以及均值间标准距离，进而计算出 Choquet 模糊积分指数值，并且在各个子空间内将所得到的指数值按照降序排列。指数值越大表明这个波段的重要性程度越高。用 T_C 表示给指数值设定的阈值，表 3.1 是阈值 T_C=0.94 时的各个子空间波段的相应指数值。

表 3.1 波段序号及其所对应的模糊积分指数值 ($T_C = 0.94$)

子空间	波段序号	指数值	波段序号	指数值
1	11	0.9419		
2	17	0.9732	18	0.9706
	16	0.9604	19	0.9502
3	36	1		
4	37	0.9868		
5	71	0.9667	69	0.9658
	70	0.9652	73	0.9642
	67	0.9638	72	0.9636
	74	0.9636		
6	77	1		
7	79	1		
8	88	0.9813	89	0.9659
9	101	0.9608		
10	119	0.9689	120	0.9689
	121	0.9687	122	0.9685
	118	0.9683	123	0.9681
	124	0.9675	125	0.9671
	126	0.9669	127	0.9663
	128	0.9663	129	0.9660
	130	0.9659		
11	184	0.9659		

模拟退火遗传算法用于在每个子空间中选择相应的波段，但是它只是从单方面的因素对波段进行选取，且不能确定选出波段各自的优先程度或重要程度。而 Choquet 模糊积分指数值通过融合多种因素对先前选出的波段进行进一步的优化以获得更高的精度。

2. 分类实验

高光谱影像仍旧分成 7 类，训练样本和测试样本均与第 2 章所选的相同。将本章提出的基于模拟退火遗传算法和 Choquet 模糊积分进行波段选择并用支持向量机分类的方法 (SAGA-CFI-SVM) 与另外两种相似的分类方法，即第 2 章提出的 SAGA-SVM 及 Choquet 模糊积分和支持向量机分类方法 (CFI-SVM) 进行比较和分析。不同的 T_C 时，所得的误差矩阵如表 3.2~表 3.7 所示。表 3.8 给出了当 T_C=0.94 时的总体分类精度和 Kappa 值。改变阈值 T_C 时，总体精度和 Kappa 值也随其改变而改变，如表 3.9 所示。

由以上各表可知，SAGA-CFI-SVM 是比第 2 章提出的 SAGA-SVM 的波段选择算法以及 CFI-SVM 的波段选择算法更有效的方法，且分类结果随阈值 T_C 取值变化而变化。$T_C = 0.94$ 时，SAGA-CFI-SVM 分类精度达到了 93.01%；在 $T_C = 0.965$

表 3.2 CFI-SVM 分类误差矩阵 ($T_C = 0.94$)

项目	地面参考信息								行总计	用户精度
	类别	1	2	3	4	5	6	7		
分类结果	1	134	0	69	5	66	70	0	344	0.3895
	2	0	1276	55	9	75	0	15	1430	0.8923
	3	5	0	1937	0	75	135	0	2152	0.9001
	4	1	41	62	210	0	0	14	328	0.6402
	5	6	39	0	0	2114	63	20	2242	0.9429
	6	0	35	69	6	0	2201	15	2326	0.9463
	7	4	44	0	5	87	0	452	592	0.7635
列总计	—	150	1435	2192	235	2417	2469	516	9414	—
生产者精度	—	0.8933	0.8892	0.8837	0.8936	0.8746	0.8915	0.8760	—	0.8841

表 3.3 SAGA-CFI-SVM 分类误差矩阵 ($T_C = 0.94$)

项目	地面参考信息								行总计	用户精度
	类别	1	2	3	4	5	6	7		
分类结果	1	136	0	32	1	53	49	0	271	0.5018
	2	0	1323	43	2	35	0	4	1407	0.9403
	3	5	0	2058	0	50	95	0	2208	0.9321
	4	3	23	27	227	0	0	13	293	0.7747
	5	2	24	0	0	2239	29	13	2307	0.9705
	6	0	35	32	1	0	2296	9	2373	0.9676
	7	4	30	0	4	40	0	477	555	0.8595
列总计	—	150	1435	2192	235	2417	2469	516	9414	—
生产者精度	—	0.9067	0.9220	0.9389	0.9660	0.9264	0.9299	0.9244	—	0.9301

表 3.4 CFI-SVM 分类误差矩阵 ($T_C = 0.965$)

项目	地面参考信息								行总计	用户精度
	类别	1	2	3	4	5	6	7		
分类结果	1	132	0	18	2	62	98	0	312	0.4230
	2	0	1308	43	5	95	0	4	1455	0.8990
	3	5	0	2099	0	99	165	0	2363	0.8883
	4	3	23	27	213	0	0	20	286	0.7445
	5	6	39	0	0	2065	95	17	2222	0.9293
	6	0	35	32	9	0	2111	13	2200	0.9595
	7	4	30	0	6	96	0	462	598	0.7726
列总计	—	150	1435	2192	235	2417	2469	516	9414	—
生产者精度	—	0.8800	0.9115	0.9576	0.9064	0.8543	0.8550	0.9244	—	0.8912

时，SAGA-CFI-SVM 分类精度达到 93.91%；在 $T_C = 0.970$ 时，SAGA-CFI-SVM 分类精度又开始出现下降，说明在 $T_C = 0.965$ 时，所选出的波段是最合适的、最

有效的。出现分类精度随阈值 T_C 先变大再变小的原因在于所选择的的波段数的多少，波段数量过多或过少，分类精度都会相对较低，只有达到合适的波段数时，分类精度才会达到最高。

表 3.5 SAGA-CFI-SVM 分类误差矩阵 ($T_C = 0.965$)

项目	地面参考信息								行总计	用户精度
	类别	1	2	3	4	5	6	7		
分类结果	1	135	0	17	3	35	47	0	237	0.5696
	2	0	1351	21	6	61	0	6	1445	0.9349
	3	6	0	2112	0	35	73	0	2226	0.9488
	4	4	25	25	216	0	0	13	283	0.7632
	5	5	30	0	0	2238	30	14	2317	0.9659
	6	0	19	17	8	0	2319	13	2376	0.9760
	7	3	10	0	2	48	0	470	533	0.8818
列总计	—	150	1435	2192	235	2417	2469	516	9414	—
生产者精度	—	0.9000	0.9415	0.9635	0.9191	0.9259	0.9392	0.9109	—	0.9391

表 3.6 CFI-SVM 分类误差矩阵 ($T_C = 0.970$)

项目	地面参考信息								行总计	用户精度
	类别	1	2	3	4	5	6	7		
分类结果	1	117	0	122	13	184	199	0	635	0.1843
	2	0	998	135	19	212	0	17	1381	0.7223
	3	11	0	1573	0	296	339	0	2219	0.7089
	4	10	101	186	179	0	0	33	509	0.3512
	5	7	99	0	0	1506	250	26	1888	0.7977
	6	0	144	176	13	0	1681	22	2036	0.8256
	7	5	93	0	11	219	0	418	731	0.5719
列总计	—	150	1435	2192	235	2417	2469	516	9414	—
生产者精度	—	0.7800	0.6955	0.7176	0.7617	0.6231	0.6808	0.8101	—	0.6875

表 3.7 SAGA-CFI-SVM 分类误差矩阵 ($T_C = 0.970$)

项目	地面参考信息								行总计	用户精度
	类别	1	2	3	4	5	6	7		
分类结果	1	123	0	91	8	152	181	0	555	0.2216
	2	0	1114	148	15	227	0	21	1525	0.7305
	3	9	0	1688	0	189	346	0	2232	0.7563
	4	8	84	105	193	0	0	13	403	0.4789
	5	7	91	0	0	1686	364	20	2168	0.7777
	6	4	89	160	9	0	1578	17	1848	0.8539
	7	6	57	0	10	163	0	445	681	0.6535
列总计	—	150	1435	2192	235	2417	2469	516	9414	—
生产者精度	—	0.8200	0.7763	0.7701	0.8213	0.6976	0.6391	0.8624	—	0.7252

表 3.8 总体分类精度和 Kappa 值 ($T_C = 0.94$)

分类算法	总体分类精度/%	Kappa 值
SVM	86.72	0.8315
GA-SVM	90.67	0.8826
SAGA-SVM	92.49	0.9030
CFI-SVM	88.41	0.8539
SAGA-CFI-SVM	93.01	0.9114

表 3.9 T_C 取值变化时的总体分类精度和 Kappa 值

分类算法	总体分类精度			Kappa 值		
	T_C =0.940	T_C =0.965	T_C =0.970	T_C =0.940	T_C =0.965	T_C =0.970
CFI-SVM	88.41%	89.12%	68.75%	0.8539	0.8654	0.6173
SAGA-CFI-SVM	93.01%	93.91%	72.52%	0.9114	0.9223	0.6355

CFI-SVM ($T_C=0.940$) 分类结果、SAGA-CFI-SVM ($T_C=0.940$) 分类结果、CFI-SVM ($T_C = 0.965$) 分类结果以及 SAGA-CFI-SVM ($T_C = 0.965$) 分类结果如图 3.2 所示。

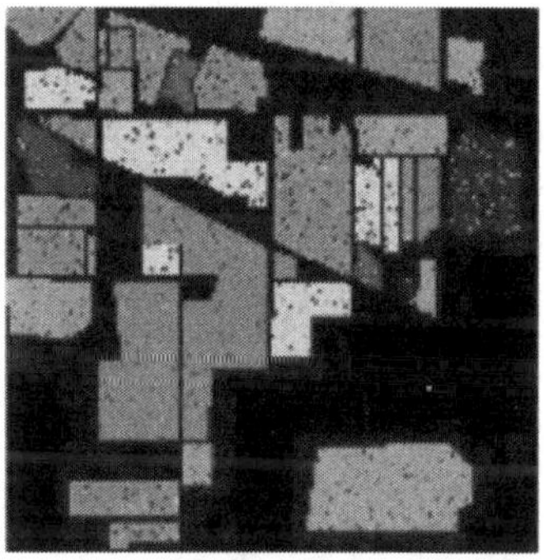

(a) CFI-SVM(T_C=0.940)分类图

(b) SAGA-CFI-SVM(T_C=0.940)分类图

(c) CFI-SVM(T_C=0.965)分类图

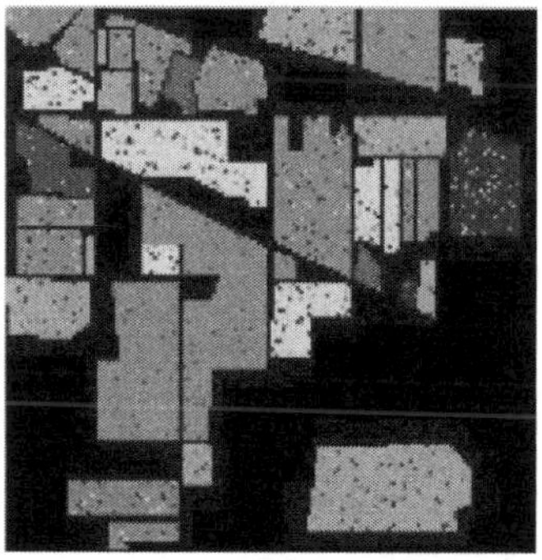

(d) SAGA-CFI-SVM(T_C=0.965)分类图

图 3.2 不同算法的分类结果

3.4.2 HYDICE 高光谱数据实验

当 T_C=0.940 时，总体分类精度和 Kappa 值如表 3.10 所示。当改变阈值 T_C 时，总体精度和 Kappa 值也随其改变而改变，具体如表 3.11 所示。HYDICE 高光谱影像的 CFI-SVM(T_C = 0.940) 分类结果、SAGA-CFI-SVM(T_C = 0.940) 分类结果、CFI-SVM(T_C = 0.965) 分类结果以及 SAGA-CFI-SVM(T_C = 0.965) 分类结果如图 3.3 所示。

表 3.10 总体分类精度和 Kappa 值 (T_C = 0.94)

分类算法	总体分类精度/%	Kappa 值
SVM	87.65	0.8456
GA-SVM	90.88	0.8875
SAGA-SVM	92.62	0.9068
CFI-SVM	88.69	0.8547
SAGA-CFI-SVM	93.15	0.9120

表 3.11 T_C 取值变化时的总体分类精度和 Kappa 值

分类算法	总体分类精度			Kappa 值		
	T_C =0.940	T_C =0.965	T_C =0.970	T_C =0.940	T_C =0.965	T_C =0.970
CFI-SVM	88.69%	89.12%	68.57%	0.8547	0.8673	0.6135
SAGA-CFI-SVM	93.15%	94.21%	72.67%	0.9120	0.9255	0.6359

(a) CFI-SVM(T_C=0.940)分类图

(b) SAGA-CFI-SVM(T_C=0.940)分类图

(c) CFI-SVM(T_C=0.965)分类图

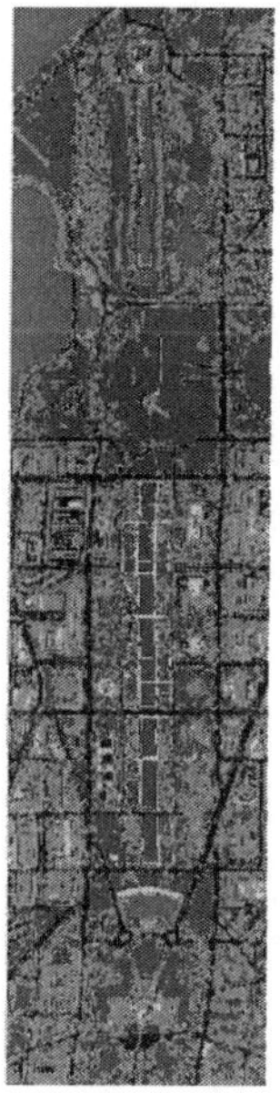

(d) SAGA-CFI-SVM(T_C=0.965)分类图

图 3.3 不同算法的分类结果

参 考 文 献

[1] 李行, 毛定山, 张连蓬. 高光谱遥感影像波段选择算法评价方法研究 [J]. 地理与地理信息科学, 2006, 22(6): 34-37.

[2] Grabisch M, Murofushi T, Sugeno M. Fuzzy Measures and Integrals: Theory and Applications[M]. Physical Verlag, 2000: 314-319.

[3] Murofushi T, Sugeno M, A theory of fuzzy measures, representations, the Choquet integral, and null sets[J]. Journal of Mathematical Analysis and Applications, 1991, 159(2): 532-549.

[4] Gao H M, Xu L Z, Li C M, et al. A new feature selection method for hyperspectral image classification based on simulated annealing genetic algorithm and Choquet fuzzy integral [J]. Mathematical Problems in Engineering, 2013: 1-14.

[5] 王建波, 赵佳, 牛发阳. 基于 Choquet 模糊积分的城市轨道交通 PPP 模式融资风险评价 [J]. 青岛理工大学学报, 2016, 37(1): 96-101+120.

[6] 陈岩, 李庭. 基于 Choquet 积分的直觉不确定语言信息集结算子及其应用 [J]. 控制与决策, 2016, 31(5): 842-852.

[7] Meng F, Zhang Q, Cheng H. Approaches to multiple-criteria group decision making based on interval-valued intuitionistic fuzzy Choquet integral with respect to the generalized λ-Shapley index[J]. Knowledge-Based Systems, 2013, 37: 237-249.

[8] 高红民. 高光谱遥感影像降维与分类算法研究 [D]. 南京: 河海大学, 2014.
[9] 章孝灿, 黄智才, 赵元洪. 遥感数字图像处理 [M]. 杭州: 浙江大学出版社, 2003: 174-175.
[10] 杨金红. 高光谱遥感数据最佳波段选择方法研究 [D]. 南京: 南京信息工程大学, 2005.
[11] 王鑫, 徐立中. 图像目标跟踪技术 [M]. 北京: 人民邮电出版社, 2012.
[12] 张兵, 高连如. 高光谱图像分类与目标探测 [M]. 北京: 科学出版社, 2011: 176-213.
[13] 尹继豪, 王义松. 高光谱遥感影像中最佳谱段的快速选择方法 [J]. 遥感信息, 2010, 03: 3-6+12.
[14] 任晓东, 雷武虎, 谷雨, 等. 一种改进的高光谱图像波段选择方法 [J]. 计算机科学, 2015, S2: 162-165+168.
[15] 刘永祥, 黎湘, 庄钊文. 基于 Choquet 模糊积分的决策层信息融合目标识别 [J]. 电子与信息学报, 2003, 25(5): 695-699.
[16] Sugeno M,Gupta M M. Fuzzy measure and fuzzy integrals, a suevey//Fuzzy Automata and Decision Processes[M]. New York, North-Holland, 1997: 89-102.
[17] 刘海君. 基于模糊积分的信息融合目标识别 [J]. 煤炭技术, 2004, 23(8): 107-108.
[18] 徐宝昌, 陈哲. 基于模糊 Choquet 积分的图像融合效果评价 [J]. 光电工程, 2004, 31(11): 42-46.

第4章　基于多目标粒子群优化算法的高光谱遥感影像波段选择

本章主要针对所分子空间数较少的波段选择问题，研究多目标粒子群优化算法[1-5] 用于高光谱影像波段选择[6-8] 的可行方法，提出了一种将信息量和 B 距离[9] 作为优化目标的多目标粒子群优化搜索算法，对高光谱影像进行波段选择。结合波段与相邻波段之间相关系数对波段进行子空间分解，分别从信息论的角度和类间分类的角度出发，把波段组合的熵、方差作为信息量准则的度量，B 距离作为类间可分性准则的度量，构造粒子群优化算法[10-13] 的适应度函数[14]。最后通过实验证明该降维方法的有效性。

4.1　问题分析

在对高光谱影像波段选择时，不仅会面临子空间数较多的情况，而且还会遇到所分子空间数较少的波段选择情况。子空间数较少，子空间内波段间的相关系数较大，冗余性也比较大，如果在每个子空间里各选择一个波段，就基本可以代表所在子空间所有波段的信息。这时，如果采用信息量、类间可分性等指标对每一个子空间里已选出的波段依次进行综合分析，再筛选出每一个子空间里更适合的波段则失去意义。同时，信息量、类间可分性又是两个必须同时予以考虑的目标，因此，在子空间数较少的情况下，波段选择也可直接看成是对多目标优化的问题。多目标优化问题的显著特点是优化各个目标使其同时达到综合的最优值。难点是各个目标之间往往是相互冲突的，在满足其中一个目标最优的同时，其他的目标可能会受其影响而变得较差。

粒子群优化算法 (particle swarm optimization, PSO) 最基本的思想是通过模拟鸟群觅食的群体中个体之间的协作和信息共享来寻找最优解[15]。其不仅概念简单、程序容易实现、需要调整的参数少，而且有学者通过实验证明了多目标粒子群优化算法在速度、收敛性、分布性三个方面都具有明显优势。近年来，已有学者开展了粒子群优化算法在高光谱遥感影像波段选择中的应用研究，如黄睿于 2012 年提出基于粒子群算法和序贯[16,17] 搜索的高光谱波段选择方法[18]，但该项研究主要是针对单一目标的，并没有考虑同时优化多个目标而达到综合的最优值。

本章拟采用以信息量、类间可分性为目标的多目标粒子群优化算法对子空间数较少的波段选择，直接进行优化，从而建立起一种针对多目标搜索的最佳波段组合的选择方法。

4.2 粒子群优化算法

随机初始化一个由 n 个粒子组成的群体，假设在一个 D 维的搜索空间中，种群为 $X=(X_1, X_2, \cdots, X_n)$，粒子在空间中以一定的速度飞行，则粒子 i 的位置状态属性设置为向量 $X_i=(x_{i1},x_{i2},\cdots,x_{iD})^{\mathrm{T}}$，根据目标函数即可计算出每个粒子位置 X_i 对应的适应度值。当前第 i 个粒子速度向量为 $V_i=(V_{i1},V_{i2},\cdots,V_{iD})^{\mathrm{T}}$，个体最优位置向量为 $P_i=(P_{i1},P_{i2},\cdots,P_{iD})^{\mathrm{T}}$，同时种群还有一个重要属性，那就是群体极值，群体极值位置向量为 $P_g=(P_{g1},P_{g2},\cdots,P_{gD})^{\mathrm{T}}$。

每个粒子通过下面的迭代公式[19] 来更新它的速度和位置，即：

$$V_{id}^{k+1}=\omega V_{id}^{k}+c_1r_1(P_{id}^{k}-X_{id}^{k})+c_2r_2(P_{gd}^{k}-X_{id}^{k}) \tag{4.1}$$

$$X_{id}^{k+1}=X_{id}^{k}+V_{(k+1)id} \tag{4.2}$$

其中，ω 为惯性权重[20]；$d=1,2,\cdots,D$；$i=1,2,\cdots,n$；k 为当前迭代次数；V_{id} 为粒子的速度；c_1 和 c_2 为非负的常数，称为加速度因子；r_1 和 r_2 为分布于 (0,1) 区间的随机数。通常粒子会被限制于一定范围内，$X_{id}^{k}\in[L_d,U_d]$，L_d,U_d 分别为搜索空间的下限和上限；$V_{id}^{k}\in[V_{\min,d},V_{\max,d}]$，$V_{\min,d},V_{\max,d}$ 分别为最小和最大速度，一般定义 $V_{\min,d}=-V_{\max,d}$，其中 $1\leqslant d\leqslant D,1\leqslant i\leqslant n$。

4.3 基于多目标粒子群优化算法的高光谱遥感影像波段选择方法

4.3.1 基于粒子群优化算法的波段选择

根据高光谱遥感影像波段多、数据量大、数据不确定性和波段之间的相关性强、数据冗余度高等特点，本章设计了一种高光谱影像处理流程，该流程分为影像预处理阶段、波段分组阶段、波段选择阶段、分类验证阶段，具体如图 4.1 所示。

高光谱遥感区别于多光谱遥感数据的典型特征是高光谱影像中每个像元都具有连续的高分辨率光谱曲线。成像光谱仪得到上百通道、连续波段的影像，相邻波段间隔较窄，存在波段重叠区域，数据冗余度较高，波段之间相关性强。结合波段与相邻波段间相关系数矩阵，对所有波段进行分组。

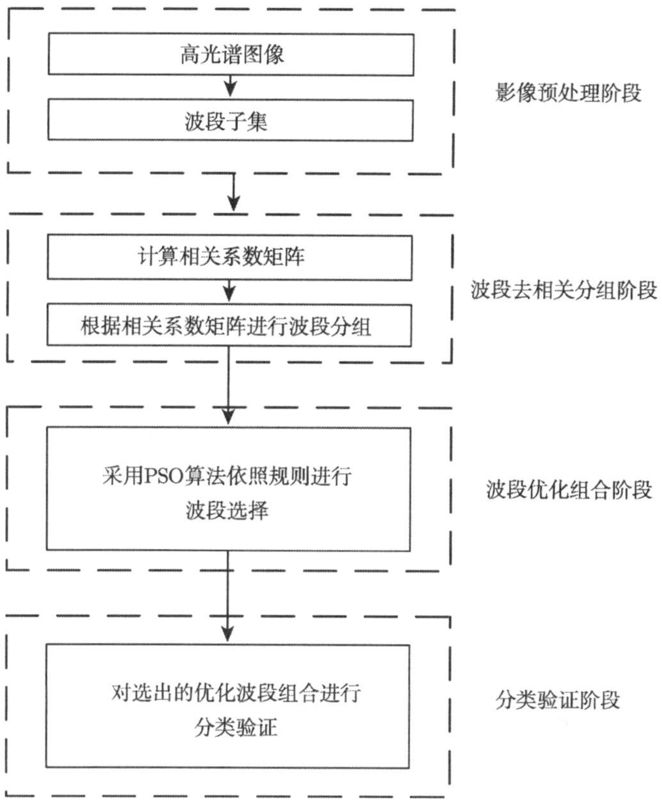

图 4.1 基于 PSO 算法的波段选择

本章提出了基于粒子群优化多目标搜索算法的波段选择方法 (PSO-EB)，在分组的基础上，在每个子空间中使用粒子群优化算法进行波段选择，但是每个子空间只选出一个最优的波段，所以 N 个子空间就会选出 N 个波段，这 N 个波段组成一个波段组合，也即最优解。针对粒子群优化算法所选出的波段组合，用信息量、类间可分性以及相邻波段间相关系数准则来进行衡量，信息量是波段组合的信息量，将波段组合信息熵以及方差都作为衡量标准；类间可分性准则采用的是类别在波段组合上的距离，B 距离是其中最常用的一种。使用本章提出的算法对波段进行优化选择，并分类验证算法的可行性及性能，评价分类影像的准确性。

4.3.2 适应度函数

依照本章设定的适应度函数计算相应组合的适应度，波段组合适应度的切合程度决定被选中的概率。本章从信息论和类间可分性两个角度进行优选波段组合，分别以波段组合的熵、方差和类间的 B 距离为评价准则。

1. 波段间联合熵

根据香农理论，熵可以用来表征信息量，它是总体平均意义上的概念，一幅 8bit 的影像 P 的每个像元所携带的平均信息量可以用熵 H 来表示：

$$H(P)=\sum_{i=0}^{255}P_i\log_2 P_i \tag{4.3}$$

其中，P_i 是影像中像素灰度值为 i 的概率。

方差可以表示为

$$D(H(P))=\frac{1}{n}\left[H(P_1)+H(P_2)+\cdots+H(P_n)\right] \tag{4.4}$$

其中，$D(H(P))$ 表示方差，n 表示所选的波段数。

2. 类间 B 距离

B 距离表征两个类别之间可分性的大小，对于从影像样本中选定的两个类别之间的 B 距离越大，表征类间的可分性越强。B 距离可以同时兼顾一次统计变量和二次统计变量，在作为多维空间两类别间距离时，有较大优势。其表示[21]为

$$D_{ij}=\frac{1}{8}(\mu_i-\mu_j)^{\mathrm{T}}\left(\frac{\sum_i+\sum_j}{2}\right)^{-1}(\mu_i-\mu_j)+\frac{1}{2}\ln\left[\frac{\left|\frac{\sum_i+\sum_j}{2}\right|}{\left(\left|\sum_i\right|\left|\sum_j\right|\right)^{\frac{1}{2}}}\right] \tag{4.5}$$

其中，μ_i,μ_j 分别为指定样本中两类对应区域的光谱均值；$\sum_i$，$\sum_j$ 分别为对应区域的光谱协方差。

在构建适应度函数时，分别计算不同波段组合的熵、方差以及 B 距离这三项评价指标，把这两项指标作为粒子群优化算法的适应度方程，并按相应的顺序进行组合排列。

3. 构建适应度方程

在构建适应度函数时，分别计算不同波段组合的信息熵、方差、B 距离这三项评价指标，对每一次产生子代的个体适应度值按升序排列，把这三项指标作为粒子群优化算法的适应度方程，并按相应的顺序进行组合排列。

4.3.3 算法实现流程

PSO 算法进行多目标优化时，随着参数及迭代次数的变化，粒子的速度和位置也发生相应的变动，粒子的位置朝着不断最优的方向移动，迭代若干次后得到最优组合。算法中惯性权值 ω 的选取影响了粒子的全局搜索能力与局部搜索能力，为了兼顾局部与全局搜索能力之间的平衡，本章提出的 PSO-EB 波段选择算法采用随机惯性权值的方式，在每次迭代结束后，随机生成新的惯性权值。整个算法步骤如下：

① 初始化粒子群。每个粒子由高光谱影像波段组合、惯性权值 ω、加速因子 c 三部分组成。初始种群中粒子随机生成三部分，初始种群的大小根据计算的复杂程度进行合理设置，保证初始种群中含有较多的可能解。② 根据波段组熵、方差和类别间 B 距离公式计算波段组合适应度值。通过 PSO 算法判别与最优组合的切合程度，在构建适应度方程的过程中，把以上三项指标作为适应度，分别计算相应的参数值，种群中粒子适应度值的大小表征粒子的切合程度，用来评价粒子的优劣，适应度较优的粒子被保留、较差的粒子则被淘汰。③ 比较种群中粒子的适应度值，寻找符合条件的粒子，并将符合条件的粒子放入非劣解集合中。在多目标优化问题求解中，最重要的是求解非劣解和非劣解集。所谓非劣解就是在多目标优化问题的可行域中存在一个问题解，使得其他可行解都不劣于该解，则该问题解就称为非劣解，全部的非劣解组成的集合就是非劣解集。该波段选择方法中，同时满足波段与波段之间信息熵的和大、方差较大，所选择类别 a、b 之间的 B 距离大，同时满足这三个条件的波段组合则为非劣解，并将其放入非劣解集中。非劣解集中的解为个体历史最优位置，在第 0 代中随机从个体历史最优位置中抽取一个作为全局最优。④ 根据式 (4.1) 计算种群中粒子的运动速度，粒子的速度分别受全局最优粒子和个体最优粒子的影响。其中，全局最优粒子为从非劣解集中随机选择的粒子。粒子速度更新后，判定粒子新的速度是否超过极限速度限制，如若超过则根据式 (4.1) 将速度更改。⑤ 根据式 (4.2) 更新种群中粒子的位置，在更新的过程中，判断新的位置是否超过了所在波段分组的范围，如超过相应的范围则进行相应的操作，避免新的粒子所处的位置超过所在波段分组。⑥ 更新种群的个体历史最优位置和群体历史位置。更新的过程可分为两步，首先把新产生的非劣解集合与旧的非劣解集合合并，然后在新产生的非劣解集合中去掉相互受支配的，筛选出新的非劣解集合。⑦ 判断迭代是否结束，未达到迭代停止条件则跳转至第④步继续进行操作。

基于粒子群优化算法的高光谱波段选择算法充分利用了粒子群优化算法的优点，所选出的波段组合在确保波段信息量较大、波段间相关性小的同时确保了类间的可分性较大。

整个算法步骤如图 4.2 所示。

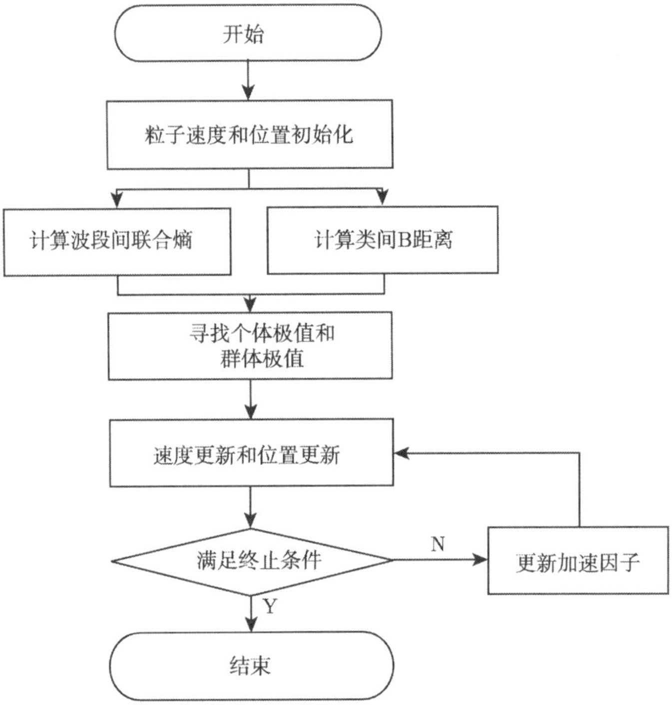

图 4.2　PSO-EB 算法的波段选择流程

4.4　实验与分析

4.4.1　AVIRIS 高光谱数据实验

按照本书第 2 章中基于相关性过滤的子空间分解，得到波段子集。由于按照前述采用的子空间分解方法，分成 11 个子空间，每个子空间各选一个波段会导致信息熵的和、方差以及类间的 B 距离计算量过大，因此调整相关系数划分子空间的阈值大小，将子空间数量缩小到 5 个。新的子空间划分如表 4.1 所示。本章在进行优化选择前，预先按照式 (4.3)、式 (4.4) 计算 5 波段组合的信息熵的和、熵的方差和类间的 B 距离并排序，以中值点为界去除数值小于中值的组合，并取不同准则得到的交集，缩小种群规模以达到减少运算量的目的。

表 4.1　子空间分解维数及包含波段

子空间	1	2	3	4	5
包含波段	5~35	36~76	77,79,87~97	98~102	111~148,166~216
波段数	31	41	13	5	89

1. 实验参数设置

1) 粒子群算法初始参数设置

实验中设置粒子的维数为 5，种群的个数为 50，加速因子 c_1、c_2 都为 0.8，最大迭代次数为 1000，惯性权重为 0.1~1.2 之间的数，依照式 (4.6) 进行变动，

$$\omega = \omega_{\max} - \frac{\omega_{\max} - \omega_{\min}}{i_{\max}} \times i \tag{4.6}$$

其中，i 为当前迭代的次数，$i_{\max}$ 为最大迭代次数。每一个粒子代表一个波段组合，初始种群中的粒子从波段分组中随机产生，粒子的初始速度为 0。

2) 实验样本选取

本章提出的波段选择方法将 B 距离作为类间距离的测度，B 距离用来表征两个类别 A 与 B 之间的可分性，B 距离的值越大，表示类别 A 与 B 的可分性越好，实验中在进行 A、B 样本选取时，按照地物类别相近但不相同的原则进行。

2. 波段选择

根据高光谱遥感影像波段数目多、波段间相关性强、数据冗余度高等特点，把波段组合的信息熵、方差以及类间的 B 距离作为粒子群算法的适应度函数，在每一次迭代计算的过程中比较个体历史最优位置和群体历史最优位置产生解集合。表 4.2 为经过迭代后产生的波段组合、信息熵、方差以及类别之间的 B 距离。

表 4.2 波段组合、信息熵、方差以及 B 距离

波段组合	信息熵	方差	B 距离
(28,66,82,101,140)	49.1051	0.7391	533.7514
(29,63,81,101,139)	49.1527	0.8268	540.2976
(29,66,82,100,139)	50.4949	0.9677	548.5271
(33,64,81,99,141)	49.0139	0.5470	474.2411
(27,64,81,102,137)	49.3394	0.7219	519.0955
(24,36,77,102,136)	50.6008	1.9499	552.1731
(29,52,79,100,140)	49.1203	0.6747	507.0147
(11,66,83,98,143)	49.1855	0.5590	491.0184
(17,71,79,102,143)	49.1142	0.5242	410.5165
(14,63,79,98,143)	49.1584	0.4944	383.6633
(25,37,77,102,143)	51.6502	0.4544	453.2112
(24,39,79,102,144)	51.5968	0.5336	429.4567

对比表 4.2 各组数据，信息熵最大的是 51.6502，信息熵方差最大的是 1.9499，B 距离最大的是 552.1731，综上我们选择波段组合 (24, 36, 77, 102, 136)。如果单纯从信息熵的和考虑，也即采用基于信息熵的和的 PSO 算法的话，应该选择波

段组合 (25, 37, 77, 102, 143)。从表 4.2 中可以得到，采用本章提出的波段选择方法在进行波段选择时，同时兼顾了波段的信息量与类间的 B 距离，单纯采用信息量的准则无法保证类别之间的可分性，势必会对后续的分类精度造成一定的影响。

另外，从表 4.2 中选出的波段组合结果可以看出，每一组波段组合中的 5 个波段都来自不同的波段分组，实验中将原始高光谱遥感影像波段分为 5 组，从每个组别中选取一个波段组成波段组合。波段组合中的波段来自不同的分组，确保了波段与波段之间的冗余小。

将本章提出的粒子群优化多目标搜索算法进行波段选择并用支持向量机分类的方法 (PSO-EB-SVM) 与另外两种相似的分类方法——基于粒子群优化算法和支持向量机的分类方法 (PSO-SVM) 及基于熵的粒子群优化算法和支持向量机的分类方法 (PSO-E-SVM) 进行比较、分析，所得的误差矩阵如表 4.3、表 4.4 及表 4.5 所示。

表 4.3 PSO-SVM 分类误差矩阵

项目	地面参考信息								行总计	用户精度
	类别	1	2	3	4	5	6	7		
分类结果	1	128	1	70	6	67	71	1	334	0.3721
	2	1	1270	56	10	76	1	16	1430	0.8881
	3	6	1	1931	1	76	136	1	2152	0.8973
	4	2	42	63	204	1	1	15	328	0.6220
	5	7	40	1	1	2108	64	21	2242	0.9402
	6	1	36	70	7	1	2195	16	2326	0.9437
	7	5	45	1	6	88	1	446	592	0.7534
列总计	—	150	1435	2192	235	2417	2469	516	9414	—
生产者精度	—	0.8533	0.8850	0.8809	0.8680	0.8721	0.8890	0.8643	—	0.8819

表 4.4 PSO-E-SVM 分类误差矩阵

项目	地面参考信息								行总计	用户精度
	类别	1	2	3	4	5	6	7		
分类结果	1	135	0	58	3	53	63	0	312	0.4327
	2	0	1308	54	4	60	0	1	1427	0.9166
	3	4	0	1986	0	50	112	0	2152	0.9229
	4	0	32	42	221	0	0	10	305	0.7246
	5	7	30	0	0	2206	56	16	2315	0.9259
	6	2	28	52	4	0	2238	8	2332	0.9597
	7	2	37	0	3	0	0	481	523	0.9197
列总计	—	150	1435	2192	235	2417	2469	516	9414	—
生产者精度	—	0.9000	0.9115	0.9060	0.9404	0.9127	0.9064	0.9321	—	0.9109

表 4.5 PSO-EB-SVM 分类误差矩阵

项目	地面参考信息								行总计	用户精度
	类别	1	2	3	4	5	6	7		
分类结果	1	138	0	40	5	45	49	0	227	0.4982
	2	0	1328	39	7	51	0	5	1430	0.9287
	3	2	0	2032	0	49	81	0	2164	0.9390
	4	2	29	29	218	0	0	11	289	0.7543
	5	3	24	1	0	2232	41	8	2308	0.9671
	6	0	26	33	3	0	2298	6	2366	0.9712
	7	5	28	0	2	40	0	486	561	0.8663
列总计	—	150	1435	2192	235	2417	2469	516	9414	—
生产者精度	—	0.9200	0.9254	0.9270	0.9277	0.9235	0.9307	0.9419	—	0.9276

PSO-SVM 分类结果、PSO-E-SVM 分类结果以及 PSO-EB-SVM 分类结果如图 4.3 所示。

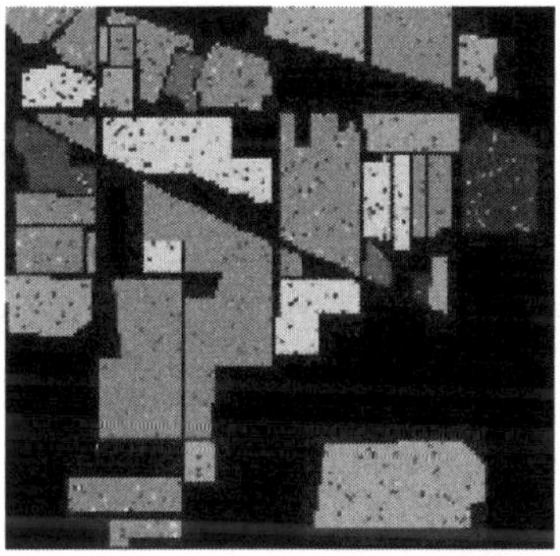

(a) PSO-SVM分类图

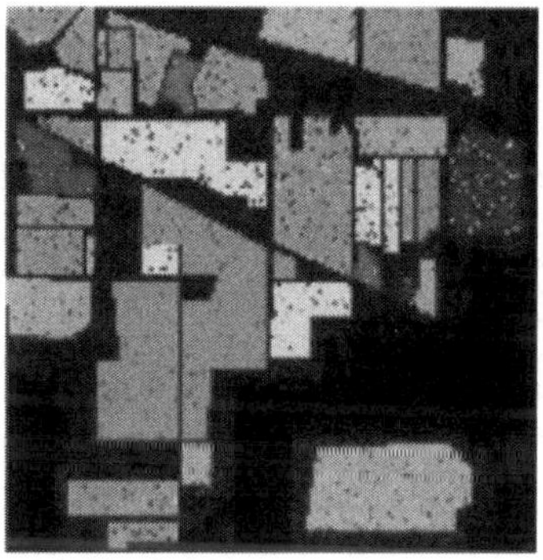

(b) PSO-E-SVM分类图

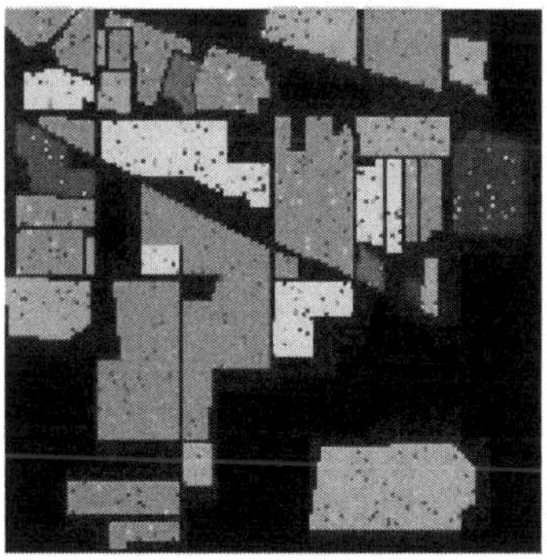

(c) PSO-EB-SVM分类图

图 4.3 不同算法的分类结果

4.4.2 HYDICE 高光谱数据实验

PSO-SVM 分类结果、PSO-E-SVM 分类结果以及 PSO-EB-SVM 分类结果如图 4.4 所示，总体分类精度和 Kappa 值如表 4.6 所示。

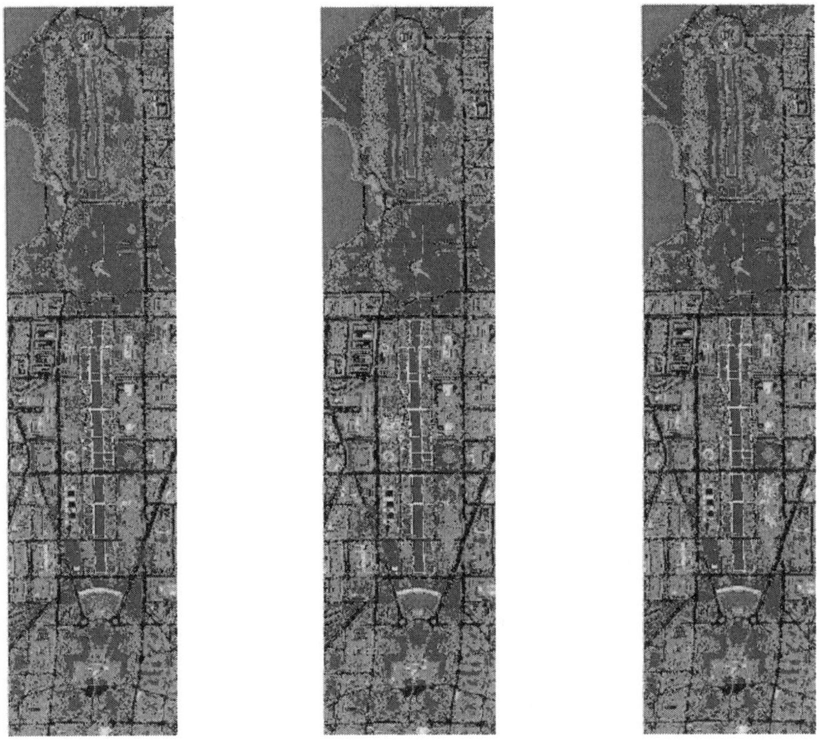

(a) PSO-SVM分类图　(b) PSO-E-SVM分类图　(c) PSO-EB-SVM分类图

图 4.4　不同算法的分类结果

表 4.6　总体分类精度和 Kappa 值

分类算法	总体分类精度/%	Kappa 值
PSO-SVM	88.09	0.8311
PSO-E-SVM	91.36	0.8843
PSO-EB-SVM	92.72	0.9021

参 考 文 献

[1] 徐鹤鸣. 多目标粒子群优化算法的研究 [D]. 上海: 上海交通大学,2013.

[2] Coello C A, Lechuga M S. MOPSO: a proposal for multiple objective particle swarm optimization[C] // Proceedings of the Congress on Evolutionary Computation. Piscat-

away: IEEE, Service Center, 2002: 1051-1056.

[3] 伍思敏. 多目标粒子群优化算法的改进及应用研究 [D]. 无锡: 江南大学, 2013.

[4] 纪壮壮. 多目标粒子群算法的改进及应用 [D]. 南京: 南京信息工程大学, 2014.

[5] 王兆尹, 刘东, 楼群, 等. 基于多目标粒子群算法的小型化槽螺旋天线研究 [J]. 电子元件与材料, 2015, 34(1): 65-68.

[6] Xu L Z, Li X F, Yang Simon X. Intelligent information processing and system optimization[J]. Intelligent Automation and Soft Computing, 2011, 17(7): 829-833.

[7] 高红民. 高光谱遥感影响波段选择降维与分类算法研究 [D]. 南京: 河海大学, 2014.

[8] 石爱业, 徐枫, 徐梦溪. 图像超分辨率重建方法及应用 [M]. 北京: 科学出版社, 2016.

[9] 杨金红. 高光谱遥感数据最佳波段选择方法研究 [D]. 南京: 南京信息工程大学, 2005.

[10] Eberhart R C. Particle swarm optimization[C]. Proceedings of the IEEE International Conference on Neural Network, 1995: 1942-1948.

[11] Clerc M, Kennedy J. The particle swarm-explosion, stability and convergence in a multidimensional complex space[J]. IEEE Transaction Evolutionary Computation, 2002, 6(2): 58-73.

[12] Li C M, Wang Y, Gao H M, et al. Band selection for hyperspectral image classification based on improved particle swarm optimization algorithm [J]. Advanced Materials Research, 2014, (889-890): 1073-1077.

[13] 李维嘉, 兰秋华, 彭勇, 等. 基于粒子群算法的滑阀节流槽优化设计 [J]. 中国机械工程, 2015, 08.

[14] 王艺婷, 黄世奇, 刘代志, 等. 基于粒子群优化算法的波段选择方法 [J]. 计算机仿真, 2015, 32(9): 417-420.

[15] 魏晋军. 粒子群优化算法的改进及应用 [D]. 太原: 太原理工大学, 2015.

[16] 徐立中, 冯肖亮, 文成林. 网络化多传感器系统的序贯式融合滤波——基于噪声估计方法 [J]. 电子学报, 2014, 42(1): 160-168.

[17] 吕游, 宋家友, 匡翠婷. 基于 β 系数的序贯测试优化方法 [J]. 计算机工程与设计, 2016, 37(1): 237-241+268.

[18] 黄睿, 何文勇. 基于粒子群算法和序贯搜索的高光谱波段选择 [J]. 数据采集与处理, 2012, 27(4): 469-473.

[19] 居凤霞. 粒子群优化算法的改进及应用 [D]. 广州: 华南理工大学, 2014.

[20] Shi Y H, Eberhart R.C. A modified particle swarm optimizer[J]. Proceedings of the IEEE International Conference on Evolutionary Computation, 1998: 69-73.

[21] 杜辉强. 高光谱遥感影像滤波和边缘提取方法研究 [D]. 武汉: 武汉大学, 2004.

第 5 章　基于后验概率支持向量机和马尔科夫场的高光谱遥感影像分类

为了提高高光谱遥感影像的分类精度，本章充分利用影像像元间的几何关系，将马尔科夫随机场 (Markov random field, MRF) 模型[1−6] 与支持向量机结合应用进行高光谱影像分类。本实验进行分类算法验证，并与传统 SVM、MRF 等算法进行比较和分析。实验表明，新的分类方法具有更高的分类精度。

5.1　问 题 分 析

基于光谱特征空间的高光谱影像分类方法是将高光谱数据作为一种无序的待聚类数据集合，但实际上高光谱影像的像元是二维空间中有序排列的特殊数据集合，这种有序排列的直接体现就是影像的二维几何空间特征。随着高光谱影像空间分辨率的进一步提高，同类地物的光谱复杂性程度随之提高，根据影像上几何空间特征结合光谱特征、空间特征进行分类[7]，能够有效地提高高光谱影像分类精度。

在任何实际的高光谱影像上，相邻像元间总存在着一定的相互关系，特别是空间分辨率较高 (优于 5m) 的高光谱影像，同类地物的连续性表现得更为明显。这主要是因为：影像上一个像元所代表的地面表观信号有很大一部分来自周围地物；一般地物在地面所占的实际面积也大于一个像元的实际面积。纹理信息[8] 作为光谱信息的重要补充，是可以用来探测和识别物体和区域的，推断物体的表面方向，研究物体的形状，从而提高高光谱影像的分类精度。在现有的常用高光谱遥感影像的分类方法中，基本是依赖于高光谱影像的光谱特征进行分类的，这就忽略了纹理信息，忽视了像元间的几何关系。

影像的纹理信息通常表现为影像几何空间中像元的连续分布，表现在影像上是像元对其邻域的依赖性，而这种依赖性超越传统统计独立性条件假设，不易处理。近年来，马尔科夫随机场[9−14] 作为一种将像元与邻域关系模型化的方法，经常用于图像的分割中。2010 年，武汉大学魏小莉等提出一种基于马尔科夫随机场的彩色纹理特征图像的分割算法[15]。这种马尔科夫随机场方法建立在马尔科夫随机场模型和贝叶斯理论[16,17] 的基础上，马尔科夫随机场模型提供了不确定性描述与先验知识联系的纽带，而贝叶斯理论指的是根据不确定性信息作出推理和决策的需要对结论的概率进行估计。这两者结合在一起，将图像分割问题转化为概率最优化问题，完全依赖于图像的纹理特征，很好地解决了彩色纹理特征图像的分割问题。Zhang S 等提出了基于改进马尔科夫随机场模型的图像分割方法。但是，这些分割方法是非监督的，未考虑图像的光谱特征，缺少先验知识，误分概率较大。

针对上述问题，本书根据纹理信息与光谱空间信息相结合的高光谱影像分类的方法研究，提出基于后验概率支持向量机和马尔科夫场[18,19] 的分类方法，在光谱特征空间分类的基础上，利用像元与几何空间内与邻接像元之间的相互关系提高高光谱影像分类精度。基于马尔科夫随机场模型的能量最小化相当于在一个更加合理的核变换空间内应用支持向量机。马尔科夫场随机模型与支持向量机的结合应用能够提高支持向量机的稳健性，而且有利于克服小样本与高斯参数估计造成的 Hughes 现象[8,20,21]。

5.2 支持向量机分类方法

如果仅从分类的角度来说，支持向量机 (support vector machine, SVM) 是一种广义的线性分类器[22−28]，如图 5.1 所示。它在线性分类器的基础上，通过引入结构风险最小化原理、最优化理论和核方法演化而成。SVM 是统计学习中最有效也是应用最广的方法，就分类能力而言，SVM 在小样本学习、抗噪声性能、学习效率与推广性方面都优于最大似然、神经网络等分类器，能够有效地克服高光谱分类 $\{x \in \mathrm{R}^n \,|\langle w, x\rangle + b = 0, w \in \mathrm{R}^n, b \in \mathrm{R}\}$ 中样本不足所带来的 Hughes 现象。另外，支持向量机用于高光谱分类的优点在于能够直接地对高维数据进行处理，不必经过数据降维处理，而采用全部波段数据进行分类，保证了光谱信息应用的充分性。

图 5.1 支持向量机演化过程

5.2.1 线性分类器

线性分类器是函数估计分类法中最简单的一种方法，它试图用分类超平面将不同类型的样本分开。在 R^n 中的分类超平面可以表示为

$$\{x \in \mathrm{R}^n \,|\langle w, x\rangle + b = 0, w \in \mathrm{R}^n, b \in \mathrm{R}\} \tag{5.1}$$

其中，w 为一个与分类超平面垂直的向量。

5.2.2 最优分类超平面

与其他采用经验风险最小化的分类方式不同，支持向量机将结构风险最小化原则应用到线性分类器中。支持向量机将数据映射到一个更高维的空间，在这个空间里建立一个最大间隔超平面，即所谓的最优分类面，也就是决策面，要求这个超平面既能将两类样本点无误地分割开来，而且要保证正例和反例之间的隔离边缘达到最大化。在 d 维空间中，我们一般定义线性判别函数的形式为 $g(x)=w^{\mathrm{T}}x_i+b$，进而其分类面方程是 $w^{\mathrm{T}}x_i+b=0$。将判别函数进行归一化，使两类所有样本都满足 $|g(x)|\geqslant 1$，此时离分类面最近的样本的 $|g(x)|=1$，而要求分类面对所有样本 x_i 都能正确分类，就是要求它满足

$$y_i(w^{\mathrm{T}}x_i+b)-1\geqslant 0, i=1,2,\cdots,n \tag{5.2}$$

其中，y_i 为第 i 类的类别标号；w 为权系数。两类样本的分类间隔 (margin) 大小为

$$\text{Margin}=2/\|w\| \tag{5.3}$$

令等号成立的那些样本，其实也就是在超平面边缘上的点，叫做支持向量 (support vectors)。这时，要求解最优分类面[29] 问题，其实也就转变成求解如下的约束优化问题，也就是求取函数 $\varphi(w)=\dfrac{1}{2}\|w\|^2=\dfrac{1}{2}(w^{\mathrm{T}}w)$ 的最小值。为此，定义如下的 Lagrange 函数

$$L(w,b,a)=\frac{1}{2}w^{\mathrm{T}}w-\sum_{i=1}^{n}\alpha_i[y_i(w^{\mathrm{T}}x_i+b)-1] \tag{5.4}$$

其中，$\alpha_i\geqslant 0$ 为 Lagrange 系数。下面的问题是对 w 和 b 求 Lagrange 函数的最小值。把式 (5.4) 分别对 w、b、α_i 求偏微分并令它们等于 0，得

$$\frac{\partial L}{\partial w}=0\Rightarrow w=\sum_{i=i}^{n}\alpha_i y_i x_i \tag{5.5}$$

$$\frac{\partial L}{\partial b}=0\Rightarrow \sum_{i=1}^{n}\alpha_i y_i=0 \tag{5.6}$$

$$\frac{\partial L}{\partial \alpha}=0\Rightarrow \alpha_i\left[y_i\left(w^{\mathrm{T}}x_i+b\right)-1\right]=0 \tag{5.7}$$

式 (5.5)、式 (5.6) 和式 (5.7) 加上原约束条件可以把原问题转化为如下凸二次规划的对偶问题

$$\begin{cases} \max\sum_{i=1}^{n}\alpha_i-\dfrac{1}{2}\sum_{i=1}^{n}\sum_{j=1}^{n}\alpha_i\alpha_j y_i y_j(x_i^{\mathrm{T}}x_j) \\ \text{s.t.}\quad \alpha\geqslant 0, i=1,\cdots,n \\ \sum_{i=1}^{n}\alpha_i y_i=0 \end{cases} \tag{5.8}$$

这是一个不等式约束下的二次函数极值问题，存在唯一最优解。若 α_i^* 为最优解，则

$$w^* = \sum_{i=1}^{n} \alpha_i^* y_i x_i \tag{5.9}$$

令 α_i^* 不为 0 的训练样本即为支持向量，因此，最优分类面的权系数向量 w^* 是支持向量的线性组合。b^* 可由约束条件 $0 < \xi_i < 1$ 求解，由此求得的最优分类函数是

$$f(x) = \operatorname{sgn}\left[(w^*)^{\mathrm{T}} x + b^*\right] = \operatorname{sgn}\left(\sum_{i=1}^{n} \alpha_i^* y_i x_i^* + b^*\right) \tag{5.10}$$

其中，$\operatorname{sgn}(\bullet)$ 表示符号函数。

这时，我们引入松弛变量 $\xi_i(\xi_i \geqslant 0, i = 1, \cdots, n)$，以保证将正例与反例完全分开，使超平面 $w^{\mathrm{T}}x + b = 0$ 满足

$$y_i(w^{\mathrm{T}} x_i + b) - 1 \geqslant 1 - \xi_i \tag{5.11}$$

当 $0 < \xi_i < 1$ 时，样本点 x_i 仍旧被正确分类，而当 $\xi_i > 1$ 时，样本点 x_i 被错分。针对以上问题，我们进一步引入目标函数如下：

$$\varphi(w, \xi) = \frac{1}{2} w^{\mathrm{T}} w + C \sum_{i=1}^{n} \xi_i \tag{5.12}$$

其中，C 为一个正常数，称为惩罚因子。此时 SVM 可以通过二次规划来实现。

$$\begin{cases} \max \displaystyle\sum_{i=1}^{n} \alpha_i - \frac{1}{2} \sum_{i=1}^{n} \sum_{j=1}^{n} \alpha_i \alpha_j y_i y_j (x_i^{\mathrm{T}} x_j) \\ \text{s.t.} \quad 0 \leqslant \alpha_i \leqslant C, i = 1, \cdots, n \\ \displaystyle\sum_{i=1}^{n} \alpha_i y_i = 0 \end{cases} \tag{5.13}$$

5.2.3 支持向量机的核函数

前面所述的分类方法是直接在输入空间中构造线性分类超平面，然而很多问题在输入空间不是线性可分的，类别之间的分类面用某种非线性的曲面能够更好地描述。此时，通过非线性映射进行升维是一种有效的解决方法。随着空间维数的增加，有限样本的线性可分性随着空间维数的增加迅速增加。因此，在解决线性不可分的问题时，可以通过某种非线性的映射将输入空间的样本映射到另外一个更高维的特征空间，使得样本线性可分性增强，然后构造分类超平面，相当于在输入空间构造分类曲面。

在最优分类面中采用适当的内积函数也就是核函数，就可以实现某一非线性变换后的线性分类, 而计算复杂度却没有增加，这个核函数就是 $K(x_i, x_j)$，令

$$K(x_i, x_j) = \langle x_i, x_j \rangle \tag{5.14}$$

因此，核函数实现了低维空间到高维特征空间的隐式转换，并且简化了计算。此时，优化函数变为

$$Q(a) = \sum_{i=1}^{n} \alpha_i - \frac{1}{2} \sum_{i=1}^{n} \sum_{j=1}^{n} \alpha_i \alpha_j y_i y_j K(x_i, x_j) \tag{5.15}$$

而相应的判别函数式则为

$$f(x) = \mathrm{sgn}\left[(w^*)^{\mathrm{T}} + b^*\right] = \mathrm{sgn}\left(\sum_{i=1}^{n} \alpha_i^* y_i K(x_i, x) + b^*\right) \tag{5.16}$$

其中，x 为支持向量。式 (5.16) 表示的 SVM 在分类函数形式上类似于一个神经网络，因此也被叫做支持向量网络。

目前典型的核函数形式主要有以下四类。① 线性 (linear) 核函数：$K(x, x_i) = (x \cdot x_i)$；② 多项式 (polynomial) 形式的核函数：$K(x, x_i) = \left[(x^{\mathrm{T}} x_i) + 1\right]^q$，对应 SVM 是一个 q 阶多项式分类器；③ 高斯径向基形式 (radial basis function，RBF) 的核函数：$K(x, x_i) = \exp\left\{-\frac{\|x - x_i\|^2}{\sigma^2}\right\}$，对应 SVM 是一种径向基函数分类器；④ S 形核函数 (sigmoid)，如 $K(x, x_i) = \tanh\left[v(x^{\mathrm{T}} x_i) + c\right]$，式中 $v > 0$，$c < 0$ 参数。

在典型函数中，Roli 和 Fumera 在使用线性核、多项式核和高斯径向基核函数，选择不同参数进行实验，结果的平均分类精度为 89.4%~95.1%，其中线性核函数精度最低，高斯径向基函数精度最高，同时表明支持向量机的分类精度高于多层神经网络以及 k-近邻 (k-nearest neighbors, kNN) 分类器。

自定义核函数同样表现出较强的分类能力，如角核函数，该核函数利用两光谱向量间相似性测度——光谱夹角作为核函数

$$K(x, x_i) = \arccos\left(\frac{\langle x, x_i \rangle}{\|x\| \, \|x_i\|}\right) \tag{5.17}$$

其中，$\langle x, x_i \rangle$ 为像元向量内积；$\|x\|$ 为向量的模。该核函数具有较高的通用性向量机，在较少的模型参数下，实验利用该核函数进行分类具有与高斯径向核函数同等的分类精度。

5.3 SVM-MRF 模型

5.3.1 后验概率支持向量机模型

由于支持向量机只能给出确定的样本类别标号，无法给出样本的后验概率，Platt 提出了一种支持向量机决策函数的输出映射为类后验概率的算法。假设：

$$p(y=1/f)=\frac{1}{1+\exp\{Af+B\}} \tag{5.18}$$

即在选取训练集上求 $f(x)=\sum_{i=1}^{n}\alpha_i y_i K(x_i,x)+b$ 后，通过选取试验集最小化交叉熵损失函数：

$$-\sum_{i=1}^{n}\left(\frac{y_i+1}{2}\log(p_i)+\frac{1-y_i}{2}\log(1-p_i)\right) \tag{5.19}$$

其中，$p_i=p(x_i)=\dfrac{1}{1+\exp\{Af_i+B\}}$ 决定参数 A 和参数 B。在三个标准数据库上试验此模型非常接近真实模型, 且该机器产生的后验概率具有稀疏性。

5.3.2 基于后验概率的 MRF 模型

1. 马尔科夫随机场特性[9]

设高光谱影像上像元集合 $L=\{(i_1,i_2):1\leqslant i_1\leqslant N_1,1\leqslant i_2\leqslant N_2\}$，$L$ 上每一点代表影像上的一个位置，N_1 和 N_2 分别表示影像行、列数，则影像上总像元数为 $N=N_1\times N_2$，$x=\{x_1,x_2,\cdots,x_N\}$ 表示像元的矢量状态，若影像波段数为 M，则 $x_i=\{x_{i1},x_{i2},\cdots,x_{iM}\}$，所有像元的分类结果为 $y=\{y_1,y_2,\cdots,y_N\}$，共分为 K 类。在马尔科夫随机场中，设 η_i 是像元集合 L 上点 i 周边像元组成的集合，该集为 L 的子集，称为像元 i 的邻域。构成像元的邻域子集 $\eta=\{\eta_i:i\in L,i\notin\eta_i,\eta_i\subset L\}$ 称为 L 的邻域系统，像元 i 不属于该邻域系统。如图 5.2，像元 i 位于模板中央，标号为 1 像元位置称为像元 i 的阶邻域，以此类推，该模块标记像元 i 的最大领域为 5 阶。

马尔科夫随机场特性：基于以上定义，若影像随机场 $x=\{x_1,x_2,\cdots,x_N\}$ 中，对任意 x，影像的马尔科夫随机场特性可用条件概率表达

$$p\left(x_i,j\in L\text{ 且 }j\neq i\right)=p\left(x_i|x_j,j\in\eta_i\right) \tag{5.20}$$

高光谱影像几何空间中像元的连续分布表现在影像上像元对其邻域的依赖性，而这种依赖性超越传统统计独立性条件假设。马尔科夫随机场将这种像元与邻域关系模型化。式 (5.20) 反映的实质是：影像全局对像元 i 的状态影响等同于像元 i

的邻域对 i 的影响。利用马尔科夫场对纹理进行描述，就是将点位状态的空间分布特征进行抽象，表达成点位状态对邻域的依赖关系。

5	4	3	4	5
4	2	1	2	4
3	1	0	1	3
4	2	1	2	4
5	4	3	4	5

图 5.2　邻域系统示意图

1) 马尔科夫随机场模型

1984 年，Geman S 和 Geman D 已经分析指出了吉布斯 (Gibbs) 分布和马尔科夫随机场之间的等价关系[30,31]，因此，可以用吉布斯分布参数来描述遥感影像的马尔科夫随机场特性。像元分类结果解空间的可行解概率 $p(Y)$ 与能量 $U(Y)$ 分布间的关系表达为

$$p(Y)=\frac{1}{Z}\exp\{-U(Y)\} \tag{5.21}$$

其中，$Z=\sum\limits_{Y}\mathrm{e}^{-U(Y)}$ 为针对随机场 Y 所有可能实现的归一化，是一个常数；$U(x)=\sum\limits_{c\in C}V_c(x)$，该函数被称为能量函数，其中 c 称为子团，是由像元点本身或互为邻点的像元组成的集合，C 是 L 上全部子团构成的集合，$V_c(x)$ 是与子团 c 内各点状态有关的势函数[32]。

在影像分类中，势函数 $V_c(x)$ 的定义建立在子团区域范围内，称为多层逻辑模型，在实际运算中受到复杂度及算法效率的限制，多数算法仅将势函数 $V_c(x)$ 定义在一阶子团，该模型来源于著名的统计物理学 Potts 模型[33,34]，则

$$V_c(x)=\begin{cases}-1, & \text{子团 } c \text{ 内所有像元类别相同}\\ 1, & \text{其他}\end{cases} \tag{5.22}$$

因此，能量函数代入 Gibbs 分布，则像元类别分布与能量间关系，即:

$$p(Y)=\frac{1}{Z}\exp\left\{-\beta\sum_{c}V_c(x)\right\} \tag{5.23}$$

式 (5.23) 称为马尔科夫场空间项约束，$\beta(\beta>0)$ 控制空间项的重要度，当 β 值接近 0 时，空间信息在像元分类概率中的重要度较低，不能得到较好的同质性分类结果；当 β 增大到一定幅度时，分类结果趋于稳定。

2) 最大后验概率[37,38] 马尔科夫模型框架 (MAP-MRF)

对于给定的高光谱影像数据，最佳的分类结果事先是未知的。因此，分类过程可看作是根据观测数据 $X=(x_1,x_2,\cdots,x_N)^{\mathrm{T}}$ 来估计分类的结果。观测数据 X 根据最大后验概率的原理实现分类结果 Y 的最佳结果 y^*, 使得

$$P(y^*|X)=\arg\max p(Y|X) \tag{5.24}$$

其中，y^* 表示最佳分类结果的实现。由贝叶斯公式有

$$p(Y|X)=\frac{p(X|Y)p(Y)}{p(X)} \tag{5.25}$$

其中，$p(X|Y)$ 表示图像上的像元与类别间的概率分布，也即像元的概率密度分布函数，$p(Y)$ 表示图像上像元属于任意类别特征的先验概率，而 $p(X)$ 是图像上各个像元的先验概率，为一常数。由此可得

$$P(y^*|X)\propto\arg\max\{p(X|Y)p(Y)\} \tag{5.26}$$

其中，假设图像上的同类地物概率分布相互独立, 则

$$p(X|Y)=\prod_{i=1}^{N}p(x_i|Y)=\prod_{i=1}^{N}p(x_i|Y_i) \tag{5.27}$$

由贝叶斯公式有

$$p(x_i|Y_i)=\frac{p(Y_i|x_i)p(x_i)}{p(Y_i)} \tag{5.28}$$

将式 (5.28) 代入式 (5.27)，再将式 (5.27) 代入式 (5.25) 得

$$p(Y|X)=\frac{p(X|Y)p(Y)}{p(X)}=\prod_{i=1}^{N}\frac{p(Y_i|x_i)p(x_i)p(Y)}{p(Y_i)p(X)} \tag{5.29}$$

而因为 $\prod\limits_{i=1}^{N}\dfrac{p(x_i)}{p(X)}$ 为常量，则式 (5.29) 可推导为

$$p(Y|X)\propto\prod_{i=1}^{N}\frac{p(Y_i|x_i)}{p(Y_i)}\cdot\exp\left\{-\beta\sum_{c}V_c(x)\right\} \tag{5.30}$$

由于 $y=\exp(x)$ 为单调递增函数，对式 (5.30) 两边求对数，得到能量函数，也就是基于后验概率的 MRF 模型：

$$U(Y_i|X_i)=\ln p(Y_i)-\ln p(Y_i|x_i)+\beta\sum_{c}V_c(x) \tag{5.31}$$

$$U(Y|X) = \sum_{i=1}^{N} [\ln p(Y_i) - \ln p(Y_i|x_i)] + \beta \sum_{c} V_c(x) \tag{5.32}$$

其中，$p(Y_i)$ 是由先验得到的标记在原图的百分比，$p(Y_i|x_i)$ 为支持向量机后验概率。

5.4 模拟退火求能量最小值

模拟退火算法[9] 的具体步骤如下：

Step1 根据式 (5.27)，利用最大似然估计法初始化影像上各像元类别，并由式 (5.22)、式 (5.32) 计算各像元局部能量。

Step2 在 Step1 基础上计算影像全局能量 U，即影像上各像元能量之和。

Step3 设置初始温度 $T(0) = T_0$，T_0 为模拟退火加温初值。

Step4 进入迭代过程，当系统温度 $T(s) > T_{\min}$ 时 (s 为迭代次数,$T_{\min}$ 为系统最低温度)，对各像元做一次遍历，当像元在类别为 m 时的初始能量为 $U(m)$，每个像元在初始类别之外的类别集合里随机选取一个类别，若在新类别 n 处的局部能量比初始类别 m 处的能量低，其减少量 ΔU_i

$$\Delta U_i = \frac{U_i(n) - U_i(m)}{T(s)} \tag{5.33}$$

当 $\Delta U_i > \lg c$ 时，该像元的接受新类别为 n，否则保持原类别 m 不变，其中 m 为 0~1 的随机数，该像元结束后继续下一个像元直到全部像元。

Step5 像元类别调整结束后，计算影像各像元局部能量的差异性累计结果，即全局能量变化。

$$\Delta U = \sum_{i=1}^{N} \Delta U_i \tag{5.34}$$

Step6 判断迭代停止条件，当 $\Delta U < t$ 时，算法迭代结束。

Step7 若不满足 Step6 中条件，则将现有能量函数结果进行记录；系统温度降低，迭代次数 $s = s + 1$，返回步骤 Step4。

5.5 实验与分析

5.5.1 AVIRIS 高光谱数据实验

在选定训练样本和测试样本之后，用 SVM 算法、MRF 以及本章提出的后验概率 SVM-MRF 算法分别对高光谱影像分类，分类精度可以通过误差矩阵和 Kappa 系数进行评价，三种算法的误差矩阵分别如表 5.1、表 5.2 所示，Kappa 系数如

表 5.3 所示。通过比较表 5.1 和表 5.2 可以看出，本章所提出的算法较传统的 SVM 算法和 MRF 算法在生产者精度上和用户精度上均有所提高。从表 5.3 可以看出，本章算法产生的分类精度和 Kappa 系数都优于 SVM 和 MRF。单纯利用光谱特征进行分类和单纯用纹理特征分类获得的分类精度都没有光谱纹理特征结合的分类精度高，充分说明光谱纹理特征结合应用于高光谱影像是有效的。

表 5.1 MRF 分类误差矩阵

项目	地面参考信息								行总计	用户精度
	类别	1	2	3	4	5	6	7		
分类结果	1	135	0	58	3	53	63	0	312	0.4327
	2	0	1308	54	4	60	0	1	1427	0.9166
	3	6	0	1986	0	50	112	0	2154	0.9220
	4	0	32	42	221	0	0	10	305	0.7246
	5	7	30	0	0	2206	56	16	2315	0.9529
	6	0	28	52	4	0	2238	8	2330	0.9605
	7	2	37	0	3	0	0	481	523	0.9197
列总计	—	150	1435	2192	235	2417	2469	516	9414	—
生产者精度	—	0.9000	0.9115	0.9060	0.9404	0.9127	0.9064	0.9321	—	0.9108

表 5.2 后验概率 SVM-MRF 分类误差矩阵

项目	地面参考信息								行总计	用户精度
	类别	1	2	3	4	5	6	7		
分类结果	1	144	0	38	2	48	63	0	295	0.4881
	2	0	1360	44	4	39	78	0	1525	0.8918
	3	0	0	2001	5	0	0	13	2019	0.9910
	4	1	16	0	222	0	14	5	258	0.8604
	5	3	39	37	0	2271	85	17	2452	0.9262
	6	0	0	44	2	0	2229	11	2286	0.9751
	7	2	9	28	0	59	0	470	568	0.8275
列总计	—	150	1435	2192	235	2417	2469	516	9414	—
生产者精度	—	0.9600	0.9477	0.9127	0.9447	0.9396	0.9028	0.9109	—	0.9240

表 5.3 算法的分类精度和 Kappa 值

分类算法	总体分类精度/%	Kappa 系数
SVM	90.67	0.8826
MRF	91.08	0.8874
后验概率 SVM-MRF	92.40	0.9089

MRF 分类结果以及后验概率 SVM-MRF 分类结果如图 5.3 所示。

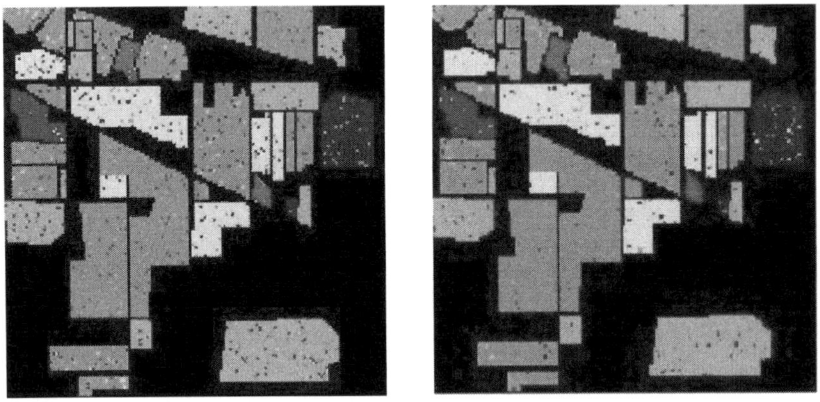

(a) MRF分类图 (b) 后验概率SVM-MRF分类图

图 5.3 不同算法的分类结果

5.5.2 HYDICE 高光谱数据实验

MRF 分类结果以及后验概率 SVM-MRF 分类结果如图 5.4 所示，总体的分类精度和 Kappa 值如表 5.4 所示。

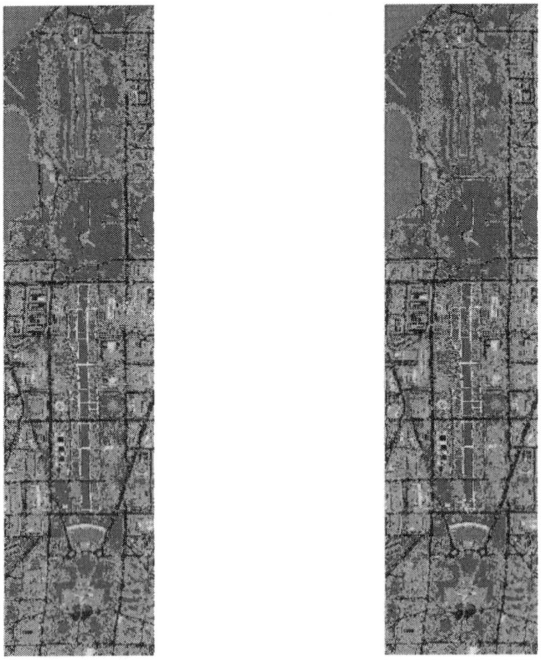

(a) MRF分类图 (b) 后验概率SVM-MRF分类图

图 5.4 不同算法的分类结果

表 5.4 总体分类精度和 Kappa 值

分类算法	总体分类精度/%	Kappa 系数
SVM	87.65	0.8456
MRF	91.02	0.8869
后验概率 SVM-MRF	92.88	0.9113

参 考 文 献

[1] 白雪. 基于三马尔可夫场的 SAR 图像分割 [D]. 西安: 西安电子科技大学, 2012.

[2] Rozanov Y A. Markov Random Fields[M]. New York: Springer, 1982.

[3] Li, Stan Z. Markov Random Field Modeling in Computer Vision[M]. New York: Springer Science and Business Media, 1995.

[4] Derin H, Elliott H. Modeling and segmentation of noisy and textured images using Gibbs random fields[J]. IEEE Transactions on Pattern Analysis and Machine Intelligence, 1987, 9(1): 39-55.

[5] 高红民. 高光谱遥感影像降维与分类算法研究 [D]. 南京: 河海大学, 2014.

[6] Espinoza Molina D, Gleich D, Datcu M. Gibbs random field models for model-based despeckling of SAR images[J]. IEEE Geoscience and Remote Sensing Letters, 2010, 7(1): 73-77.

[7] 康旭东. 高光谱遥感影像空谱特征提取与分类方法研究 [D]. 长沙: 湖南大学, 2015.

[8] 苏红军. 高光谱影像光谱 — 纹理特征提取与多分类器集成技术研究 [D]. 南京: 南京师范大学, 2011.

[9] 蒋永馨, 金俣欣, 王孝通, 等. 基于马尔可夫随机场的运动目标检测 [J]. 计算机工程与应用, 2010, 46(15): 182-184.

[10] Li S Z. Markov Random Field Modeling in Image Analysis (3rd ed) [M]. London:Springer Science and Business Media, 2009.

[11] Guo R, Shen M, Huang D D, et al. Recursive estimation of transition probabilities for jump Markov linear systems under minimum Kullback-Leibler divergence criterion [J]. IET Control Theory & Applications，2015, 9(17): 2491–2499.

[12] 徐立中, 李士进, 石爱业. 数字图像的智能信息处理 [M]. 北京: 国防工业出版社, 2001.

[13] 李克昭, 李志伟, 赵磊杰. 马尔科夫理论的优化灰色模型预测建模 [J]. 测绘科学, 2016, 08:1-5.

[14] 毕笃彦, 眭萍, 何林远, 等. 基于 Color Lines 先验的高阶马尔科夫随机场去雾 [J]. 电子与信息学报, 2016, 38(9): 2405-2409.

[15] 魏小莉, 沈未名. 一种基于马尔科夫随机场模型的彩色纹理图像分割 [J]. 武汉大学学报 (信息科学版), 2010, (8): 955-958.

[16] Jackson Q, Landgrebe D. Adaptive Bayesian contextual classification based on Markov random fields[J]// IEEE Transactions on Geoscience and Remote Sensing, 2002, 40(11):

2454-2463.

[17] Ruiz P, Mateos J, Camps-Valls G, et al. Bayesian active remote sensing image classification[J]. IEEE Transactions on Geoscience and Remote Sensing, 2014, 52(4): 2186–2196.

[18] 王鹏伟, 李滔, 吴秀清. 一种基于 SVM 后验概率的 MRF 分割方法 [J]. 遥感学报, 2008(2): 208-214.

[19] Gao H M, Xu M X, Xu M G, et al. A method of hyperspectral image classification based on posterior probability SVM and MRF [C]//International Conference on Machine Learning and Cybernetics. IEEE, 2013, 1: 235-240.

[20] Hughes G. On the mean accuracy of statistical pattern recognizers[J]. IEEE Transactions on Information Theory, 1968, 14(1): 55–63.

[21] 陈哲, 王慧斌. 图像目标检测技术及应用 [M]. 北京: 人民邮电出版社, 2016.

[22] Vapnik V. The Nature of Statistical Learning Theory[M]. New York: Springer Science and Business Media, 2013.

[23] Hsu C W, Lin C J. A comparison of methods for multi-class support vector machines[J]. IEEE Transactions on Neural Networks, 2002, 13(2): 415-425.

[24] Gao H, Li C. An object-oriented classification for hyperspectral remote sensing images based on improved GA and SVR [J]. Journal of Computational and Theoretical Nanoscience, 2015, 12(11): 4624-4631.

[25] Shi A, Xu L, Xu F, et al. Multispectral and panchromatic image fusion based on improved bilateral filter[J].Journal of Applied Remote Sensing, 2011.

[26] 梁喜凤, 周涛, 王斌锐. 基于支持向量机的多光谱番茄磷营养诊断 [J]. 农业机械学报, 2016, 47(3): 1-7.

[27] Chen Z, Li J, Wei L, et al. Multiple-kernel SVM based multiple-task oriented data mining system for gene expression data analysis[J]. Expert Systems With Applications. 2011, 38(10): 12151-12159.

[28] 刘坤, 李飚, 曾祥鑫. 基于流形学习和支持向量机的太赫兹谱分类 [J]. 计算机工程与应用, 2015,(24): 141-144+175.

[29] Gao H, Xu L, Li C, et al. Object-oriented classification of hyperspectral remote sensing images based on genetic algorithm and support vector machine [J]. Sensors & Transducers Journal, 2013, 157 (10): 6-13.

[30] Geman S, Geman D. Stochastic relaxation, Gibbs distributions, and the Bayesian restoration of images[J]. IEEE Transactions on Pattern Analysis and Machine Intelligence, 1984(6): 721-741.

[31] 韩宇. 基于马尔科夫随机场和贝叶斯理论的人脑 MR 图像的分割研究 [D]. 昆明: 昆明理工大学, 2014.

[32] Yu S, Berthod M, Giraudon G. Toward robust analysis of satellite images using map information-application to urban area detection[J]. IEEE Transactions on Geoscience and Remote Sensing, 1999, 37(4): 1925-1939.

[33] Wu F Y. The Potts Model[J]. Reviews of Modern Physics, 1982, 54(1): 235.

[34] 汪宏兵. 基于马尔科夫场灰度图像分割的研究 [D]. 合肥: 安徽大学, 2014.

[35] Wu C. Maximum a posterior linear regression with elliptically symmetric matrix variate priors[C]//European Conference on Speech Communication and Technology, Eurospeech 1999, Budapest, Hungary, 1999.

[36] 石爱业, 徐立中, 汤敏. 联合 IHS 变换和 MAP 估计的遥感图像融合 [J]. 遥感学报, 2010, 14(6): 1259-1272.

第6章　基于多示例学习和支持向量机的高光谱遥感影像分类

多示例学习 (multiple instance learning, MIL) 是近年来才出现的一种新的学习框架，它与强化学习、监督学习、非监督学习并列。多示例学习曾用于场景分类和图像检索中，本章首次将多示例学习方法[1−8] 用于高光谱遥感影像分类中，将分割所得的对象属性作为示例，将聚类生成的对象集合作为包，最后用支持向量机进行分类。实验证明，基于多示例学习的分类方法比传统的基于像素点的分类方法获得更高的精度。

6.1　问题分析

基于像元级的分类方法可以实现对高光谱遥感影像的分类；然而，面对光谱噪声和地物干扰情况时却存在因光谱改变引起的漏分或误分的问题，导致了分类精度的降低。近年来，有学者提出采用图斑对象进行分类可以解决因光谱改变引起的漏分或误分问题。图斑对象指的是形状与光谱性质具有同质性的单个区域。陈杰等提出了粗糙集高分辨率遥感影像面向对象分类[9]，先进行分水岭分割提取图斑对象，然后利用 Gabor 小波[10] 提取对象的纹理特征，进而根据粗糙集理论[11] 对提取对象的纹理分类规则进行分类。杨长保等开展了面向对象的遥感图像分类方法研究[12]，用基于区域分割法则对正射校正 SPOT 图像进行分割，然后再进行分类。谭玉敏等提出了融合边缘信息的面向对象遥感图像分割方法[13]。图斑对象与像元有很大的区别，像元只具有光谱特征，而图斑对象还包含了丰富的区域纹理空间信息。基于像元级的分类，所考虑的是像元的个体特征，而采用基于图斑对象的分类，是按照区域的光谱和空间特征进行提取的，具有区域整体性，不容易受到光谱噪声和其他地物的干扰。

然而，图斑对象方法在区域划分上仍然存在抗噪声性能较低等问题，致使漏分或误分现象仍旧存在，分类精度偏低。既然对象区域的抗干扰能力仍不能满足要求，那么，如果能够在对象的基础上，利用区域之间的关联性，将光谱和空间特征相似的区域合并成比对象还要大的集合的话，再按照各个集合的光谱和空间特征进行分类，更不容易受到噪声等因素的干扰。杜培军等提出在高分辨率遥感影像中“同物异谱”“异物同谱”现象和训练样本中的噪声可以看作多示例学习中训练包

“歧义性” 的特定表现形式，因此将影像分割生成的对象看作多示例学习中的示例，聚类获取的对象集合视为多示例学习中的包时，多示例学习方法就可以用于遥感影像分类。

本章将多示例学习方法用于高光谱遥感影像分类，在多示例学习中，训练集由被标记的包构成，而包是由未被标记的示例构成，多示例学习的目的是通过对训练集的学习从而预测不可见包的标签。以包作为单位进行分类，所包含的特征比像元和对象就要大得多，区域的抗噪声能力得到进一步提升，分类的精度自然也就提高了。将分割所得的对象的特征属性作为示例，将聚类生成的对象集合作为包的基础，采用基于支持向量机的多示例学习方法进行分类。实验证明，基于支持向量机的多示例学习分类方法比传统的基于像素点的分类方法可获得更高的精度。

6.2 多示例学习方法

6.2.1 多示例学习问题

多示例学习作为一种机器学习，与监督学习、非监督学习和强化学习并列，但与监督学习和非监督学习又有所区别。强化学习是学习 “状态—行为” 的映射，训练集中的数据虽然是无标签的，但是每个动作都具有延迟奖励的特点，获得标签相对较迟。而监督学习的训练集由已知标签的数据构成，通过对训练集的学习构造一个目标概念，然后对未知标签的数据进行分类。非监督学习由于其模型强大的模糊性，其训练集由未知标签的数据构成。由此看来，强化学习介于监督与非监督学习之间，强化学习的目的是通过学习得到一个从状态。多示例学习是一类广泛存在的学习任务，其特点表现在训练数据集的特殊性和研究方法上。作为一种新学习框架的多示例学习，与以往的学习框架有所不同。传统的监督学习框架、多示例学习框架以及多示例学习与监督学习、强化学习、非监督学习的比较如图 6.1、图 6.2 和图 6.3 所示。

图 6.1 传统监督学习框架示意图

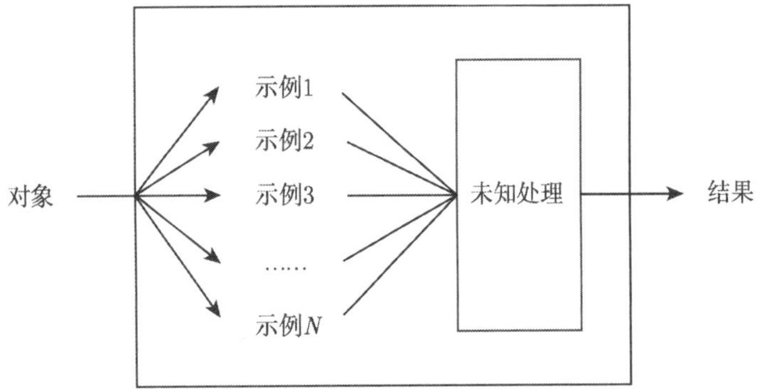

图 6.2　多示例学习框架示意图

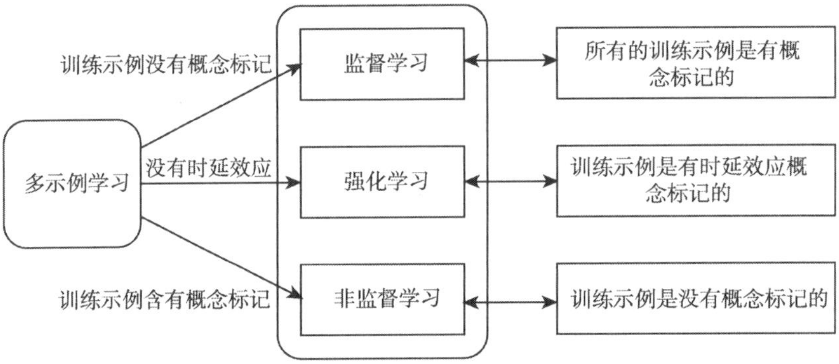

图 6.3　多示例学习与监督学习、强化学习、非监督学习比较

在研究中，Dietterich 发现分子存在多种低能形状，而药物实验无法确定分子有何种具体形状，只能辨别参与制药能力。因此他把分子比作包，将分子的低能形状作为包中的一个示例。在该问题中，如果包中至少包含一个标签为正 (positive) 的示例，则包的标签为正；如果包中所有示例的标签都是负 (negative) 的，则包的标签为负。反过来说就是，如果标记包为负，则包内所有示例的标记都为负；如果标记包为正，则包中必然存在正示例，但是不能确定是哪个或哪些。不能确定正包示例标记的情况是 MIL 学习的难点，也是歧义性问题。为了解决这个问题，Dietterich 等采用基于射线的分子结构表示方法。具体来说，每个分子的位置与方向都与标准苯环分子对齐，再使用发自原点的 162 条射线，对分子表面进行采样得到一个 162 维的向量，分子表面氧原子的位置用另外 4 条射线表示，这样将分子的结构抽象成一个 166 维的特征向量。如图 6.4 所示，由原点发出的 8 条射线与曲线交点到原点之间的距离可以得到一个 8 维的向量：$(x_1, x_2, \cdots, x_8)^{\mathrm{T}}$。

假设 D 为包 B_i 的集合，$f(B_i)$ 为包 B_i 的观察结果。对于活跃的药物分子 B_i，$f(B_i) = 1$；对于非活跃分子，$f(B_i) = 0$。函数 f 表示多示例学习的过程函数。

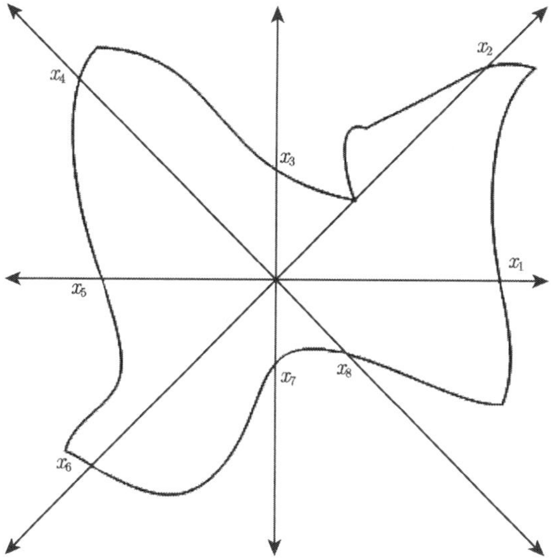

图 6.4　基于射线的分子结构表示

每个包 B_i 由 m_i 个示例组成，这 m_i 个示例记为 $B_{i,1}, B_{i,2}, \cdots, B_{i,m}$。每个示例被表示成一个 d 维向量，则完整的训练集为：$\left\langle \overrightarrow{V}_{i,1}, \overrightarrow{V}_{i,2}, \cdots, \overrightarrow{V}_{i,m_i}, f(B_i) \right\rangle$。当包中至少存在一个正示例时，这个包被标记为正包，否则就被标记为负包。用公式表示就是

$$f(B_i) = \begin{cases} 1, \text{if } G(V_{B_{i,j}}) = 1 \\ 0, \text{otherwise} \end{cases} \tag{6.1}$$

其中，$G(\bullet)$ 为分类模型的中间函数。

Dietterich 等提出的三种轴平行矩形 (axis parallel hyper-rectangle, APR) 算法[14] 构成了多示例学习研究的基础。GFS elim-count APR 算法先构造一个包含了所有正包示例的轴平行矩形，通过贪心算法排除负包的示例缩小范围。每个负包的示例边上的数字代表排除该示例所需的代价 (附带排除的最少正包示例数)。GFS elim-count APR 使用这个方法最终得到虚线矩形。GFS kde APR 算法考虑矩形覆盖的正包示例数，使用代价函数在排除负包示例时尽量少地排除剩余示例较少的正包中的示例。Iterated-discrim APR 算法则是先找出覆盖每个正包中至少一个示例的最小矩形，然后挑选出最具有区别能力的一组属性，在此基础上通过核密度估计 (kernel density estimation) 对矩形边界进行扩展。Dietterich 等又通过对麝香分子的数据集 (MUSK) 进行试验，发现 Iterated-discrim APR 算法的效果最好。决策树、神经网络等常用的监督学习方法效果不理想，这说明必须要考虑到多示例本身的特点才能对多示例分类产生好的效果。但是，Iterated-discrim APR 算法对数

据集进行了优化，在该数据集上 Iterated-discrim APR 算法的性能也许代表了一个上限。

6.2.2　基于多示例学习的常见分类算法

1) 多样性密度

Maron 和 Lozano-Pérez 于 1998 年提出了多样性密度 (diverse density，DD) 算法[15]。多样性密度算法中，将候选分子的每个示例抽象成一个 n 维空间的特征向量，随着分子形状的改变，这些特征向量对应的点在 n 维空间形成一个轨迹。如果一个候选分子被标记为正的，那么这些轨迹中至少有一条轨迹能够以有效的形状结构和目标蛋白质分子紧密连接，反之，负包是不包含这样的轨迹的。换句话说，若属性空间中某个区域多样性密度大，满足每一个正包至少有一个示例的轨迹在该区域内或者距离该区域足够近，并且该区域附近出现的正包数越多，反包示例出现的越远。定义第 i 个正包为 B_i^+，B_{ij}^+ 表示第 i 个正包的第 j 个示例，B_{ijk}^+ 表示第 i 个正包的第 j 个示例的第 k 个特征值；同理，第 i 个负包为 B_i^-，B_{ij}^- 表示第 i 个负包的第 j 个示例，B_{ijk}^- 表示第 i 个负包的第 j 个示例的第 k 个特征值。令正确的概念是一个单一的点 t，则可通过遍历所有点，最大化 $P_{\mathrm{r}}(x = |t|B_1^+, \cdots, B_n^+, B_1^+, \cdots, B_m^+|)$ 来确定 t。根据贝叶斯定理，同时假设各个包是相互独立的，最好的假设转化为

$$\arg\max_i \prod_i P_{\mathrm{r}}(x = t|B_i^+) \prod_i P_{\mathrm{r}}(x = t|B_i^-) \tag{6.2}$$

式 (6.2) 就是多样性密度的一般定义，这表明包中只要至少有一个点离 t 距离够近，这样的结果是正包的概率就会很大。Maron 采用了 Noisy-or 方法进行实例化：

$$P_{\mathrm{r}}(x = t|B_i^+) = 1 - \prod_j (1 - P_{\mathrm{r}}(x = t|B_i^+)) \tag{6.3}$$

$$P_{\mathrm{r}}(x = t|B_i^-) = 1 - \prod_j (1 - P_{\mathrm{r}}(x = t|B_i^-)) \tag{6.4}$$

式 (6.3) 和式 (6.4) 表明包中所有的点都距离 t 足够远，这样的结果是负包的概率将会很大。它们非常准确地实例化了多示例的特点。它们将示例与目标之间的距离定义为该示例出现在目标处的因果概率，即

$$P_{\mathrm{r}}(x = t|B_{ij}) = \exp\left(-\|B_{ij} - x\|^2\right) \tag{6.5}$$

算法使用梯度下降方法来寻找具有最大多样性密度的点，把每个正包中的每个示例都作为候选示例进行全局搜索可以避免产生局部最优解。如果使用常规的

密度计算方法 (将正包的分布相加并减去负包的分布)，这样将很容易找到全局最大点，并且是我们需要的结果。

可是对麝香的数据采用多样性密度算法，其性能没有 Iterated-discrim APR 算法那么好，但毕竟它是第一个用于麝香分子测试的算法。值得一提的是，2002 年，Zhang 和 Goldman 通过结合多元密度与 EM，提出了 EM-DD 算法[16] 并在当时的麝香数据测试出其优越的性能。

2) Citation-kNN 算法

2000 年，Wang 和 Zucker 扩展了消极学习算法 k-近邻 (k-nearest neighbor) 算法，通过这种方法来解决多示例学习问题，提出了 Citation-kNN 算法[17]。该算法是一种最近邻居算法，借用了文献中的引用 (citation) 和参考 (reference) 的概念。因此在对某包的分析中，不仅考虑到包的相邻包，同样考虑把该包当做相邻的包。对于任何最近邻形式的算法，最关键之处在于对不同对象之间距离的度量的定义。在 Citation-kNN 算法中，采用豪斯多夫距离 (Hausdoeff distance) 来度量包与包之间的距离，这就区别于标准的 k-近邻算法的立足于度量示例之间的距离。

在标准的 k-近邻算法中，每一个对象或是示例可以表示为一个特征空间中的特征向量，两个特征向量 a 和 b 之间的距离，通常是欧氏距离，可以表示为

$$\mathrm{Dist}(a,b)=\|a-b\| \tag{6.6}$$

但是式 (6.6) 只是度量示例间的距离，得扩展成度量包与包之间的豪斯多夫距离。假设两个包 $A=\{a_1,a_2,\cdots,a_m\}$，$B=\{b_1,b_2,\cdots,b_n\}$，其中，$a_i(1\leqslant i\leqslant m)$ 和 $b_j(1\leqslant j\leqslant n)$ 都表示示例。这样度量包之间的距离其实就是度量特征向量集之间的距离，这样包与包之间的豪斯多夫距离为

$$\mathrm{Dist}(A,B)=\min_{\substack{1\leqslant i\leqslant m\\ 1\leqslant j\leqslant n}}(\mathrm{Dist}(a_i,b_j))=\min_{a\in A}\min_{b\in B}\|a-b\| \tag{6.7}$$

式 (6.7) 是 Wang 和 Zucker 关于最小豪斯多夫距离的基本定义。这样很自然地会认为一个正的包最近的 k 个包中，正的包要比负的包多；一个负的包最近的 k 个包中，负的包要比正的包多。通常情况下这是符合的，但是也有特殊情况，因为这种传统的 kNN 方法似乎并非是最优化的，所以简单地将 kNN 和豪斯多夫距离相加应用到多示例问题上并不十分理想。一种解决方案是立足于修改包之间的距离度量，另一种则是修改邻近包的结合，将引用集和参考集结合起来，这样就提高了准确率。

3) BP-MIP 算法

人工神经网络[18] 是一种非线性学习方法，具有分类效率高、鲁棒性好的特点。2002 年，南京大学 Zhou 等通过设计一个新颖的多示例误差函数，将人工神经

网络应用于多示例学习中，提出了多示例神经网络算法 BP-MIP 算法[19]。BP-MIP 算法通过比较网络的实际输出和目标输出计算出一个误差，将该误差反馈到输入层修正网络的权值等参数信息，从而得到了多示例神经网络算法 BP-MIP。用公式表示为

$$E=\sum_{i=1}^{N}\frac{1}{2}\left(\max_{1\leqslant j\leqslant M_j} o_{ij}-d_i\right)^2 \tag{6.8}$$

其中，o_{ij} 为第 i 个包的第 j 个示例上的输出，d_i 为第 i 个包的目标输出，N 表示有 N 个包, M_j 表示第 j 个包中的示例个数。表示在训练包中，如果是理想状态，也即正包中至少有一个示例被预测为正，或者负包中所有的示例被预测为负，那么这个包的错误为零，并且网络的权值将不会改变。不然的话，权值将根据包中实际输出最大的示例的错误进行更新。南京大学 Zhang 等又改进了 BP-MIP 算法，提出了一种 BP-MIP-PCA 算法[20]。

4) mi-SVM 算法和 MI-SVM 算法[21]

基于支持向量机的多示例学习算法，其大体可以分为两类: 基于样本的多示例学习方法 (mi-SVM) 和基于包的多示例学习方法 (MI-SVM)[5]。

基于样本的支持向量机算法 mi-SVM 要为示例确定一个最优超平面 margin，目的是要保证正半空间里，每个正包必须至少包含一个正示例；所有的负包都在负半空间里，最后再用 SVM 设计分类器。mi-SVM 方法的最大化最优超平面 margin 是基于包中单个样本的。而基于包的支持向量机算法 MI-SVM 立足于从每个正包中选出一个最正的样本作为正样本，然后再把这些样本和其他负包中的样本放在一起，最后再用 SVM 设计分类器。MI-SVM 方法的最大化最优超平面 margin 是基于单个包的[8]。

mi-SVM 的目标函数如式 (6.9) 所示。

$$\begin{gathered}\text{mi-SVM}:\min_{\{y_i\}}\min\frac{1}{2}\|w\|^2+C\sum_i\xi_i\\ \text{s.t. }\forall i: y_i(\langle w,x_i\rangle+b)\geqslant 1-\xi_i,\xi_i\geqslant 0,y_i\in\{-1,1\}\\ \sum_{i\in I}\frac{y_i+1}{2}\geqslant 1,\forall I\quad \text{s.t. } Y_I=1,\quad 和\quad y_i=-1,\forall I\quad \text{s.t. } Y_I=-1\end{gathered} \tag{6.9}$$

MI-SVM 的目标函数如式 (6.10) 所示。

$$\begin{gathered}\text{MI-SVM}:\min_{\{w,b,\xi\}}\frac{1}{2}\|w\|^2+C\sum_I\xi_i\\ \text{s.t.}\quad \forall I: Y_i\max_{\{i\in I\}}(\langle w,x_i\rangle+b)\geqslant 1-\xi_I,\xi_I\geqslant 0\end{gathered} \tag{6.10}$$

6.3 模糊 K 均值聚类方法

模糊 K 均值[22,23] 是把 N 个向量 $x_i(i=1,2,\cdots,N)$ 分为 K 个模糊组，并求每组的聚类中心，使得非相似性指标的价值函数达到最小。模糊 K 均值与 K 均值的主要区别在于模糊 K 均值用模糊划分，使得每个给定数据点用值在 $[0,1]$ 的隶属度来确定其属于各个组的程度。为了与引入模糊划分相适应，隶属矩阵允许 0 与 1 间的值。加上归一化的规定，一个数据集的隶属度的和总等于 1。

$$\sum_{k=1}^{K} u_{ki} = 1, \forall i = 1,2,\cdots,N \tag{6.11}$$

那么，模糊 K 均值的目标函数的一般化形式为

$$\begin{aligned} &J(U,m_1,m_2,\cdots,m_k) = \sum_{k=1}^{K} J_k = \sum_{i=1}^{N}\sum_{k=1}^{K} u_{ki}^m d_{ki}^2 \\ &d_{ki} = \|x_i - m_k\| \end{aligned} \tag{6.12}$$

其中，$u_{ki}\in[0,1]$，模糊组 K 聚类中心为 m_k，则

$$\bar{J}(U,m_1,m_2,\cdots,m_K,\lambda_1,\lambda_2,\cdots\lambda_N) = J(U,k) + \sum_{i=1}^{N}\lambda_i \sum_{k=1}^{K} u_{ki}^m - 1 \tag{6.13}$$

为第 k 个聚类中心 m_k 与第 i 个数据点间的欧氏距离；$m\in[1,\infty)$，为加权指数。

构造如下新的目标函数，求使得目标函数达到最小值的必要条件：

$$\begin{aligned} &\bar{J}(U,m_1,m_2,\cdots,m_K,\lambda_1,\lambda_2,\cdots\lambda_N) = J(U,k) + \sum_{i=1}^{N}\lambda_i\left[\sum_{k=1}^{K} u_{ki}^m - 1\right] \\ &= \sum_{i=1}^{N}\sum_{k=1}^{K} u_{ki}^m d_{ki}^2 + \sum_{i=1}^{N}\lambda_i\left[\sum_{k=1}^{K} u_{ki}^m - 1\right] \end{aligned} \tag{6.14}$$

此处 λ_i 中，$i=1$，2，$\cdots$，N 是式 (6.11) 中每个像元构成 N 个约束式的拉格朗日乘数因子。对所有输入参量求导，使式 (6.14) 达到最小的必要条件为

$$m_k = \frac{\sum_{i=1}^{N} u_{ki}^m x_i}{\sum_{i=1}^{N} u_{ki}^m}, i=1,2,\cdots,N \tag{6.15}$$

其中，

$$u_{ki} = \frac{1}{\sum_{j=1}^{K}\left[\frac{d_{ki}}{d_{ji}}\right]^{2/(m-1)}}, \quad k,j=1,2,\cdots,K \tag{6.16}$$

由上述过程，模糊 K 均值聚类算法是一个迭代过程。模糊 K 均值用下列步骤确定聚类中心 m_k 和隶属矩阵 U。步骤为：① 用值在 [0,1] 范围的随机数初始化隶属矩阵 U，使其满足式 (6.11) 中的约束条件。② 用式 (6.15) 计算 k 个聚类中心 $m_k(i=1,2,\cdots,N)$。③ 根据式 (6.12) 计算价值函数。如果它小于某个确定的阀值，或它相对上次价值函数值的改变量小于某个阀值 (由于大部分收敛都发生在早期阶段，因此此处阀值一般可以取值为 0.01)，则算法停止。④ 用式 (6.16) 计算新的 U 矩阵，返回② 。

上述算法也可以先初始化聚类中心，然后再执行迭代过程。由于不能确保模糊 K 均值收敛于一个最优解，算法的性能依赖于初始聚类中心。因此，可以使用其他的快速算法确定初始聚类中心，或者每次用不同的初始聚类中心运行该算法，获得最佳效果。

6.4 基于多示例学习和支持向量机的高光谱遥感影像分类方法

6.4.1 波段选择

高光谱影像首先进行降维，本章是基于多示例学习的分类方法研究，降维采用本书第 2 章、第 3 章以及第 4 章提出的三种方法进行波段选择，并一一进行比较。

6.4.2 分割提取空间特征

跟其他三种机器学习框架相比，MIL 训练样本的 “歧义性” 与 “特殊性” 弥补了以往机器学习研究的一个盲区，使其成为近十年来国际机器学习研究中的热点。遥感影像中 “同物异谱”“异物同谱” 现象、遥感影像分类过程中训练样本的噪声及混合像元都是 “歧义性” 的表现。因此，把 MIL 处理 “歧义性” 问题的优势应用在遥感影像分类中是可行的。在 MIL 用于图像问题中，分割和聚类是两种常用的获取多示例包的技术手段。在波段选择的基础上，采用目前常用的也是最流行的分水岭分割算法，通过分割生成一个个对象，将对象的属性作为多示例学习中的示例，这些属性特征有：均值、标准差、偏度、方差、熵、归一化植被指数 (NDVI) 以及归一化水体指数 (NDWI)。然后在所选择的波段上计算每个对象的以上七种特征，假设所选的波段数为 n，则每个对象被表示成一个 $7n$ 维空间中的一个点。

6.4.3 聚类生成多示例包

分水岭变化算法在对影像分割生成一个个对象作为示例后，通过人工选择示例构成训练样本包，用聚类算法获取未知包，新包标记为与之最近的最大多样性示例类别。也就是说所生成包的数量完全是由聚类算法决定的。

6.4.4 算法实现流程

基于多示例学习的分类算法流程图如图 6.5 所示，算法步骤如下：

① 分别采用第 2 章的 SAGA-SVM 算法选出的波段，第 3 章的 SAGA-CFI-SVM 算法选出的波段以及第 4 章的 PSO-EB 算法选出的波段进行降维。② 采用常用的分水岭算法分割获取对象。③ 在波段选择方法选出的每个波段计算对象属性构造属性空间。④ 用模糊 K 均值算法进行聚类生成多示例包。⑤ 为每类地物选择示例组成训练样本包，并用支持向量机进行分类。⑥ 求得分类结果。

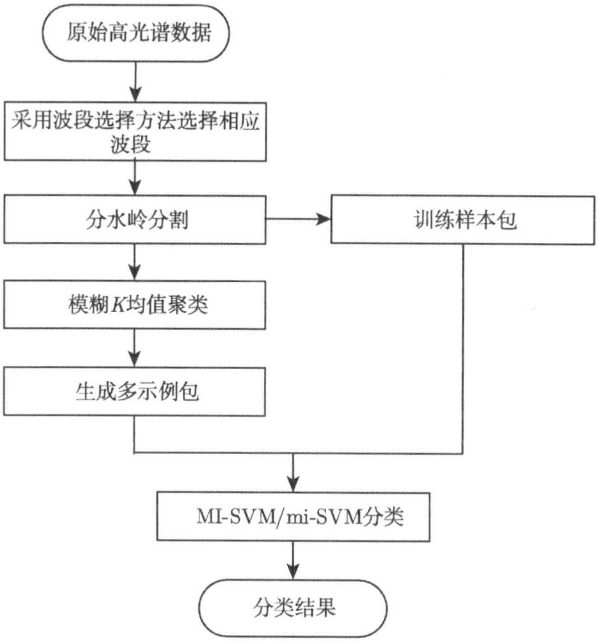

图 6.5 基于多示例学习和支持向量机的分类算法流程图

6.5 实验与分析

6.5.1 AVIRIS 高光谱数据实验

在选定了相应的波段后，选择 7 类地物进行分类，这里采用的是基于多示例学习的方法，训练样本和测试样本也仍按照约为 1:3 的比例来选取，具体选取的训练样本和训练包的情况如表 6.1 所示。

表 6.1　训练样本和训练包类别及选取数目

类别	类别 1	类别 2	类别 3	类别 4	类别 5	类别 6	类别 7
训练样本数目	48	485	632	86	777	749	163
训练包数目	1	10	12	2	16	15	3

将第 2 章提出的基于模拟退火遗传算法的波段选择方法 (SAGA)、第 3 章提出的基于模拟退火遗传算法和 Choquet 模糊积分的波段选择方法 (SAGA-CFI) 以及第 4 章提出的基于信息论准则和类间可分离性准则的粒子群优化算法的波段选择方法 (PSO-EB) 分别结合本章所提出的基于支持向量机的多示例学习分类方法 (MI-SVM 和 mi-SVM) 进行分类实验，并分别表示为：SAGA-MI-SVM 和 SAGA-mi-SVM、SAGA-CFI-MI-SVM 和 SAGA-CFI-mi-SVM、PSO-EB-MI-SVM 和 PSO-EB-mi-SVM。各方法总体分类精度和 Kappa 值如表 6.2 所示。

表 6.2　AVIRIS 实验总体分类精度及 Kappa 值

分类算法	总体分类精度/%	Kappa 值
SVM	86.72	0.8315
GA-SVM	91.68	0.8978
SAGA-SVM	92.08	0.9011
SAGA-CFI-SVM	93.01	0.9114
PSO-EB-SVM	92.76	0.9046
SAGA-MI-SVM	92.25	0.9023
SAGA-mi-SVM	93.13	0.9106
SAGA-CFI-MI-SVM	93.33	0.9123
SAGA-CFI-mi-SVM	93.85	0.9159
PSO-EB-MI-SVM	92.81	0.9048
PSO-EB-mi-SVM	93.18	0.9109

由此看来，在基于像元的高光谱影像降维分类中，SAGA-CFI-SVM 分类的精度和 Kappa 值最大；在基于包的高光谱影像降维分类中，SAGA-CFI-mi-SVM 的分类总体精度和 Kappa 值最大，这两点基于模拟退火遗传算法和 Choquet 模糊积分的波段选择方法比本章研究的其他算法有效。另外，所有基于包的分类精度和 Kappa 值都比基于像素点的分类精度和 Kappa 值大，这充分体现了基于多示例学习的分类方法的优越性。另外，基于样本的支持向量机的多示例学习方法比基于包的支持向量机的多示例学习方法的分类精度要高。通常来说，无论是基于像元的还是基于多示例包的分类方法，基于 SAGA-CFI 的分类精度比基于 PSO-EB 的分类精度要高一些。各种分类算法的分类结果如图 6.6 所示。

(a) SAGA-MI-SVM分类图

(b) SAGA-mi-SVM分类图

(c) SAGA-CFI-MI-SVM分类图

(d) SAGA-CFI-mi-SVM分类图

(e) PSO-EB-MI-SVM分类图

(f) PSO-EB-mi-SVM分类图

图 6.6 不同算法的分类结果

6.5.2　HYDICE 高光谱数据实验

各种分类算法的总体分类精度及 Kappa 值如表 6.3 所示，分类结果如图 6.7 所示。

表 6.3　HYDICE 实验总体分类精度及 Kappa 值

分类算法	总体分类精度/%	Kappa 值
SVM	86.72	0.8315
GA-SVM	90.67	0.8826
SAGA-SVM	92.49	0.9030
SAGA-CFI-SVM	93.15	0.9120
PSO-EB-SVM	92.72	0.9021
SAGA-MI-SVM	92.32	0.9041
SAGA-mi-SVM	93.40	0.9126
SAGA-CFI-MI-SVM	93.35	0.9128
SAGA-CFI-mi-SVM	93.98	0.9177
PSO-EB-MI-SVM	92.75	0.9046
PSO-EB-mi-SVM	93.29	0.9119

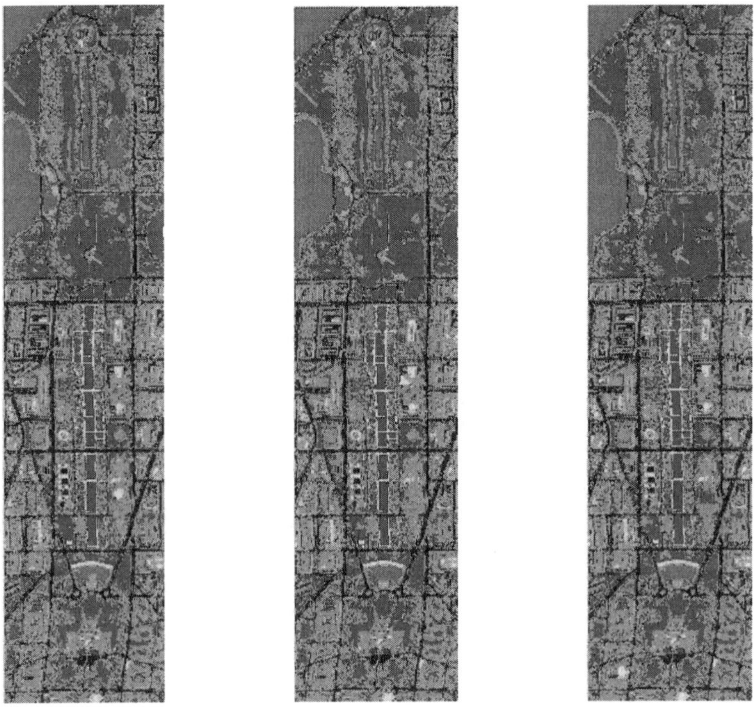

(a) SAGA-MI-SVM分类图　(b) SAGA-mi-SVM分类图　(c) SAGA-CFI-MI-SVM分类图

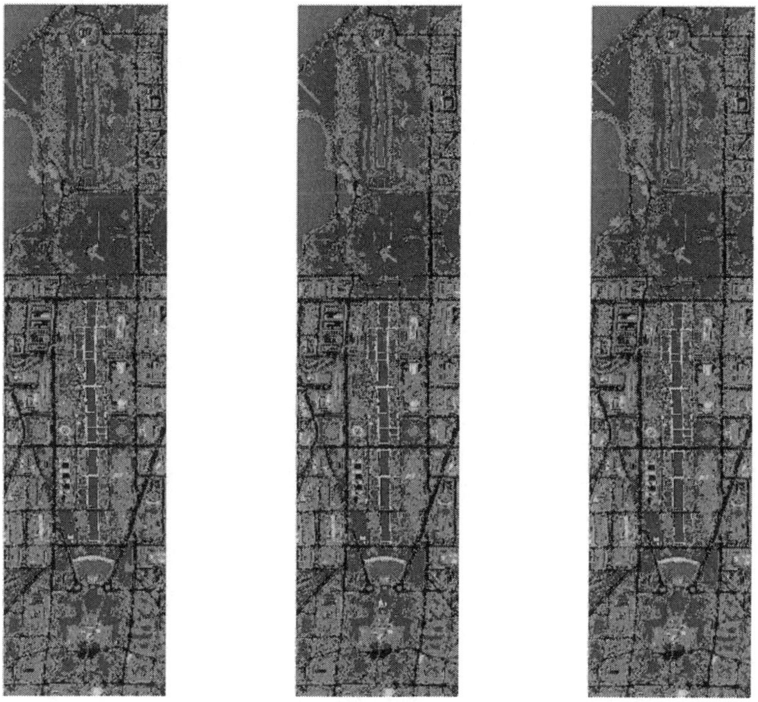

(d) SAGA-CFI-mi-SVM分类图 (e) PSO-EB-MI-SVM分类图 (f) PSO-EB-mi-SVM分类图

图 6.7 不同算法的分类结果

参 考 文 献

[1] Tarabalka Y, Fauvel M, Chanussot J, et al. SVM-and MRF-based method for accurate classification of hyperspectral images [J]. IEEE Geoscience and Remote Sensing Letters, 2010, 7(4): 736-740.

[2] Du P, Tan K, Xing X. Wavelet SVM in reproducing kernel Hilbert Space for hyperspectral remote sensing image classification [J]. Optics Communications, 2010, 283(24): 4978-4984.

[3] Amores J. Multiple instance classification: Review, taxonomy and comparative study[J]. Artificial Intelligence . 2013, 201(4): 81-105.

[4] Zhang K, Song H. Real-time visual tracking via online weighted multiple instance learning[J]. Pattern Recognition . 2013, 46(1): 397-411.

[5] Qi Z, Tian Y, Shi Y. Multi-instance classification based on regularized multiple criteria linear programming [J]. Neural Computing & Applications, 2013, 23(3-4): 857-863.

[6] Gao H, Zhou H, Xu L, et al. Classification of hyperspectral remote sensing images based on simulated annealing genetic algorithm and multiple instance learning [J]. Journal of

Central South University, 2014, 21(1): 262-271.

[7] 高红民, 李臣明, 王艳, 等. 混合编码差分进化粒子群算法及多示例学习的高光谱影像降维与分类 [J]. 中国图象图形学报, 2015, 20(12): 1689-1698.

[8] Gartner T, Flach P A, Kowalezyk A, et al. Multi-instance kernels [C]// Proceedings of the 19th International Conference on Machine Learning, Sydney, Australia: Institute of Electrical and Electronics Engineers Computer Society, 2002, 2: 179-186.

[9] 陈杰, 邓敏, 尚鹏峰, 等. 粗糙集高分辨率遥感影像面向对象分类 [J]. 遥感学报, 2010, (6): 1139-1155.

[10] Dunn D, Higgins W E. Optimal Gabor filters for texture segmentation[J]. IEEE Transactions on Image Processing. 1995, 4(7): 947-964.

[11] Pawlak Z. Rough sets[J]. International Journal of Computer and Information Sciences, 1982, 11(5): 341-356.

[12] 杨长保, 丁继红. 面向对象的遥感图像分类方法研究 [J]. 吉林大学学报 (地球科学版), 2006, 36(4): 642-646.

[13] 谭玉敏, 槐建柱, 唐中实. 一种融合边缘信息的面向对象遥感图像分割方法 [J]. 光谱学与光谱分析, 2010, (6): 1624-1627.

[14] Dietterich T G, Lathrop R H, Lozano-Pérez T. Solving the multiple-instance problem with axis-parallel rectangles [J]. Artificial Intelligence, 1997, 89(1): 31-71.

[15] Maron O, Lozano-Pérez T, A framework for multiple-instance learning[J]. Advances in Neural Information Processing Systems , Cambridge, MA: MIT Press, 1998: 570-576.

[16] Zhang Q, Goldman S A.EM-DD: an improved multiple-instance learning technique[C] //Advances in Neural Information Processing Systems. 2001: 1073-1080.

[17] Wang J, Zucker J D. Solving the multiple-instance problem: A lazy learning approach[C]. Proc of the 17th Int Conf on Machine Learning. San Francisco, 2000: 1119-1125.

[18] 路晶, 马少平. 使用多例学习的启发式 SVM 算法的图像自动标注 [J]. 计算机研究与发展, 2009, 46(5): 864-871.

[19] Zhou Z H, Zhang M L. Neural networks for multi-instance learning [C]//Proceedings of the International Conference on Intelligent Information Technology, Beijing, 2002: 455-459.

[20] Zhang M L, Zhou Z H. Improve multi-instance neural networks through feature selection[J]. Neural Processing Letters, 2004, 19(1): 1-10.

[21] Andrews S, Tsochantaridis I, Hofmann T. Support vector machines for multiple-instance learning[C]//Advances in Neural Information Processing Systems, 2002: 561-568.

[22] Li M J, Ng M K, Cheung Y, et al. Agglomerative fuzzy k-means clustering algorithm with selection of number of clusters[J]. IEEE Transactions on Knowledge and Data Engineering, 2008, 20(11): 1519-1534.

[23] 刘明术. 基于 K-均值聚类的混合聚类算法 [J]. 安庆师范学院学报 (自然科学版), 2016, 22(1): 40-42.

第 7 章　基于 JSEG 与归一化互信息的高分辨率遥感影像配准

本章针对高分辨率遥感影像的图像配准问题进行研究，提出一种基于 JSEG 与归一化互信息的高分辨率遥感影像配准方法。首先，它提出了一种基于分块策略的自适应控制点提取方法，实现了多尺度 J-image 影像中的控制点提取；其次，定义了自适应控制点提取策略以约束控制点的分布；再采用归一化的互信息测度 NMI 对控制点进行多尺度匹配；最后，采用 Delaunay 三角形局部变换实现几何校正。通过实验证明，本章提出的方法配准精度高，且对噪声干扰具有良好的鲁棒性。

7.1　问题分析

图像配准是对同一场景中两幅或者多幅不同时相、不同视角的影像进行对应和匹配的过程，是图像融合及变化检测的必要前提[1−5]。因此，本章首先对高分辨率遥感影像配准技术开展研究。

7.1.1　图像配准的基本框架

随着高分辨率遥感影像的广泛应用，针对高分辨率遥感影像的图像配准研究成为遥感应用研究领域的一个重要课题。图像配准的基本框架主要包含以下几个方面的内容[6]：

(1) 特征空间，是指在参考影像与待配准影像中提取的图像特征，主要包括灰度特征、点特征、边缘特征以及不变矩结构特征等。

(2) 搜索空间，是指图像配准在几何校正时变换的范围及采用的方式。其中，变换范围包括全局、局部以及位移场三种类型。变换方式分为线性变换和非线性变换，线性变换又可分为刚体变换、投影变换以及仿射变换三种类型。

(3) 相似性度量，是指用于对变换结果的优劣进行评价的准则。常见的相似性度量有互信息、归一化互信息、欧氏距离、联合熵和梯度互相关性等。通常认为特征提取与相似性度量直接决定了配准算法的鲁棒性。

(4) 搜索策略，是指用于在搜索空间中寻找最优的配准参数，并以相似性度量作为评判的依据。常见的搜索策略包括蚁群算法、遗传算法、抛物线法、Powell 法和牛顿法等。

7.1.2 图像配准的分类

目前图像配准方法还没有统一的分类规则，通常情况下主要可分为基于灰度的图像配准以及基于特征的图像配准[7]。

基于灰度的配准方法直接利用影像的灰度值建立参考影像与待配准影像的空间变换关系，其基本思想为：首先对待配准影像进行几何变换，而后建立参考影像与待配准影像之间的相似性度量，即在统计影像灰度信息的基础上定义一个目标函数。将该目标函数作为评价配准结果优劣的判别准则以及几何配准参数最优化的目标函数，使得影像配准问题转化为求该目标函数的极值问题。最后，采用一系列最优化方法确定最优配准参数。

尽管基于灰度的配准方法直观而且易于实现，但计算相似性度量时通常以模板所在位置为中心，因而形成的峰面较为平缓，难以获得精确的配准结果。此外，由于存在光照条件变化、传感器类型不同等因素，多时相高分辨率遥感影像配准中常存在较大的灰度、旋转等差异，基于灰度的配准方法对这些干扰因素的鲁棒性较差。而基于特征的配准方法能够有效克服这些问题，因此目前高分辨率遥感影像配准主要采用基于特征的配准方法[8−10]。

基于特征的配准方法利用图像的特征作为配准的依据，这些特征应具有对灰度变换及空间变换不敏感的特点，从而使方法具有更好的可重复性与稳定性，常见的特征包括角点、边缘特征等[11]。基于特征的配准方法基本步骤为[12]：

Step1 对图像进行预处理，以降低或消除参考影像与待配准影像之间的几何形变以及灰度偏差，减少对配准过程的影响。

Step2 选择或定义合适的特征，还可以采用 SIFT 等特征提取算子实现特征自动提取。若采用角点特征 (控制点) 进行匹配，还应使控制点在影像中标识出明显的地形地物，并保证一定的数量及合理的分布。

Step3 选择或定义合适的匹配策略，将满足条件的控制点对作为一对同名点，获得所需的同名点集。

Step4 根据同名点集建立参考影像与待配准影像间的映射关系，并根据坐标及参考影像对待配准影像进行重采样，获得最终的配准结果。

在多种基于特征的配准方法中，基于点特征的配准方法的应用及研究最为广泛[13]。其基本思想为：首先提取图像中的控制点，进而基于控制点的局部灰度、梯度等特征以及控制点之间的几何关系获得同名点对的集合，从而实现图像间的完全配准。其优点在于只对控制点进行匹配，与计算所有像素相比能够显著减少计算量；控制点在提取过程中能够有效减少灰度差异、几何形变、噪声以及其他干扰因素的影响，因而具有很好的鲁棒性；基于控制点的相似性度量对位置变化敏感，能有效提高配准精度；同名点集可以直接用于计算参考影像与待配准影像间的空间变换关系。基于这些优点，基于点特征的影像配准方法通常能够实现快速准确的高精度图像配准，同时具有广泛的适用性，是目前主流的图像配准方法，也代表了图像配准技术的发展方向。

7.1.3 存在的问题与研究思路

针对几何配准误差对变化检测精度的影响，目前已有很多学者展开了深入的研究。如 Dai 等的研究表明，影像间错误的位置匹配会导致 “过变化检测”[14]。而 Verbyla 等则认为，由于影像纠正模型中不可避免地存在残差，因此几乎没有完全精确的影像匹配，这就导致了检测结果中的 “伪变化” 是几何配准误差在变化检测中的必然产物[15]。在 Townshend 等对多时相 NDVI (normalized difference vegetation index) 影像进行差值比较的变化检测中，至少 40%是由于亚像素级别的配准误差造成的[16]。Dai 等的研究成果表明，在中、低分辨率遥感影像变化检测中，只有配准精度达到五分之一像素才能够获得 90%的变化检测精度[17]。而高分辨率遥感影像变化检测更容易受到配准误差的影响，因此无论采用哪种具体的变化检测方法，精确的几何配准都是成功的前提和保证[18]。

随着遥感影像空间分辨率的不断提高，遥感影像提供了更加丰富的特征信息用以表达地物。此外，与中、低分辨率遥感影像相比，高分辨率遥感影像在不同时间尺度 (时间尺度也叫做时间分辨率，是指在同一位置连续采集的图像之间的时间间隔) 中地物特征随着季节变化所产生的状态差异更加突出。同时，由于传感器内部成像系统以及地形起伏、云层遮挡、卫星轨道变化、飞行器姿态不稳定等造成的非线性畸变等干扰因素对配准造成的影响也更加明显[19]。针对这些问题，基于点特征的配准方法能够提供一条有效的解决途径[20]。通过基于点特征配准方法的基本思想及实现流程可以看出，特征空间中控制点的合理选择及控制点间的精确匹配是提高配准精度的关键因素。

根据高分辨率遥感影像的特点，采用多尺度下的控制点提取与匹配能够获得更加可靠的同名点集，因而高分辨率遥感影像越来越多地受到重视[10]。目前常见的多尺度分析工具主要包括小波变换 (wavelet transform)、轮廓波变换 (contourlet transform)[21]、非下采样轮廓波变换 (non-subsampled contourlet transform, NSCT)[22] 等，例如 Zavorin 等提出了一种基于小波金字塔的高分辨率遥感影像配准算法，能够在多源传感器影像配准中取得良好的效果[23]。Chen 等选择 NSCT 进行多尺度控制点提取及同名点匹配，显著提高了配准精度[24]。尽管多尺度分析工具有利于更加准确地提取图像的特征，但基于小波变换的方法通常会忽略 45° 方向子带的信息，且不具有平移不变性[25]；而基于轮廓波变换以及 NSCT 的方法同样存在对方向选择敏感的问题，即选择不同方向的高频子带会直接影响图像的配准精度，降低了算法的稳定性与鲁棒性。另外，在选择地面控制点时，应考虑如下几个因素：应选择场景中具有显著定位标志的位置，例如道路的交叉口、建筑物边界等；应确保同名点对应的地物不随时间的变化而变化；应使地面控制点合理地分布于整个场景中，以免在控制点密集区陷入局部最优。尤其在高分辨率遥感影像内，受到大气折射、地形起伏、地球曲率等诸多因素的影响，场景中通常存在不规则的局部形变。为保证配准精度及减少局部形变对配准造成的影响，内部纹理特征丰富、结构复杂的对象应采用较多的同名点对进行标记；而对于纹理特征单一、结构简单的局部区域提取少量同名点对即可。现有多尺度配准算法约束控制点分布时，通常选择在某一特定尺寸窗口内提取一定数量的控制点，因此难以保证同名点集的合理分布。最后，目前基于点特征的影像配准中所采用的控制点匹配策略通常只考虑了局部区域的灰度统计特征，而忽略了原始影像中的纹理、尺度等特征，容易受到噪声等因素的干扰，降低了同名点集的可靠性，增加了误匹配的可能[26]。

针对以上问题，本章提出了一种基于 JSEG (J-segmentation) 与 NMI (normalized mutual information，NMI) 的高分辨率遥感影像配准方法，主要包括以下三个步骤：① 多尺度控制点提取，② 基于 NMI 的同名点匹配，③ 基于 Delaunay 三角形局部变换的几何校正。算法的流程图如图 7.1 所示。

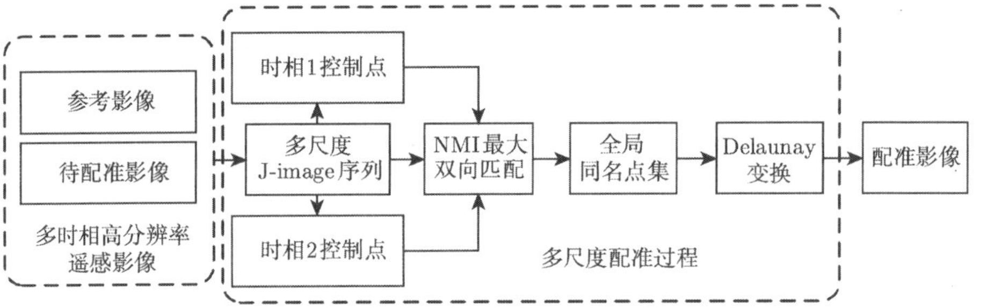

图 7.1 基于 JSEG 与 NMI 的高分辨率遥感影像配准流程图

Deng 等提出的多尺度 J-image 序列整合了原始影像的光谱、纹理和尺度特征，能够有效描述图像中的颜色分布[28]。本章将多尺度 J-image 引入到图像配准中，首先提出了一种基于分块策略的自适应控制点提取方法，实现了多尺度 J-image 影像中的控制点提取，从而克服了控制点仅对个别方向高频信息敏感的局限。同时，定义了自适应控制点提取策略以约束控制点的分布。进而采用归一化的互信息测度 NMI 对控制点进行多尺度匹配，能够有效平滑配准函数。最后采用 Delaunay 三角形局部变换实现几何校正。下文首先介绍了所提出的算法的基本原理及关键步骤，进而对三组不同类型的遥感影像进行了实验和分析，并分别与基于小波变换及 NSCT 的不同配准方法进行了比较实验。

7.2 JSEG 与 NMI 相结合的配准方法

7.2.1 多尺度控制点提取

Deng 等提出的 JSEG 算法是目前最为流行的多尺度彩色纹理分割算法之一[27]。在 JSEG 算法的分割过程中，会产生一种 J-image 影像，J-image 实质是一幅包含了尺度信息的梯度影像，反映了原始影像中以各像素为中心的特定尺寸局部区域中的光谱分布，且对单一方向上的颜色分布特征不敏感。因此，本章选择 J-image 影像作为多尺度分析工具进行控制点提取与匹配。

7.2.1.1 计算 J-image 影像序列

利用某一特定尺寸的窗口计算原始影像中每个像素对应的局部同质性指标 J-value 并作为该像素的像素值，可以获得单一尺度的 J-image 影像。J-value 的计算过程如下。

首先采用 Deng 等提出的量化方法对原始影像进行量化，从而获得量化影像[28,29]。令量化影像中每一个像素的位置 $z(x,y)$ 为像素 z 的像素值，$z\,(x,y)\in Z$。Z 为以像素 z 为中心的特定尺寸窗口内所有像素组成的集合。例如，采用图 7.2 所示的窗口作为第一尺度，以像素 z 为中心的特定窗口尺寸为 9×9 像素。则在第二尺度中，采用以 z 为中心的 18×18 像素的窗口，如图 7.3 所示。同时，为进一步减少计算量，图 7.3 中只有 “+” 代表的像素用于计算当前尺度下像素 z 的 J-value，计算各尺度下的 J-value 依此类推。为尽量保证各个方向的一致性，窗口中的角点被去除。

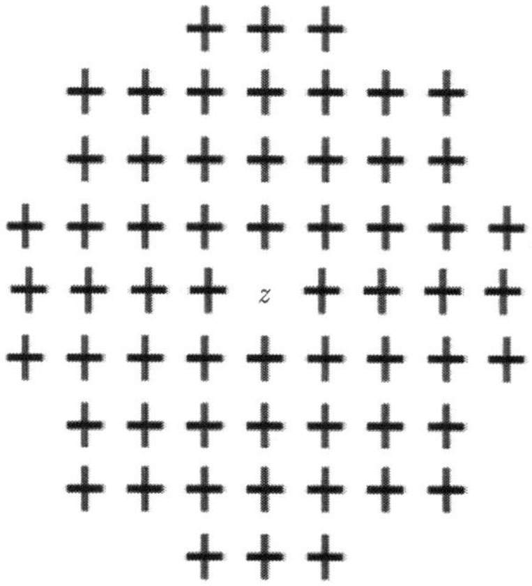

图 7.2　9×9 像素窗口

图 7.3　18×18 像素窗口

在量化影像中，定义 N 是以 z 为中心窗口中的像素总数，则均值 m 为

$$m = \frac{1}{N}\sum_{z \in Z} z(x, y) \tag{7.1}$$

定义 m_p 为窗口中属于相同灰度级 p 的所有像素的均值，Z_p 为窗口中属于灰度级 p 的所有像素的集合，P 为量化影像中的灰度级总数，则窗口中属于同一灰度级像素的方差的和 S_{W} 可定义为

$$S_{\mathrm{W}} = \sum_{p=1}^{P}\sum_{z \in Z_p} \|z - m_p\|^2 \tag{7.2}$$

定义 S_{T} 为窗口中所有像素的总体方差

$$S_{\mathrm{T}} = \sum_{z \in Z} \|z - m\|^2 \tag{7.3}$$

则 J-value 为

$$J = (S_{\mathrm{T}} - S_{\mathrm{W}})/S_{\mathrm{W}} \tag{7.4}$$

利用不同尺寸窗口分别计算不通尺度下 z 的 J-value，并作为 z 的像素值，从而获得多尺度 J-image 影像序列。根据以上 J-value 的定义，在某一尺度的 J-image 中，某一像素对应的 J-value 值越大，则越可能处于对象的边缘；反之，则可能位于对象的中心。同时，J-value 综合了原始影像所包含的光谱信息、纹理信息与尺度信息，且对方向信息不敏感，因此也可作为控制点的描述子用于同名点的匹配。

7.2.1.2 控制点提取及分布约束

根据 J-value 的定义及特点，本章提出了一种基于分块策略的自适应控制点提取方法，其核心思想是在纹理特征丰富的区域提取更多的控制点，实现流程如下：

Step1 将各个尺度的 J-image 影像等分为不同尺寸的子图像，某尺度中子图像大小与计算该尺度 J-image 影像的特定窗口尺寸大小相同，但保留角点，为 $N \times N$ 像素的正方形窗口。

Step2 在原始影像中利用式 (7.4) 计算整幅影像的 J-value 值，定义为 T_{a}。T_{a} 反映了原始影像的总体均质程度。

Step3 在某一尺度 J-image 中，分别将每个子图像中心像素的 J-valve 与 T_{a} 进行比较，若大于 T_{a}，则认为该子图像内部纹理特征丰富，结构复杂，应提取较多的控制点，取子图像中 J-value 最大的前 K 个像素作为控制点；反之，提取少量控制点即可，取子图像中 J-value 最大的前 L 个像素作为控制点，并且满足 $L \leqslant \dfrac{K}{2}$。K 和 L 的值可根据影像实际尺寸及影像纹理的复杂程度人工设定。

Step4 在所有尺度 J-image 影像中重复 Step3 的操作，实现控制点的多尺度提取及分布约束。

7.2.2 基于 NMI 的控制点匹配

在完成多尺度下的控制点提取后，需要进一步利用相似性度量对每个控制点逐一判别获得同名点集。控制点间的相似性度量通常采用以控制点为中心的局部区域的灰度统计特性作为相似性测度。因此，基于局部图像灰度特征的控制点相似性度量可以采用一些通用的基于灰度特征的图像配准方法。

互信息 (mutual information，MI) 是目前图像配准中广泛应用的一种可回溯性相似性测度，具有无需预分割、鲁棒性强以及精度高等特点[30,31]。由于无需进行预处理，即使在图像数据有部分缺失的应用场合中，依然能够取得良好的配准结果，同时也可用于多源遥感影像的配准。另外，互信息相似性测度对图像重叠区域的应用场合过于敏感，而当重叠区域减少时，意味着更少的像素参与了互信息的统计，从而降低了配准的可靠性。为克服这一局限，Studholme 等人提出的归一化的互信息测度 (normalized mutual information，NMI) 能够有效平滑配准函数，减少图像配准中互信息对重叠区域的敏感程度，使目标函数更加精确地反映配准参数与互信息量之间的关系，从而提高配准精度[32]。因此，本章选择 NMI 作为控制点相似性度量提取各尺度下的同名点对，获得全局同名点集。

7.2.2.1 计算 NMI 相似性度量

在某一尺度 J-image 中，将参考影像和待配准影像中的控制点所在区域作为两个矢量 C 和 D，计算控制点间的 NMI。所采用的窗口尺寸与计算当前尺度 J-image

所采用的特定窗口尺寸相同。首先用熵来描述互信息，熵是指平均意义上对信源表征的总体特征，可通过对可能时间上的信息量加权平均获得。定义熵 H 及互信息 $I(C,D)$ 如式 (7.5)、式 (7.6) 所示：

$$H = -\sum\nolimits_i P_i \log_2 P_i \tag{7.5}$$

$$I(C,D) = H(C) + H(D) - H(C,D) \tag{7.6}$$

其中，P_i 表示某个随机变量所有可能情况中第 i 种可能情况发生的概率。则 $H(C)$、$H(D)$、$H(C,D)$ 分别为参考影像和待配准影像中同名点对应的熵以及它们的联合熵。根据式 (7.5) 可知

$$H(C) = -\sum\nolimits_c P_C(c) \log_2 P_C(c) \tag{7.7}$$

$$H(D) = -\sum\nolimits_d P_D(d) \log_2 P_D(d) \tag{7.8}$$

$$H(C,D) = -\sum\nolimits_{c,d} P_{CD}(c,d) \log_2 P_{CD}(c,d) \tag{7.9}$$

其中，$P_C(c)$ 和 $P_D(d)$ 分别为 C 和 D 完全独立时的概率分布，P_{CD} 为 C 和 D 的联合概率分布。NMI 定义如下：

$$\mathrm{NMI} = \frac{H(C) + H(D)}{H(C,D)} \tag{7.10}$$

在参考影像及待配准影像的同一尺度 J-image 中，以控制点为中心，以计算当前尺度 J-value 的特定窗口为局部区域生成子图像，计算子图像间的 NMI 从而度量控制点间的相似性。需要指出的是，尽管计算 NMI 的过程仅对控制点所在区域的局部灰度特征进行了统计，但由于 J-image 影像中每个像素的灰度值为原始影像中每个像素对应的 J-value 值，因此根据 J-value 的定义可知，所计算的 NMI 相似性度量综合反映了控制点所在局部区域的灰度、纹理以及光谱特征的相似性，从而更加可靠。

7.2.2.2 基于 NMI 的最大双向匹配策略

为实现控制点间的准确匹配，本章提出了一种基于 NMI 的最大双向匹配策略，匹配过程如下：

Step1 在参考影像与待配准影像的同一尺度 J-image 中，NMI 最大且大于阈值 T_{NMI} 的控制点对作为一对同名点，进而得到同名点集 1。

Step2 与 Step1 计算方向相反，将待配准影像中某一控制点分别与参考影像中所有控制点进行比较，得到同名点集 2。

Step3 比较同名点集 1 和同名点集 2，将相同的同名点对作为当前尺度下获得的最终同名点集。

Step4 重复 Step1 至 Step3，对所有尺度 J-image 进行判别，并将获得的同名点对全部映射到原始影像中的相同位置。

Step5 在原始影像中采用经典的 RANSAC (random sample consensus) 算法进一步消除误匹配现象，获得最终的同名点集[33]。

7.2.3 基于 Delaunay 三角形的图像配准

由于高分辨率遥感影像中地物种类众多，纹理信息丰富，通常存在大量的局部形变，因而单纯采用基于全局多项式的映射函数难以保证配准的精度，而局部三角形变换采用局部映射函数，能够有效解决这一问题[34]。与普通三角网相比，Delaunay 三角网具有拓扑关系始终保持不变等优点，即无论从何处开始构造，所有控制点构造的 Delaunay 三角网格都是一致的[35]。因而，本章采用 Delaunay 三角网构造几何映射函数，对待配准的影像进行重采样。映射函数为

$$\begin{cases} x' = a_0 + a_1 x + a_2 y \\ y' = b_0 + b_1 x + b_2 y \end{cases} \tag{7.11}$$

其中，(x, y) 为参考影像中局部三角形的坐标，(x', y') 为待配准影像中对应局部三角形的坐标，由于构建三角形的三个控制点坐标已知，因而可直接求出式 (7.11) 中的待定系数。

7.3 实验与分析

为了验证所提算法的有效性，分别对三组来自不同传感器的高分辨率遥感影像数据集进行了实验。另外，实验结果将分别与基于小波变换的配准方法[24] 以及基于 NSCT 的配准方法[25] 进行比较。其中，基于小波变换的配准方法采用全局多项式拟合获得配准影像，基于 NSCT 的配准方法则采用 Delaunay 三角网构建映射函数。所提出的方法实验参数设定均通过多组实验选择最优值，其他方法涉及参数均参考原文献设定。

所采用的评价指标为同名点对数量、配准后影像与参考影像的相对相关系数 (comparative correlation) ρ_{corr}、均方根误差 (root-mean-square error)R_{MSE} 以及归一化均方根误差 (normalized-root-mean-square error) NR_{MSE}，定义如下：

$$\text{相对相关系数，}\rho_{\text{corr}} = 1 - \frac{\sum_{i=1}^{N}(x_i - x_i^*)^2}{\sum_{i=1}^{N} x_i^2} \tag{7.12}$$

$$\text{均方根误差，}R_{\mathrm{MSE}} = \sqrt{\frac{\sum_{i=1}^{N}(x_i - x_i^*)^2}{N}} \tag{7.13}$$

$$\text{归一化均方根误差，}NR_{\mathrm{MSE}} = \sqrt{\frac{\sum_{i=1}^{N}(x_i - x_i^*)^2}{\sum_{i=1}^{N}x_i^2}} \tag{7.14}$$

其中，N 表示配准后影像的像素个数，x_i 为配准后影像中像素 $z_i(i = 1, 2, \cdots, N)$ 的像素值，x_i^* 为 z_i 在参考影像中对应像素的像素值。在各评价指标中，相对相关系数越大，说明两幅影像越接近，理想值为 1。均方根误差及归一化均方根误差反映了样本的离散程度，参数值越小，两幅图像越接近，则配准精度越高。

7.3.1 数据集 1 实验

本章选择一组影像#1、#2 作为数据集 1 进行实验，如图 7.4、图 7.5 所示。参考影像#1 与待配准影像#2 分别为 2009 年 3 月及 2012 年 2 月获取的航空遥感 DOM (digital orthophoto map) 数据，所在地区为中国江苏省南京市河海大学江宁校区，空间分辨率为 0.5m，图像大小为 512×512 像素。

如图 7.4、图 7.5 所示，由于两时相影像均为由多幅不同视角的航空影像合成的 DOM 影像，各局部区域视角差异明显，从而造成了大量局部形变，这一现象尤其在结构复杂的人造目标及高层建筑中更为突出，因此需要更多的控制点进行校正。在实验中，计算 J-value 的窗口被设定为 20×20 像素、10×10 像素和 5×5 像素，即计算三个尺度的 J-image 影像。设定参数 $K = 6$，$L = 3$，$T_{\mathrm{NMI}} = 0.85$。基

图 7.4 参考影像#1

图 7.5 待配准影像#2

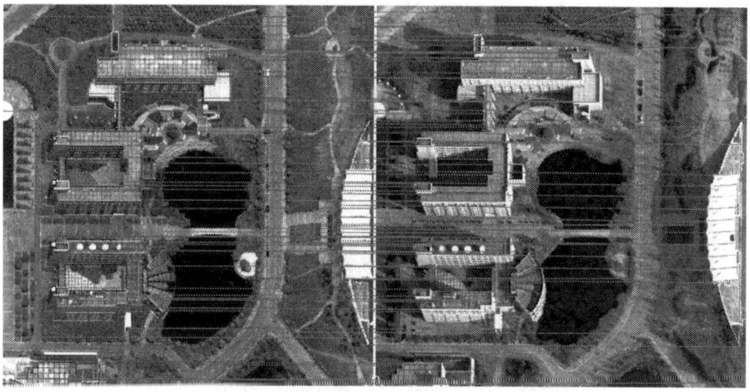

图 7.6 所提算法提取的 84 对同名点

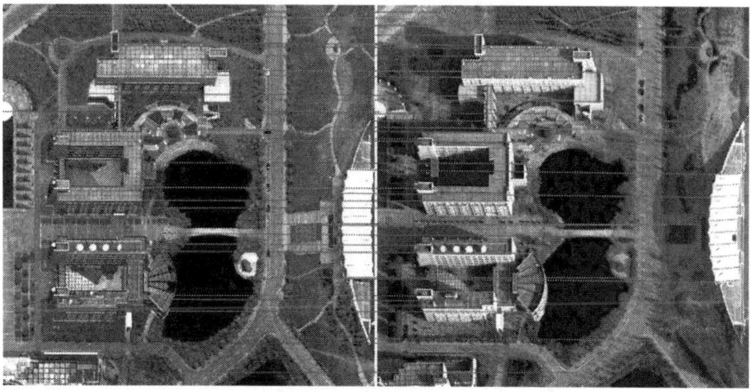

图 7.7 基于小波变换方法提取的 43 对同名点

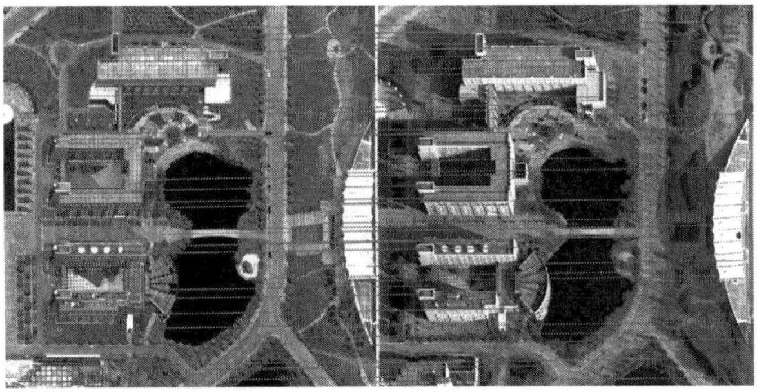

图 7.8　基于 NSCT 方法提取的 53 对同名点

于小波变换及 NSCT 的配准方法同样采用三级分解。三种方法提取的同名点集中，同名点对分布如图 7.6~ 图 7.8 所示。

三种方法所获得的配准结果如图 7.9~ 图 7.11 所示。

图 7.9　所提方法的配准结果

图 7.10　基于小波变换方法的配准结果

图 7.11 基于 NSCT 方法的配准结果

如图 7.4~ 图 7.11 所示，根据目视分析可以得出以下结论：① 本章提出的算法提取的同名点对最多，且依据局部区域的结构与纹理特征不同，合理分布于图像内部。由于本章提出了基于分块策略的自适应控制点提取方法，对于内部纹理特征丰富、结构复杂的人造建筑等区域，大量控制点标记了对象的细节特征，从而减少了视角差异等因素导致的局部形变所造成的影响；对于内部纹理均匀、结构单一的道路、湖面等区域，少量控制点即准确标记了对象所在的位置。② 由于基于小波变换与 NSCT 的配准方法在控制点提取及同名点匹配过程中都分别采用了单一的阈值进行判别，而忽略了图像中局部区域纹理特征与结构的复杂程度，因而提取到的控制点分布较为分散，难以保证最优。③ 基于小波变换的配准方法由于采用了全局多项式拟合几何校正方法，因而配准结果中对大量局部性形变区域的校正效果较差。④ 基于 NSCT 的配准方法采用了基于三角形变换的几何校正方法，因而对图像中的局部形变较为敏感。但少量控制点难以充分标记发生局部形变的区域在不同时相影像中的形状及结构差异，从而影响最终的配准精度。此外，若单纯改变阈值来增加提取控制点与同名点对的数量，又会造成计算量的指数级增长以及误匹配现象的增加。

为进一步定量分析算法的性能，精度评价结果如表 7.1 所示。通过表 7.1 可以看出：① 本章提出的算法提取到了更多的同名点对，且配准精度明显高于其他两种算法，与目视分析结果一致。② 本章方法较其他两种方法相比，由于采用的 J-image 序列作为多尺度分析工具，不存在高频子带的方向选择，因而不会忽略某一方向上的高频信息，从而提取的控制点具有更好的准确性。③ 对于局部形变较大的高分辨率遥感影像配准，采用基于三角形变换的几何校正方法优于全局多项式拟合方法。

表 7.1　提出算法与其他方法的比较

项目	提出算法	小波变换方法	NSCT 方法	精度评价
同名点对数量	84	43	53	合理分布
ρ_{corr}	0.936	0.887	0.913	越大越好
R_{MSE}	17.213	25.351	21.997	越小越好
NR_{MSE}	0.253	0.336	0.294	越小越好

7.3.2　数据集 2 实验

数据集 2 采用空间分辨率为 5m 的 SPOT 5 全色–多光谱融合影像，参考影像#3、待配准影像#4(图 7.12、图 7.13)，尺寸均为 512×512 像素。融合波段包括全色波段以及红、绿、近红外波段。#3 与#4 获取的时间分别为 2004 年 6 月及 2008 年 7 月，所在地区为中国上海。

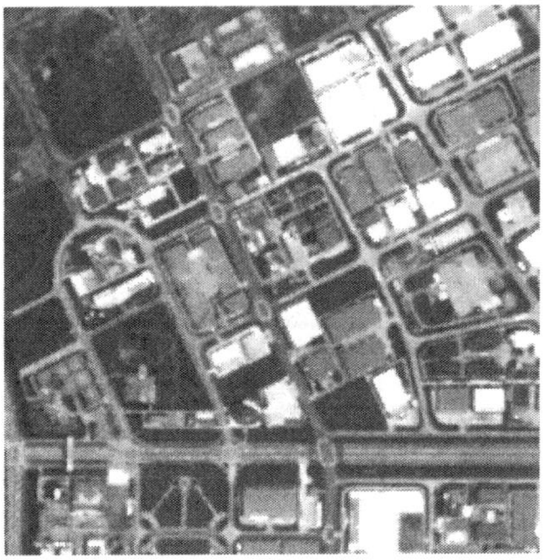

图 7.12　参考影像#3

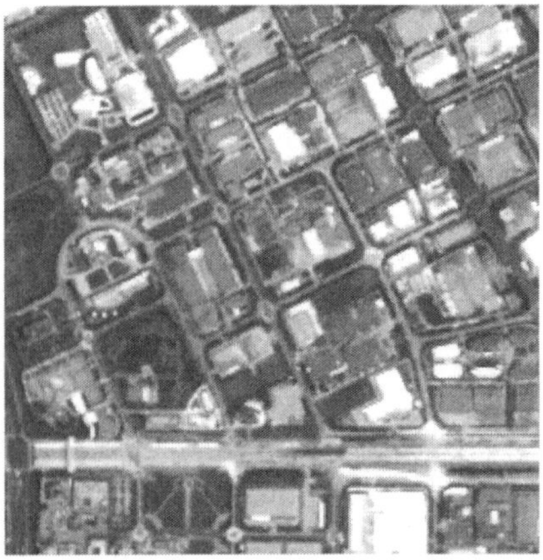

图 7.13　待配准影像#4

与数据集 1 相比，数据集 2 两幅影像空间分辨率更低，视角差异很小，且地物种类丰富，背景更加复杂。在实验中，计算 J-value 的窗口被设定为 10×10 像素、8×8 像素和 5×5 像素，即计算三个尺度的 J-image 影像。设定参数 $K=6$，$L=3$，$T_{\mathrm{NMI}}=0.9$。基于小波变换及 NSCT 的配准方法同样采用三级分解。三种方法提取的同名点集中，同名点对分布如图 7.14～ 图 7.16 所示。

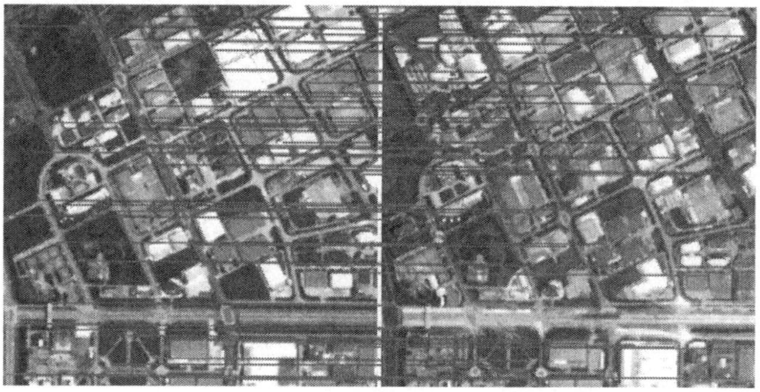

图 7.14 所提算法提取的 61 对同名点

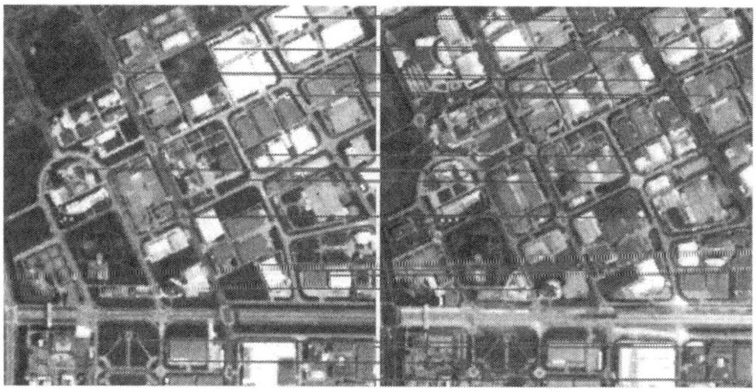

图 7.15 基于小波变换方法提取的 43 对同名点

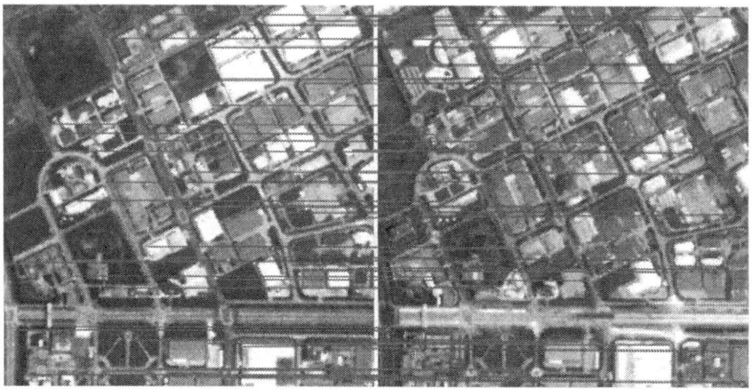

图 7.16 基于 NSCT 方法提取的 53 对同名点

三种方法所获得的配准结果如图 7.17～ 图 7.19 所示。

图 7.17 所提方法的配准结果

图 7.18 基于小波变换方法的配准结果

图 7.19 基于 NSCT 方法的配准结果

精度评价结果如表 7.2 所示。

表 7.2 所提算法与其他方法的比较

项目	提出算法	小波变换方法	NSCT 方法	精度评价
同名点对数量	61	43	53	合理分布
ρ_{corr}	0.945	0.907	0.919	越大越好
R_{MSE}	9.916	15.238	13.027	越小越好
NR_{MSE}	0.157	0.251	0.223	越小越好

通过图 7.14~ 图 7.19 及表 7.2 可以看出，目视分析结果和精度评价结果与数据集 1 基本相同，进一步验证了本章算法的有效性。另外，数据集 2 中三种算法的配准精度较数据集 1 均有所提高，主要原因是数据集 2 中视角差异更小，从而造成的局部形变区域更少。通过比较表 7.1 及表 7.2 可以看出，基于全局多项式拟合的校正方法仅在受到局部形变影响较小的图像配准中能够取得较好的效果。而采用三角形变换的校正方法除了对同名点对的准确性要求较高外，同名点对的数量及分布也会对配准精度产生重要影响。

7.3.3 数据集 3 实验

在前两组实验中，数据集 1 为航空遥感影像，数据集 2 为卫星遥感影像。为进一步验证所提出算法对高分辨率 SAR 影像配准的效果，本小节选择 ENVISAT 卫星拍摄的 ASAR (advanced synthetic aperture radar) 参考影像#5、待配准影像#6 作为数据集 3 进行实验，如图 7.20、图 7.21 所示。数据集 3 所在地为中国武汉地区，空间分辨率为 10m，采集时间分别为 2008 年 2 月和 2009 年 8 月，尺寸为 512×512 像素。

比较影像#5、#6 可以发现，数据集 3 图像数据主要由陆地、水体、湖泊构成。尽管影像采集时间间隔较短，但水域边界已发生显著变化，场景中缺乏具有显著定位标志的对象，同时存在大量相干斑噪声，这些因素都给地理位置的对准增加了困难。在实验中，计算 J-value 的窗口被设定为 10×10 像素、8×8 像素和 5×5 像素，即计算三个尺度的 J-image 影像。设定参数 $K=6$，$L=3$，$T_{\mathrm{NMI}}=0.85$。基于小波变换及 NSCT 的配准方法同样采用三级分解。三种方法提取的同名点集中同名点对分布如图 7.22~ 图 7.24 所示。

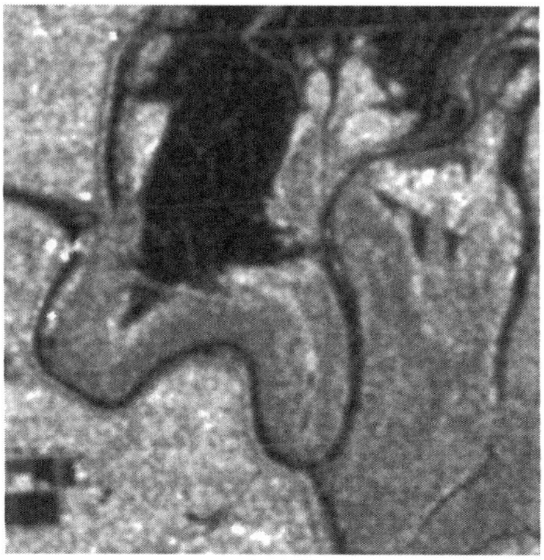

图 7.20　参考影像#5

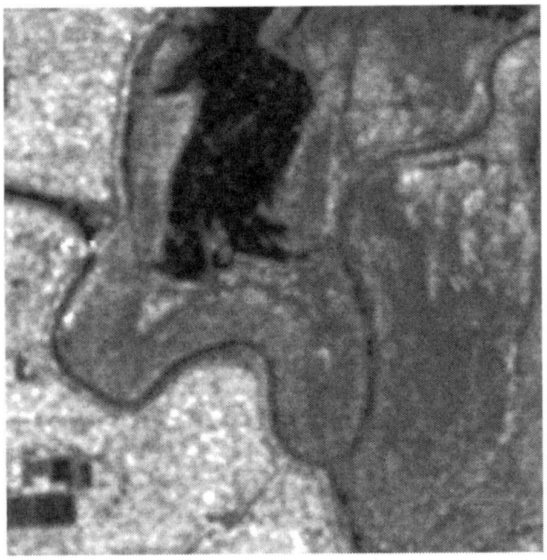

图 7.21 待配准影像#6

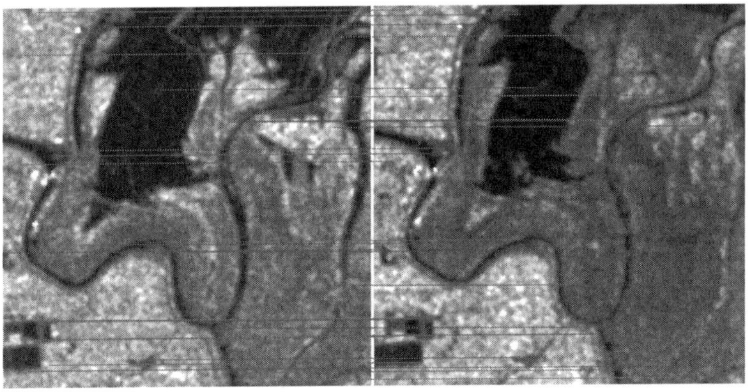

图 7.22 所提算法提取的 30 对同名点

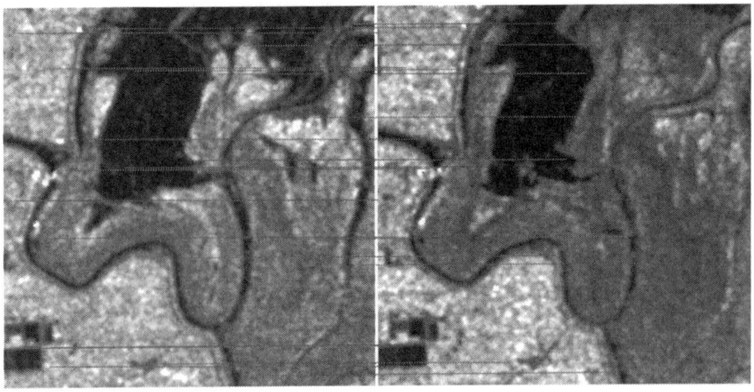

图 7.23 基于小波变换方法提取的 23 对同名点

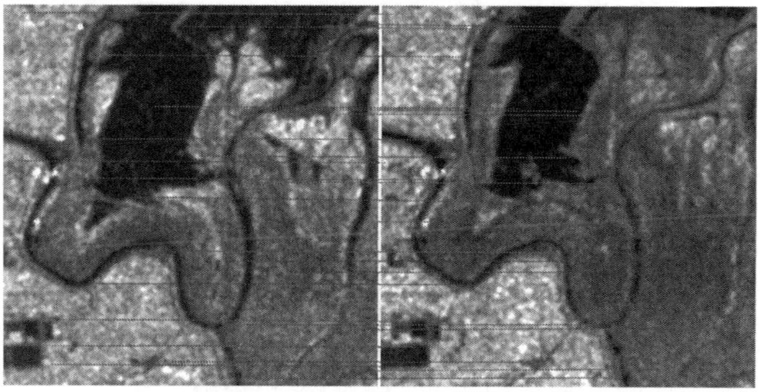

图 7.24 基于 NSCT 方法提取的 26 对同名点

三种方法所获得的配准结果如图 7.25~ 图 7.27 所示。

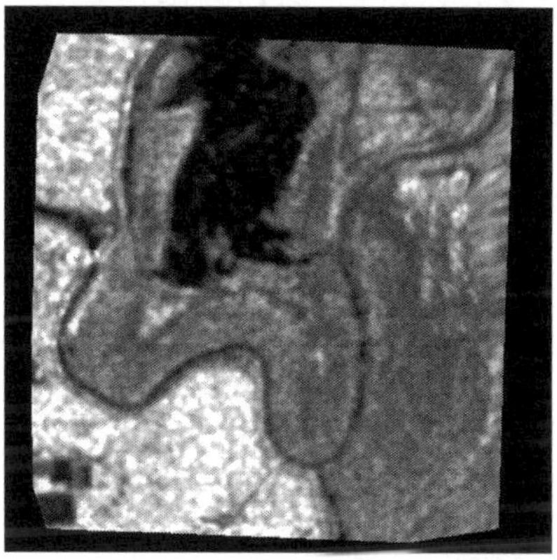

图 7.25 所提方法的配准结果

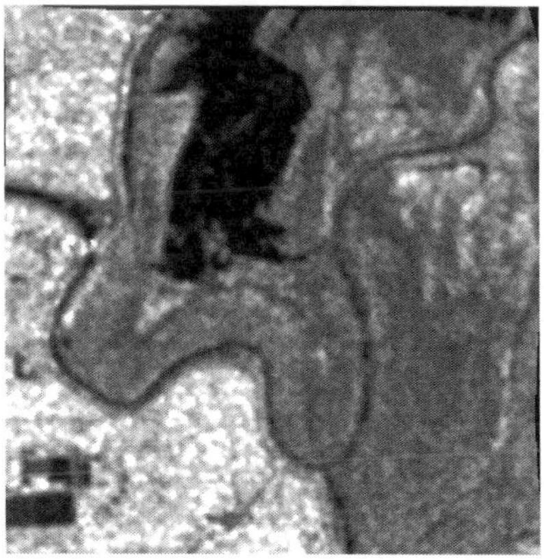

图 7.26 基于小波变换方法的配准结果

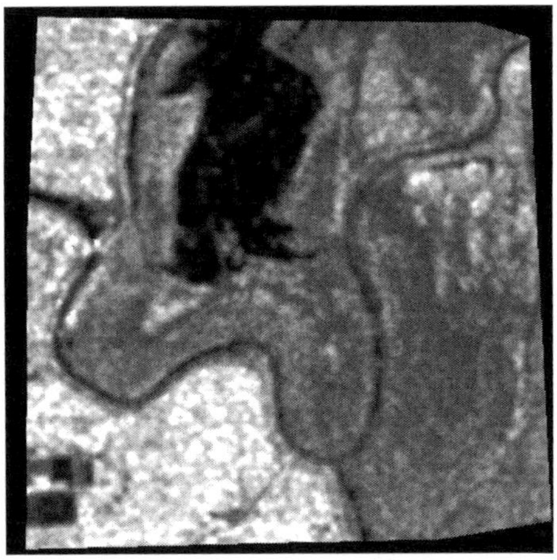

图 7.27　基于 NSCT 方法的配准结果

精度评价结果如表 7.3 所示。

表 7.3　本章算法与其他方法的比较

项目	提出算法	小波变换方法	NSCT 方法	精度评价
同名点对数量	30	23	26	合理分布
ρ_{corr}	0.934	0.917	0.921	越大越好
R_{MSE}	7.854	7.943	8.937	越小越好
NR_{MSE}	0.121	0.126	0.137	越小越好

通过图 7.22～图 7.27 及表 7.3 可以看出，在高分辨率 SAR 影像配准中，提出方法提取的同名点对数量最多且分布更加均匀，同时各精度指标也优于其他两种算法。通过比较三种算法在三组数据集实验中的配准精度可以看出，SAR 影像中大量存在的相干斑噪声没有显著降低三种算法的配准精度。这也进一步证明了基于多尺度分析工具的遥感影像配准方法对噪声干扰具有良好的鲁棒性。

参考文献

[1] Jiang Y H, Zhang G, Tang X M, et al. Geometric calibration and accuracy assessment of ZiYuan-3 multispectral images[J]. IEEE Transactions on Geoscience & Remote Sensing, 2014, 52(7): 4161-4172.

[2] Shi A, Xu L, Xu F, et al. Multispectral and panchromatic image fusion based on improved bilateral filter[J]. Journal of Applied Remote Sensing, 2011, 5(1): 053542-053542-17.

[3] Shi A, Tang M. Fusion of Ikonos imagery based on maximum likelihood estimation[J]. Intelligent Automation & Soft Computing, 2011, 17(7): 945-956.

[4] Shi A, Huang C. Image super-resolution fusion based on half quadratic markov random field [J]. Intelligent Automation and Soft Computing, 2011, 17(8): 1167-1178.

[5] 石爱业，徐立中，汤敏. 联合 IHS 变换和 MAP 估计的遥感图像融合 [J]. 遥感学报，2010, 14(6): 1259-1272.

[6] Staub G, Bähr H P. Potential of remote sensing-a study based on natural disasters occurred during the last 5 years in Chile[J]. Boletim de Ciências Geodésicas, 2014, 20(1): 204-221.

[7] Cao S, Jiang J, Zhang G, et al. An edge-based scale- and affine-invariant algorithm for remote sensing image registration[J]. International Journal of Remote Sensing, 2013, 34(7): 2301-2326.

[8] Ma J, Zhou H, Zhao J, et al. Robust feature matching for remote sensing image registration via locally linear transforming[J]. IEEE Transactions on Geoscience and Remote Sensing, 2015, 53(12): 6469-6481.

[9] Jiang J, Zhang X. Multi-sensor image automatic registration using mutual information[C]//2012 International Conference on Graphic and Image Processing, 2013: 87682D-87682D-7.

[10] Vakalopoulou M, Karantzalos K, Komodakis N, et al. Graph-based registration, change detection, and classification in very high resolution multitemporal remote sensing data[J]. IEEE Journal of Selected Topics in Applied Earth Observations and Remote Sensing, 2016, 9(7): 2940-2951.

[11] 陈哲, 王慧. 图像目标检测技术及应用 [M]. 北京: 人民邮电出版社，2016.

[12] 王超. 对象级高分辨率遥感影像变化检测及相关技术研究 [D]. 南京: 河海大学，2014

[13] An Y, Sun W. A Contour based approach to multi-sensor image registration using narrow angle features[C]//Proceedings of the 2012 Second International Conference on Electric Information and Control Engineering. IEEE Computer Society, 2012: 24-28.

[14] Dai X, Khorram S. Quantification of the impact of misregistration on the accuracy of remotely sensed change detection[C]// Proceedings of IEEE International conference on Geoscience and Remote Sensing-A Scientific Vision for Sustainable Development, 1997, 4: 1763-1765.

[15] Verbyla D L, Boles S H. Bias in land cover change estimates due to misregistration[J]. International Journal of Remote Sensing, 2000, 21(18): 3553-3560.

[16] Townshend J R G, Justice C O, Gurney C, et al. The impact of misregistration on change detection[J]. IEEE Transactions on Geoscience and Remote Sensing, 1992, 30(5): 1054-1060.

[17] Dai X, Khorram S. The effects of image misregistration on the accuracy of remotely sensed change detection[J]. IEEE Transactions on Geoscience and Remote Sensing, 1998, 36(5): 1566-1577.

[18] Bouchiha R, Besbes K. Comparison of local descriptors for automatic remote sensing image registration[J]. Signal, Image and Video Processing, 2015, 9(2): 463-469.

[19] Mather P, Koch M. Computer Processing of Remotely-sensed Images: An Introduction[M]. John Wiley and Sons, 2010.

[20] Shan X J, Tang P. A Robust false matching points detection method for remote sensing image registration[J]. The International Archives of Photogrammetry, Remote Sensing and Spatial Information Sciences, 2015, 40(7): 699.

[21] Do M N, Vetterli M. The contourlet transform: an efficient directional multi-resolution image representation[J]. IEEE Transactions on Image Processing, 2005, 14(12): 2091-2106.

[22] Da Cunha A L, Zhou J, Do M N. The non-subsampled contourlet transform: theory, design, and applications[J]. IEEE Transactions on Image Processing, 2006, 15(10): 3089-3101.

[23] Zavorin I, Le Moigne J. Use of multi-resolution wavelet feature pyramids for automatic registration of multi-sensor imagery[J]. IEEE Transactions on Image Processing, 2005, 14(6): 770-782.

[24] Chen Z G, Yin F C, Sun F. Registration technique for high-resolution remote sensing images based on non-subsampled contourlet transform[J]. Acta Optica Sinica, 2009, 29(10): 2744-2750.

[25] Fonseca L M G, Costa M H M. Automatic registration of satellite images[C]// Proceedings of IEEE Brazilian Symposium on Computer Graphics and Image Processing, 1997: 219-226.

[26] Hong G, Zhang Y. Wavelet-based image registration technique for high-resolution remote sensing images[J]. Computers & Geosciences, 2008, 34(12): 1708-1720.

[27] Deng Y, Manjunath B S. Unsupervised segmentation of color-texture regions in images and video [J]. IEEE Transactions on Pattern Analysis and Machine Intelligence, 2001, 23(8): 800-810.

[28] Deng Y, Kenney C, Moore M S, et al. Peer group filtering and perceptual color image quantization[C] //Proceedings of the 1999 IEEE International Symposium on Circuits and Systems, 1999, 4: 21-24.

[29] Wang C, Shi A, Wang X, et al. A Novel Registration Method for High Resolution Remote Sensing Images Based on JSEG and NMI[J]. Computer Science & Information Systems, 2015, 12(1): 289-306.

[30] Viola P, Wells III W M. Alignment by maximization of mutual information[J]. International Journal of Computer Vision, 1997, 24(2): 137-154.

[31] Li A, Cheng X, Guan H, et al. Novel image registration method based on local structure constraints[J]. Geoscience and Remote Sensing Letters, IEEE, 2014, 11(9): 1584-1588.

[32] Studholme C, Hill D L G, Hawkes D J. An overlap invariant entropy measure of 3D medical image alignment[J]. Pattern recognition, 1999, 32(1): 71-86.

[33] Chum O, Matas J. Randomized RANSAC with T(d, d) test[C]//Proceedings of British Machine Vision Conference, 2002, 2: 448-457.

[34] Kaewkamnerd N, Rao K R. Wavelet based watermarking detection using multi-resolution image registration[C]//2000 TENCON Proceedings. IEEE, 2000, 2: 171-175.

[35] Zhao M, An B, Wu Y, et al. A robust delaunay triangulation matching for multispectral/multidate remote sensing image registration[J]. IEEE Geoscience and Remote Sensing Letters, 2015, 12(4): 711-715.

第8章 基于小波变换与改进 JSEG 算法的高分辨率遥感影像多尺度分割

遥感影像具有多波段、地物种类众多、纹理特征丰富、多尺度、覆盖范围宽广等特点，造成了成功分割遥感影像的困难，因此需要更加高效的影像分割，有时还需要引入先验知识提高分割精度，而鉴于 JSEG 算法固有的局限性及高分辨率遥感影像尤其在城市场景中多变的生态环境和各种人造目标给影像分割造成的困难，直接采用 JSEG 算法很难取得满意的效果。因此，本章在影像量化、区域分割以及区域合并三个方面对 JSEG 算法进行了改进，提出了一种基于小波变换与改进 JSEG 算法的多尺度分割算法，提高了分割精度，在传统分割算法的基础上有了较大的提高。

8.1 问题分析

利用图像分割技术从场景中准确提取具有地理意义的对象是对象级变化检测的基础，对后续基于对象的遥感影像分析与处理质量有决定性的作用[1,2]。因此，本章着重对对象级变化检测过程中涉及的高分辨率遥感影像分割展开研究。

与普通图像相比，遥感影像具有多波段、地物种类众多、纹理特征丰富、多尺度、覆盖范围宽广等特点。首先，遥感影像通常包含了多个波段的数据，使得传统单波段的影像分割方法很难直接应用于多光谱或高光谱遥感影像分割中；另外，遥感影像通常包含了丰富的纹理信息，能够综合反映各种地物复杂的空间结构特征，使得有效地抽取和表述对象的纹理特征更加困难；再者，遥感影像通常覆盖范围广泛的区域，尺寸大、云层遮盖、地物阴影等干扰因素众多，因此需要更加高效的影像分割，有时还需要引入先验知识提高分割精度；最后，遥感影像中的地物通常表现出多尺度特征，即多尺度的影像分割能够提取对象在不同尺度下的空间结构特征。这些原因都造成了成功分割遥感影像的困难，也使遥感影像分割领域始终充满了发展的动力[3−6]。

近三十年来，学者们对遥感影像分割及其应用展开了广泛而深入的研究[7−17]。例如，Laprade 提出了基于分裂及合并的分割算法，其主要思想为利用 F 检验判断区域的均质程度，并成功应用于针对航空遥感影像的图像分割[18]。Pan 等提出将分水岭分割算法与 Mean Shift 聚类方法相结合，并利用小波变换进行多尺度分割，在卫星遥感影像中取得了良好的效果[19]。Dong 等利用相邻像素间的光谱相似性，提出了基于高斯 —— 马尔科夫模型 (Gauss-MRF，GMRF) 的 SAR 影像分割算法，并与 Gamma-MRF 模型的 Radar 分割算法进行了比较[20]。需要指出的是，尽管目前遥感影像分割算法很多，但针对高分辨率遥感影像的图像分割研究依然在针对性及系统性方面存在诸多不足[21]。

空间分辨率的提高带来了更加丰富的光谱信息及纹理、形状等空间信息，同时也带来了同种地物可分性增加，而不同种类地物可分性降低等问题，即更加突出的“同谱异物”“同物异谱”现象，这些都给高分辨率遥感影像分割带来了新的挑战[22]。Deng 等提出的 JSEG 算法综合考虑了影像的光谱信息与纹理特征，对区域彩色纹理特征的同质性具有强大的检测能力。JSEG 算法对各种自然场景具有很强的鲁棒性，并已成功应用于遥感影像分割领域[23−27]。但 JSEG 算法也存在一些固有的局限，例如结果容易产生过分割；分割结果中不同目标间分界不明显及容易受到阴影等干扰因素的影响等[28]。

针对这些问题，学者已提出了一些改进的 JSEG 方法：Zheng 等利用模糊控制对影像量化过程进行了优化，所有的像素根据隶属度函数被划分为不同的类，更好地保持了颜色信息的空间分布特征，减弱了过分割现象[29]。Chang 等提出了利用影像中原始像素的彩色信息代替量化影像的 IC-JSEG 算法，在自然场景中获得了更好的分割结果[30]。Komati 等提出了三种改进版本的 JSEG 算法：Fractal-JSEG、Fractal-only 和 Local Fractal Dimension[31−33]。前两种方法主要提高了分割结果中不同目标间边界区域的检测精度，第三种方法主要针对影像中前景目标与背景区域具有相似光谱信息与纹理特征的应用场合。上述方法均取得了不同程度的改进效果，但算法仅适用于普通图像的分割。在遥感影像分割领域，尽管改进的 JSEG 算法在中低分辨率遥感影像中已取得了较为理想的效果，但鲜见 JSEG 算法在高分辨率遥感影像分割中的应用研究[34−36]。

鉴于 JSEG 算法固有的局限性及高分辨率遥感影像尤其在城市场景中多变的生态环境和各种人造目标给影像分割造成的困难，直接采用 JSEG 算法很难取得满意的效果。针对这一问题，本章在影像量化、区域分割以及区域合并三个方面对 JSEG 算进行了改进，提出了一种基于小波变换与改进 JSEG 算法的多尺度分割算法 WJSEG(Wavelet-JSEG)。下文首先介绍了 JSEG 算法分割的基本流程，进而详细分析了 JSEG 算法在高分辨率遥感影像分割中影响分割精度的关键问题，并针对这些问题阐述了所提出 WJSEG 算法的改进策略与具体实现。实验采用高分辨率 IKONOS 全色影像以及 SPOT 5 多光谱影像，并分别对 JSEG 算法、国际知名商业软件 eCognition 以及 WJSEG 算法的分割结果进行了比较和分析。

8.2 JSEG 算法及存在的关键问题

8.2.1 JSEG 算法实现

传统 JSEG 算法将影像分割划分为两个步骤：颜色量化与空间分割。在颜色量化中，首先将图像转换到 LUV 颜色空间，利用对等组滤波 (peer group filtering, PGF) 对影像进行平滑去噪，最后采用经典的硬聚类算法 (hard c-means，HCM) 方法获得量化影像。

在空间分割中，首先计算多尺度 J-image 影像序列，具体步骤请参见 7.2 节。J-value 体现了以像素 z 为中心的特定尺寸窗口中灰度分布的均质程度，即 J-value 值越大，窗口中地物的类间差异更大，而类内差异更小。在某一尺度 J-image 中，首先根据阈值 $T_{\rm J}$ 确定种子区域，分割出影像中对象的中心区域，$T_{\rm J}$ 的定义如下：

$$T_{\rm J} = \mu_{\rm J} + a\sigma_{\rm J} \tag{8.1}$$

其中，$\mu_{\rm J}$ 和 $\sigma_{\rm J}$ 分别为像素 z 所在窗口内 J-value 的均值和标准差。a 为预先设定的阈值，通常取 $a \in [-0.4, 0.4]$。当前尺度 J-image 中，小于阈值 $T_{\rm J}$ 的点采用 4-connectivity 方法获得连通区域，即从种子点开始，在上下左右四个方向上移动，扩大区域面积。若该区域尺寸大于当前尺度下种子区域的最小尺寸时，即可作为一个种子区域，该最小尺寸由人工预先设定。

在确定种子区域后，首先计算非种子区域像素的 J-value 均值，小于均值的像素构成增长区域。若该增长区域仅与一个种子区域相邻，则纳入该种子区域。对于剩下的非种子区域像素，利用更小尺寸的窗口计算 J-image。重复上一步，生成新的增长区域直到最小尺度。对剩余的像素根据 J-value 从小到大逐个纳入相邻的种子区域。最后，为解决过分割问题，根据区域颜色相似性信息和欧氏距离最小进行区域合并，获得最终的分割结果。

8.2.2 JSEG 在高分辨率遥感影像分割中的关键问题

通过分析 JSEG 的基本原理及相关文献，本章总结 JSEG 算法在高分辨率遥感影像分割中影响分割精度的关键问题主要包括：

问题 1 在颜色量化阶段，JSEG 算法量化后的影像通常只包含十几个灰度级。这样的影像量化尽管能够有效减少计算量，但同时会造成高分辨率遥感影像中大量细节信息的损失，降低了类间可分性，从而难以准确定位对象的边缘。以 2004 年中国上海地区空间分辨率为 2.5m 的全色–多光谱融合 SPOT 5 影像为例，如图 8.1 所示。若直接采用 JSEG 中的方法量化影像结果如图 8.2 所示，量化影像中只包含 12 个灰度级数。

图 8.1 SPOT 5 融合影像

图 8.2 12 灰度级量化影像

比较图 8.1、图 8.2 可以看出，量化影像中道路、建筑以及其他人造目标轮廓信息损失严重，植被等地物与周边环境具有相似的光谱特征，此时，单纯为了减少运算量而采用的过于粗糙的量化已变得没有意义。

问题 2 在空间分割阶段，基于多尺度 J-image 影像的分割通过改变特定窗口尺寸能够提取不同范围内的颜色分布特征，但本质上只利用了原始影像在单一空间分辨率下的空间信息。根据专家的知识，单一空间分辨率下获得的结果不一定可靠，且更容易受到噪声的干扰。

问题 3 JSEG 算法的区域增长准则中，某一尺度下的种子区域一旦确定，就不会再生成新的种子区域，非种子区域的像素在区域合并中只会作为增长区域最终纳入原先的种子区域。这样的区域增长准则很容易造成分割结果中图像细节的缺失和欠分割现象。

问题 4 较大尺寸的窗口可能包含了多个对象，获得的 J-image 也更为粗糙，因而大尺度上分割结果很难准确地定位目标的边缘。如果窗口过大，甚至造成分割的结果失去意义。JSEG 算法中大尺度上获得的粗糙分割结果在最终区域合并前得到保留，下一个更小尺度的分割直接在上一尺度粗分割基础上进行。因而，大尺度上获得的粗糙边界无法在下一尺度得到修正，这样的误差积累将导致最终分割结果难以准确定位对象的边缘。

问题 5 JSEG 算法在分割过程中，当前尺度的分割建立在上一尺度分割结果的基础之上。因此，无论在上一尺度是否已经完整分割出了某一对象的完整轮廓，JSEG 算法都会用一个更小的尺度对这一对象再次进行判别。但在高分辨率遥感影像中，对象内部的纹理特征更加复杂，因此 JSEG 算法的分割策略很容易造成过分割现象。即使 JSEG 算法的合并策略能够恢复部分对象的整体轮廓，但仍然造成了不必要的运算。

问题 6 JSEG 算法采用 Duda 等提出的方法进行区域合并，以基于区域彩色直方图的欧氏距离作为合并准则[37]。尽管彩色直方图能够较好地表示区域的光谱信息与纹理特征，但在高分辨率遥感影像中，地物种类众多，影像中很多不同种类的地物可能具有相似的直方图分布，原有合并策略很容易产生错误的合并结果。

8.3 WJSEG 算法实现流程

针对 8.2.2 节中所提出的关键问题，作者提出了一种针对高分辨率遥感影像的多尺度分割算法 WJSE (图 8.3)。

8.3.1 量化与小波变换

WJSEG 首先对高分辨率遥感影像进行量化与小波变换。针对 8.2.2 节中的 “问题 1”，本章在影像量化过程将采用模糊 c 均值聚类 (fuzzy c-means，FCM) 方法代替 HCM 方法。

FCM 算法最初由 Bezdek 提出，是 HCM 方法的自然推广，它采用模糊划分，通过优化目标函数得到每个样本点对所有类中心的隶属度，从而决定样本点的类属[38]。FCM 的实现过程如下：

设 $X=\{X_1,X_2,\cdots,X_N\}\subset R^P$，其中，$R^P$ 是 P 维向量空间，N 为样本总数。设 u_{ik} 为第 k 个样本属于第 i 类的隶属度，c 为分类的总数，且满足 $0\leqslant u_{ik}\leqslant 1$，$\sum\limits_{i=1}^{c}u_{ik}=1$，$0<\sum\limits_{k=1}^{N}u_{ik}<N$，$0\leqslant k\leqslant N$，$1\leqslant i\leqslant c$，令分类后第 i 类的聚类中心为 v_i，定义目标函数为：

$$J(U,V)=\sum_{k=1}^{N}\sum_{i=1}^{c}(u_{ik})^m(d_{ik})^2 \tag{8.2}$$

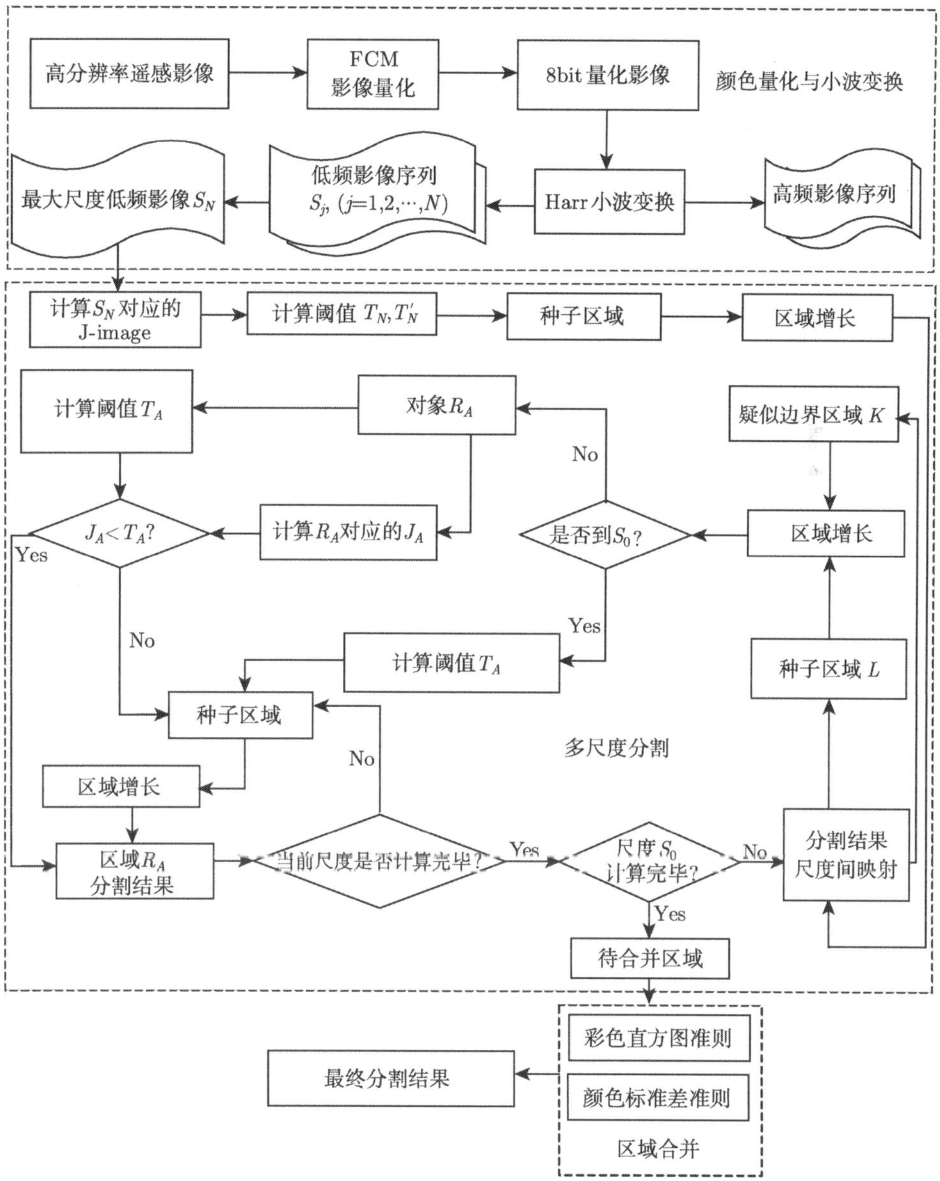

图 8.3 WJSEG 算法流程图

其中，d_{ik} 为样本 k 与 v_i 之间的欧氏距离，m 为加权指数，本章中取 $m = 2$。进而 FCM 算法转化为求式 (8.2) 的极小值 $\min\{J(U,V)\}$。基于式 (8.2)，利用拉格朗日条件极值法更新隶属度矩阵和聚类中心，公式如下：

更新隶属度矩阵为

$$u_{ik} = \frac{1}{\sum_{j=1}^{c} [(d_{ik}/d_{jk})^{2/m-1}]} \tag{8.3}$$

更新聚类中心为

$$v_i = \frac{\sum_{k=1}^{N} u_{ik}^m x_k}{\sum_{j=1}^{N} u_{ij}^m} \tag{8.4}$$

具体聚类过程如下:

Step1 设定分类总数 c 及停止迭代的误差阈值 T_ε，且 $T_\varepsilon > 0$。

Step2 取随机数 $s \in [0,1]$，初始化隶属度矩阵，定位为 $U^{(0)}$，且矩阵中元素满足 $\sum_{i=1}^{c} u_{ik} = 1$。

Step3 定义迭代步数 $t = 1, 2, \cdots$，并进行迭代计算。

Step4 利用式 (8.3) 更新隶属度 $U^{(t+1)}$。

Step5 利用式 (8.4) 更新聚类中心 $v_i^{(t)}$.

Step6 利用式 (8.2) 计算 $J(D^{(t)}, V^{(t)})$ 和 $J(D^{(t+1)}, V^{(t+1)})$，当满足 $|J(D^{(t+1)}, V^{(t+1)}) - J(D^{(t)}, V^{(t)})| < T_\varepsilon$ 时停止迭代，将此时的 $V^{(t+1)}$ 作为 FCM 的最优聚类中心。反之，$t = t + 1$，重复 Step4。

在 WJSEG 算法中，为了尽可能地保持图像的细节信息，算法将原始影像压缩为 256 个灰度级的 8 bit 量化影像，即令式 (8.2) 中 $c = 256$。

在此基础上，针对“问题 2”本章首先采用小波变换对量化影像进行分解，并对分解后获得的低频影像序列计算多尺度 J-image 影像，实现由粗到精的多尺度分割。Haar 提出的 Haar 小波是目前唯一既具有对称性又是有限支撑的正交小波[39]。同时 Haar 小波仅取 +1 和 −1，计算简单。因此本章采用 Haar 小波，分解次数 N 可根据图像尺寸及具体应用场合人工设定。Haar 小波尺度函数的定义如下:

$$\psi(x) = \begin{cases} 1, & 0 \leqslant x < 1/2 \\ -1, & 1/2 \leqslant x < 1 \\ 0, & \text{其他} \end{cases} \tag{8.5}$$

$$\psi_i^j(x) = \psi(2^j x - i), i = 0, \cdots, (2^j - 1) \tag{8.6}$$

式 (8.6) 中，i 为平移参数，控制函数沿 x 轴平移。j 为尺度参数，控制图像的缩小或放大。

8.3.2 多尺度分割

在多尺度分割阶段，鉴于小波分解后的各尺度低频影像都包含了下一尺度低频及高频影像的全部信息，因此，影像分割只在各尺度低频图像序列及原始影像中进行。在 JSEG 算法中，“多尺度” 是利用不同特定尺寸窗口对原始影像计算获得的 J-image 序列。而 WJSEG 中的 “多尺度” 是指采用同一特定尺寸为 $M \times M$ 像素的窗口分别计算原始影像及全部低频图像对应的 J-image。定义低频影像序列 $S_j(j=1,2\cdots,N)$，原始影像为 S_0。多尺度分割具体步骤如下：

Step1 设定特定窗口尺寸为 $M \times M$ 像素，基于该窗口计算 S_0 及 $S_j(j=1,2\cdots,N)$ 对应的 J-image。基于 J-image 的定义可以看出，尽管采用了相同尺寸的窗口，但在空间分辨率更低的低频影像对应的 J-image 中，某一像素的 J-value 反映了原始影像中更大范围内的色彩分布。多尺度分割在空间分辨率最低的 S_N 中开始。

Step2 在 S_N 对应的 J-image 中确定种子区域。首先设定阈值 $a=a_1$，利用式 (8.1) 计算阈值 T_N，所有 J-value 小于 T_N 的像素作为候选种子点，通过 4-connectivity 方法连接种子点形成候选种子区域。若候选种子区域大于 $M \times M$ 像素，则构成一个种子区域。针对 “问题 3”，对剩余的非种子区域像素，设定阈值 $a=a_2$，且满足 $a_2<a_1$，利用式 (8.1) 计算阈值 T'_N，采用相同的方法形成新的候选种子区域。对种子区域的二次提取是为了进一步提取对象的细节特征，减小阈值是为了提高新增候选种子区域的可靠性。种子区域确定后，对剩余非种子区域的像素按照 J-value 由小到大，逐个并入与其相邻的种子区域，直到所有像素计算完毕，从而获得当前尺度下的分割结果。

Step3 针对 “问题 4”，本章算法将 S_N 中获得的分割结果根据坐标直接映射到 S_{N-1} 对应的 J-image 中，并且对映射结果在 S_{N-1} 中进行修正。由于空间分辨率的提高，S_N 中提取的边界映射到 S_{N-1} 中对应的是一个块状边界区域 K，定义为 “疑似边界区域”，如图 8.4 所示。为避免尺度间映射造成的误差，首先将 K 分割得到的区域 L 作为一个种子区域。对 K 中像素作为非种子区域像素，按照像素的 J-value 从小到大逐个并入与其相邻的种子区域，获得最终的映射结果，如图 8.5 所示。其中，图 8.4 及图 8.5 为本章实验部分第一组实验过程中产生的中间图像。

Step4 针对 “问题 5”，WJSEG 首先对在 S_{N-1} 中由映射结果提取的每一个对象判别其在当前尺度下是否需要分割，以保证已经提取的对象不会被进一步过分割。自适应判别准则为：设 R_A 为待分割的某一对象，如图 8.5 所示，计算对象 R_A 对应的 J-value 为 J_A。取 $a=a_1$，利用式 (8.1) 计算阈值 T_A。若满足 $J_A<T_A$，则认为区域 R_A 在当前尺度下内部均质度较高，可视为一个完整目标，无需分割，

直接映射到下一尺度。反之，则需要进行分割。对所有需要分割的对象重复 Step2 的操作，直到当前尺度分割完毕。

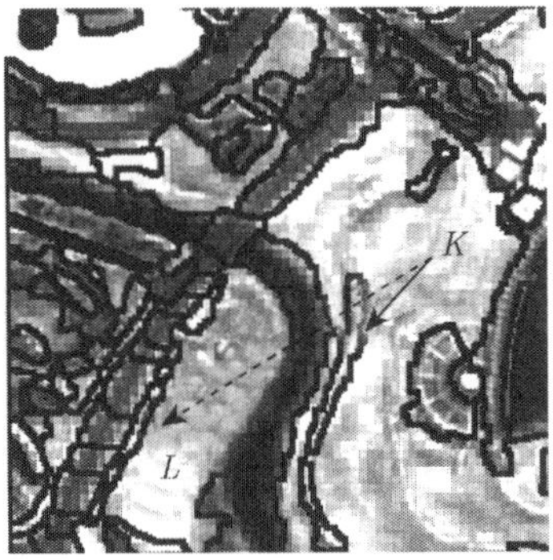

图 8.4 直接映射结果

图 8.5 最终映射结果

Step5 重复 Step3 到 Step4 的操作，直至 S_0 计算完毕。需要指出的是，为了避免欠分割现象，在 S_0 中对映射获得的所有的对象都进行分割，因此对某一对象 R_A 不再计算 J_A，其他均与 Step4 相同。

8.3.3 区域合并

针对“问题 6”，对于分割后产生的碎片区域，本章首先采用彩色直方图准则进行判别，对符合判别准则的区域采用颜色标准差准则进行二次判别。

首先利用彩色直方图描述量化影像中的各个区域。对任意两个相邻区域 R_A 和 R_B，计算两个直方图间的欧氏距离 D_H。公式为

$$D_H(A,B)=\|p_A-p_B\| \tag{8.7}$$

其中，p_A 和 p_B 分别是区域 R_A、R_B 的彩色直方图向量。设定阈值 T_H，当 $D_H \leqslant T_H$

时，进行下一步判别。否则，不进行合并。本章定义了一种颜色标准差准则如下：

定义 D_{color} 为

$$D_{\text{color}} = \sum_{b=1}^{q} \left[\frac{\sigma_{b-\text{merge}}}{\frac{n_D}{n_D + n_E}\sigma_{Db} + \frac{n_E}{n_D + n_E}\sigma_{Eb}} \right] \tag{8.8}$$

其中，R_D、R_E 为符合彩色直方图准则的两个相邻待合并区域，q 为遥感影像的波段总数，b 为波段号，n_D 和 n_E 分别为区域 R_D、R_E 所包含的像素数，σ_{Db}、σ_{Eb}、$\sigma_{b-\text{merge}}$ 分别为区域 R_D、R_E 以及合并后区域的标准差。单一波段下的标准差定义为

$$\sigma = \sum_{i=0}^{255} [i - \mu]^2 p_i \tag{8.9}$$

其中，μ 为区域像素均值，p_i 为像素值为 i 的像素所占的比重。通过式 (8.8) 可以看出，与彩色直方图准则相比，D_{color} 进一步计算了原始影像中所有波段的颜色信息。因此，不同对象即使具有相似的彩色直方图分布，但其颜色标准差距离会很大，从而有效避免误合并现象。设定区间 T_C，若 $D_{\text{color}} \in T_C$，则合并区域 R_D、R_E。区域合并采用区域邻接图 (region adjacency graphics，RAG) 方法。合并策略如下：

Step1 从图像的分割结果中生成 RAG。

Step2 对于每个对象 R_A，从 RAG 中确定所有 R_B，且 R_A 与 R_B 邻接。

Step3 对于所有 R_A 与 R_B，分别利用上文的区域合并准则进行判别。若满足条件，则进行合并。

Step4 更新区域邻接图，重复 Step1 至 Step3，直到没有合并的区域为止，从而得到最终分割结果。

8.4 实验与分析

实验采用两组不同传感器类型、不同分辨率的高分辨率遥感影像，分别检验所提出算法对多光谱及全色影像的分割效果。实验结果除与传统 JSEG 算法比较外，还将与德国 Definiens Imaging 公司开发的商业软件 eCognition 进行比较。下文首先阐述了 eCognition 分割基本原理及关键参数，进而对两组实验结果进行了分析和比较。

8.4.1 eCognition 影像分割

eCognition 是目前公认最好的面向高分辨率遥感影像分割及分类的商业软件，其采用基于分形网络演化方法 (fractal net evolution approach，FNEA) 的多分辨率

分割，通过模拟人类感知系统，同时考虑了光谱特征与分割单元的形状特征。

如图 8.6 所示，eCognition 用多尺度方法对影像进行多次分割，构建网络层次结构：当前尺度分割是基于上一个尺度中获得的对象实现的，并对分割结果中满足合并条件的相邻区域进行合并；另一方面，当前尺度的影像分割也受到下一个尺度分割结果所提取对象边界的约束，构成拓扑关系的网络结构。分割过程主要包括三个需要人工设定的参数：① 尺度参数，决定了影像分割能够提取的最小对象的尺寸大小，是影像分割结果的最重要参数。参数值越大，对象的总数越少，而对象内部的平均面积越大。尺度参数直接决定了对象提取的精度，合理的尺度参数应能够使分割后的多边形准确定位对象的边缘，同时不能破坏对象完整性，避免造成大量的碎片区域。② 形状参数，用于保持分割结果中对象轮廓的完整性。③ 紧致度参数，用于提高具有相似光谱特征的对象的可分性。

在实验中，本章通过改变以上三个参数对实验结果进行了比较，从而确定分割效果最佳的参数组合。

8.4.2 数据集 1 实验与目视分析

实验中，第一组数据采用 2003 年上海地区 SPOT 5 全色–多光谱融合影像，全色影像空间分辨率为 2.5m，多光谱波段包括红色、绿色及近红外波段，空间分辨率为 10m，影像尺寸为 420×420 像素。实验中，WJSEG 采用两次 Haar 小波分解，组成包括原始量化影像及两幅低频影像的图像序列，设定特定尺寸窗口大小为 $M \times M = 5 \times 5$ 像素，其他参设定为 $a_1 = -0.2$、$a_2 = -0.4$、$T_H = 0.18$、$T_C = [2.5, 3.5]$。JSEG 算法采用的特定窗口尺寸为 20×20 像素、10×10 像素、5×5 像素，阈值 $a = 0.2$。在 eCongition 分割中，设定尺度参数为 80，形状参数为 0.5，紧致度参数为 0.5。实验结果如图 8.6～ 图 8.9 所示。为便于分析 WJSEG 所提出的区域合并策略对分割结果的影响，图 8.6 和图 8.7 分别为区域合并前后的分割结果。图 8.8 和图 8.9 分别为 JSEG 算法及 eCognition 算法分割结果。

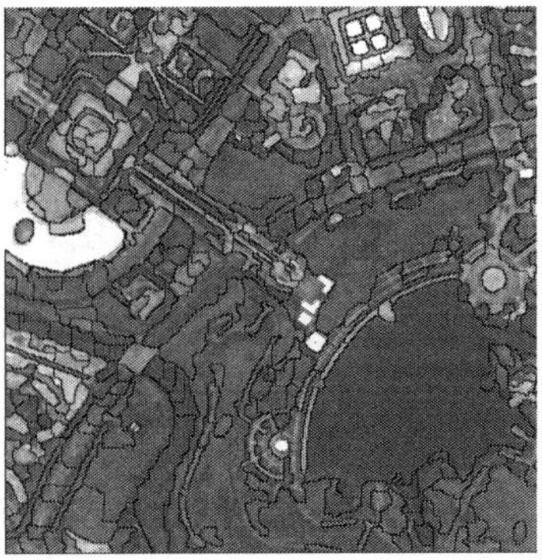

图 8.6 WJSEG 区域合并前

图 8.7 WJSEG 区域合并后

由于实验影像空间分辨率为 2.5m，可首先根据目视检验分割结果的准确性，为便于分析，本章在图 8.7、图 8.8、图 8.9 中选择部分典型地物进行了标号。对比三种算法的分割结果可以看出，JSEG 算法的分割精度明显低于 WJSEG 算法和 eCognition，例如图中的区域 ⓐ、ⓔ、ⓗ具有规则的形状，JSEG 没有完整地提取对象轮廓，而 WJSEG 和 eCognition 则效果较好。因此，实验分析着重比较 WJSEG 和 eCognition 分割结果：两种算法都较好地分割出图像中的湖泊区域 ⓓ、水体区域 ⓕ。WJSEG 算法明显对湖泊边缘的定位更加准确，如 ⓘ。而 eCognition 对水体边界的分割比 WJSEG 更为准确，如 ⓕ。对于典型的人造目标如 ⓐ、ⓔ、ⓖ、ⓗ，WJSEG 对位于 ⓐ和 ⓖ的目标的提取明显好于 eCognition。对于对象内部色彩同质性较高的区域如 ⓐ、ⓙ，eCognition 存在过分割及误分割现象，而 WJSEG 对区域的整体性保持更好。而对于内部光谱特征存在较大差异的斑块如 ⓑ、ⓒ，WJSEG 提取的轮廓信息也较 eCognition 更加准确。最后，通过对比图 8.6 和图 8.7，可以看出本章算法提出的合并规则能够明显改善过分割现象如 ⓑ、ⓕ，同时基本没有产生误合并现象。

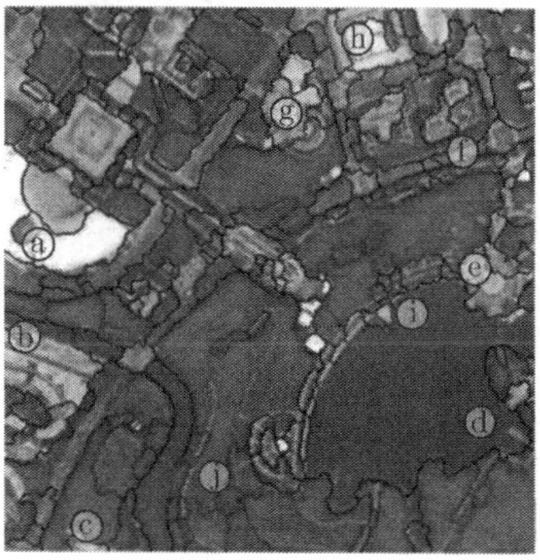

图 8.8 JSEG 分割结果

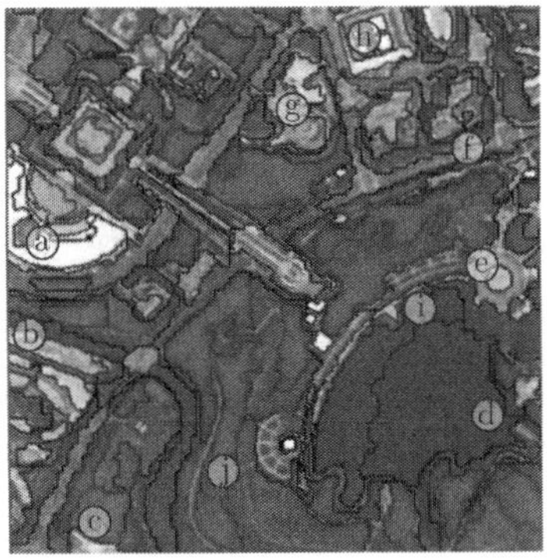

图 8.9 eCognition 分割结果

8.4.3 数据集 2 实验与目视分析

为进一步验证 WJSEG 算法对单波段影像的分割性能，本章选择南京地区 2008 年采集的 IKONOS 全色影像进行实验，影像空间分辨率为 1m，尺寸为 256×256 像素，如图 8.10 所示。实验中，所提出 WJSEG 算法的参数设置为：Haar 小波分解层数为 2，局部窗口尺寸设置为 $M \times M = 5 \times 5$ 像素、$a_1 = 0.2$、$a_2 = -0.2$、$T_H = 0.18$、$T_C = [2.5, 3.5]$。JSEG 算法采用的特定窗口尺寸为 20×20 像素、10×10 像素、5×5 像素，阈值 $a = 0.2$。采用 eCognition 分割时尺度参数设置为 30，形状参数为 0.8，紧致度参数为 0.5。其他参数设定与数据集 1 实验相同。由于是全色影像，在 WJSEG 中不需对图像进行量化，而直接进行影像分割。三种算法的实验结果如图 8.11～ 图 8.13 所示。

图 8.10 IKONOS 1m 全色影像

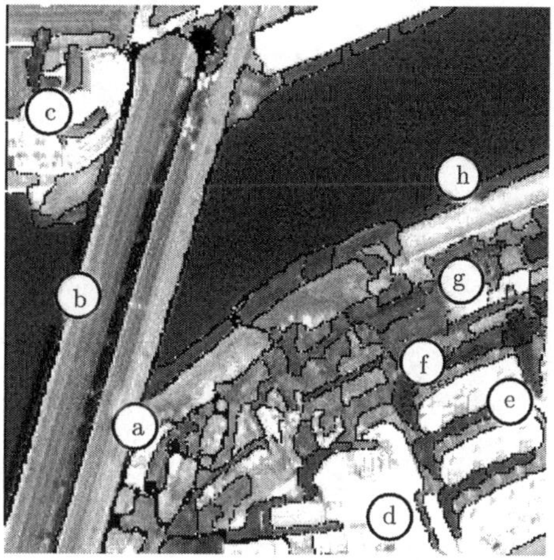

图 8.11 WJSEG 分割结果

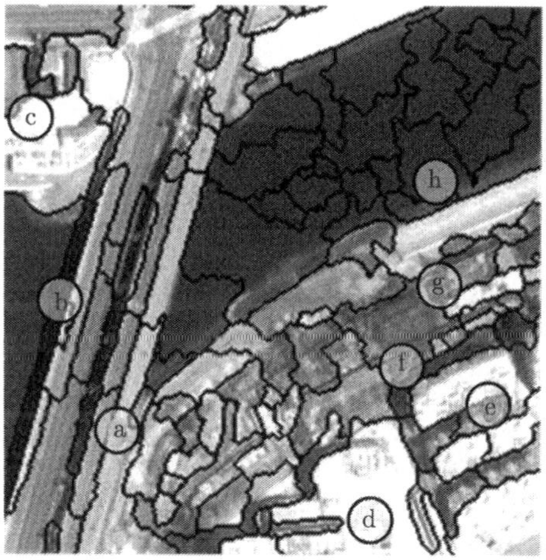

图 8.12 JSEG 分割结果

通过目视分析可以看出，场景中主要包含了桥梁、水体、人造目标以及其他纹理特征丰富的地物信息。在桥梁轮廓不明显的区域 ⓐ，只有 WJSEG 准确地分割出了正确的结果。而 eCognition 在两个较大分割单元之间存在一些狭长的虚假单元如 ⓐ、ⓑ。三种算法虽然都分割出了水体区域，但 WJSEG 提取的边界信息最准确，同时较为完整地提取了水体与堤岸之间的边坡区域如 ⓗ，JSEG 则没有区分开水体与边坡区域，eCognition 出现了明显的误分割。WJSEG 分割结果中的桥梁 ⓑ 以及水体区域的轮廓非常完整，有效避免了对光谱同质性较高区域的过分割现象。JSEG 尽管进行了区域合并，依然存在严重的过分割现象，eCognition 也存

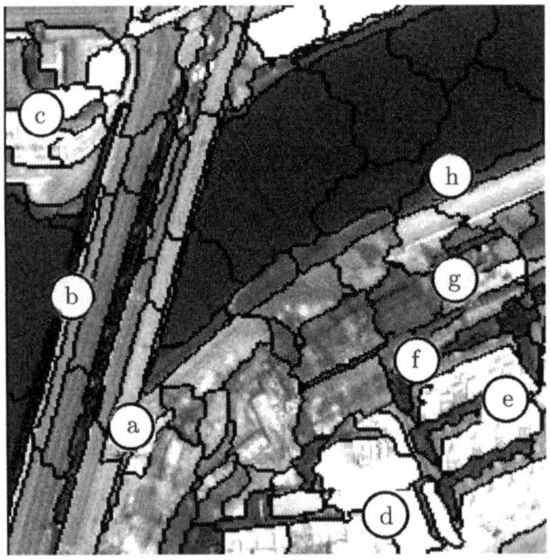

图 8.13 eCognition 分割结果

在同样的问题。图像中最为典型的人造目标是位于 ⓒ、ⓓ、ⓔ、ⓕ、ⓖ的建筑，三种算法虽然都分割出了楼房建筑的轮廓特征，但效果有所不同。以位于位置ⓔ的建筑为例，楼房与楼房的阴影光谱特征差异明显，三种算法都能够区分出楼房区域与阴影区域，而 WJSEG 与 eCognition 进一步区分出了建筑的楼顶区域。而位于位置ⓖ的建筑，建筑的阴影区域较小，且楼顶与阴影以及相邻地面区域具有相似的光谱特征。只有 WJSEG 准确分割出了楼顶、阴影与地面区域，而 eCognition 对建筑与相邻地面区域的分割不够准确，JSEG 算法则没有分割出阴影与楼顶区域。

8.4.4 定量分析

以上检验均通过目视分析获得，为进一步验证算法的效果，本章采用 Deng 等提出的分割算法精度评价方法对两组实验进行定量分析。

定义精度评价指标 $\overline{J}$ 为

$$\overline{J}=\frac{1}{R}\sum\nolimits_{t=1}^{T}S_tJ_t \tag{8.10}$$

其中，R 为图像中像素总数，T 为分割结果中区域的总数，S_t 为第 t 个区域像素总数，J_t 为第 t 个区域的 J-value，可计算得到。当分割结果中区域的个数一定时，$\overline{J}$ 越小，则分割结果中各区域的平均内部同质性越高，分割效果越好。基于这一评价标准，本章首先分析两组实验结果中不同算法提取的区域所对应的 J_t 分布情况。为便于观察，将实验结果中每个区域的 J_t 在区间 $[0,1]$ 内均匀地量化为 20 个单位。以 J-value 为横坐标，纵坐标代表了在分割结果中不同区间内均质度为 J_t 的区域在分割结果所有对象中所占的比重，两组实验对应的 J_t 分布情况分别如图 8.14、图 8.15 所示。

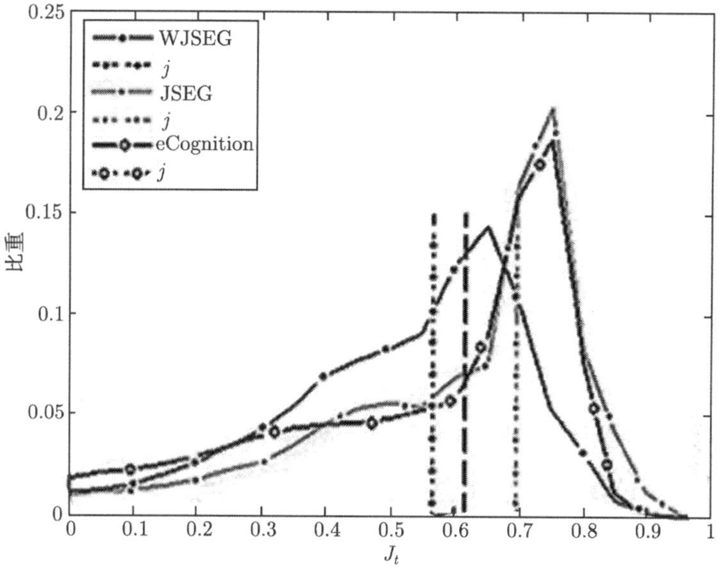

图 8.14 数据集 1 实验结果 J_t 分布

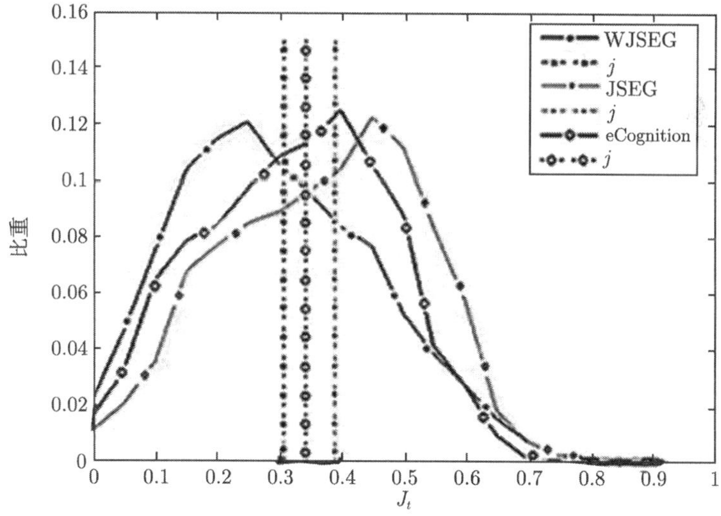

图 8.15 数据集 2 实验结果 J_t 分布

如图 8.14、图 8.15 所示，不同颜色及样式的曲线代表了不同的算法分割结果中 J_t 的分布情况，与之对应的虚线代表了不同算法的精度指标 $\bar{J}$ 的值。比较图 8.14、图 8.15 可以看出，三种分割算法在两组实验中的 J_t 分布大致相同，但 WJSEG 实验结果更集中于 J-value 较小 (均质度较高) 的区域，因此 $\bar{J}$ 最低。eCognition 分割精度好于 JSEG 算法，但低于 WJSEG 算法。对于内部均质度较高的对象，如图 8.14 中 $J_t \in [0.1, 0.5]$ 区间以及图 8.15 中 $J_t \in [0, 0.15]$ 区间，三种算法具有相近的分割能力。差异主要体现在对图像中典型目标集中区域的分割，如图 8.14 中 $J_t \in [0.5, 0.8]$ 区间以及图 8.15 中 $J_t \in [0.1, 0.5]$ 区间。另外，三种算法在数据集 2 的实验中精度指标 $\overline{J}$ 较数据集 1 实验都有明显提高，作者认为是由于数据集 2 采用的 IKONOS 影像具有更高的空间分辨率、地物轮廓更加清晰且图像中背景复杂度更低，同时包含了更少的地物种类，使分割结果更加接近真实地物的实际边界。

如表 8.1 所示，尽管三种算法中需要设置的参数不尽相同，但在对同一幅图像的分割结果中区域总数相当，因此这样的实验结果是具有可比性的，参数设置的差异对比较各算法分割效果的影响不大。另外，两组实验中 WJSEG 算法在区域合并后 $\overline{J}$ 指标均明显降低，证明了所提出区域合并准则的有效性。

表 8.1 分割结果与精度评价

项目	数据集 1		数据集 2	
	区域个数	$\overline{J}$	区域个数	$\overline{J}$
WJSEG 区域合并前	1164	0.587	1747	0.335
WJSEG 区域合并后	853	0.566	1580	0.308
JSEG	968	0.698	1712	0.392
eCognition	761	0.616	1520	0.344

参考文献

[1] Martínez-López J, Bertzky B, Bonet-García F J, et al. Biophysical characterization of protected areas globally through optimized image segmentation and classification[J]. Remote Sensing, 2016, 8(9): 780.

[2] Wang C, Shi A Y, Wang X, et al. A novel multi-scale segmentation algorithm for high resolution remote sensing images based on wavelet transform and improved JSEG algorithm[J]. Optik-International Journal for Light and Electron Optics, 2014, 125(19): 5588-5595.

[3] Zhang Y, Guindon B, Lantz N, et al. Quantification of anthropogenic and natural changes in oil sands mining infrastructure land based on RapidEye and SPOT5[J]. International Journal of Applied Earth Observation and Geoinformation, 2014, 29: 31-43.

[4] Gao J, Xu L. An efficient method to solve the classification problem for remote sensing image[J]. AEU-International Journal of Electronics and Communications, 2015, 69(1): 198-205.

[5] Gao J, Xu L, Shen J, et al. A novel information transferring approach for the classification of remote sensing images[J]. EURASIP Journal on Advances in Signal Processing, 2015, (1): 1.

[6] Gao J, Xu L, Shi A, et al. A kernel-based block matrix decomposition approach for the classification of remotely sensed images[J]. Applied Mathematics and Computation, 2014, 228: 531-545.

[7] Baumgartner J, Gimenez J, Scavuzzo M, et al. A new approach to segmentation of multispectral remote sensing images based on MRF[J]. IEEE Geoscience and Remote Sensing Letters, 2015, 12(8): 1720-1724.

[8] Vitter M, Pluvinet P, Vaudor L, et al. An Image Segmentation Process Enhancement for Land Cover Mapping from Very High Resolution Remote Sensing Data Application in a Rural Area[M]//Connecting a Digital Europe Through Location and Place. Springer International Publishing, 2014: 215-233.

[9] Troya-Galvis A, Gançarski P, Passat N, et al. Unsupervised quantification of under-and over-segmentation for object-based remote sensing image analysis[J]. IEEE Journal of Selected Topics in Applied Earth Observations and Remote Sensing, 2015, 8(5): 1936-1945.

[10] Liu J, Zhang J, Xu F, et al. Adaptive algorithm for automated polygonal approximation of high spatial resolution remote sensing imagery segmentation contours[J]. IEEE Transactions on Geoscience and Remote Sensing, 2014, 52(2): 1099-1106.

[11] Yu Q, Gong P, Clinton N, et al. Object-based detailed vegetation classification with airborne high spatial resolution remote sensing imagery[J]. Photogrammetric engineering and remote sensing, 2006, 72(7): 799.

[12] Kartikeyan B, Sarkar A, Majumder K L. A segmentation approach to classification of remote sensing imagery[J]. International Journal of Remote Sensing, 1998, 19(9): 1695-1709.

[13] Poggi G, Scarpa G, Zerubia J B. Supervised segmentation of remote sensing images based on a tree-structured MRF model[J]. IEEE Transactions on Geoscience and Remote Sensing, 2005, 43(8): 1901-1911.

[14] Hofmann P. Defuzzification strategies for fuzzy classifications of remote sensing data[J]. Remote Sensing, 2016, 8(6): 467.

[15] Zheng C, Wang L. Semantic segmentation of remote ssensing imagery using object-based Markov random field model with regional penalties[J]. IEEE Journal of Selected Topics in Applied Earth Observations and Remote Sensing, 2015, 8(5): 1924-1935.

[16] Huang X, Lu Q, Zhang L, et al. New Postprocessing Methods for Remote Sensing Image Classification: A Systematic Study[J].IEEE Transactions on Geoscience and Remote Sensing, 2014,52(11):7140-7159.

[17] Basaeed E, Bhaskar H, Hill P, et al. A supervised hierarchical segmentation of remote-sensing images using a committee of multi-scale convolutional neural networks[J]. International Journal of Remote Sensing, 2016, 37(7): 1671-1691.

[18] Laprade R H. Split-and-merge segmentation of aerial photographs[J]. Computer Vision, Graphics, and Image Processing, 1988, 44(1): 77-86.

[19] Pan C, Zheng C X, Wang H J. Robust color image segmentation based on mean shift and marker-controlled watershed algorithm[C]//Proceedings of the 2003 International Conference on Machine Learning and Cybernetics, IEEE, 2003, 5: 2752-2756.

[20] Dong Y, Forster B C, Milne A K. Comparison of radar image segmentation by Gaussian- and Gamma-Markov random field models[J]. International Journal of Remote Sensing, 2003, 24(4): 711-722.

[21] Carleer A , Debeir O, Wolff E. Comparison of very high spatial resolution satellite image segmentations[C] //Remote Sensing. International Society for Optics and Photonics, 2004: 532-542.

[22] Ling Q, Yan J, Li F, et al. A background modeling and foreground segmentation approach based on the feedback of moving objects in traffic surveillance systems[J]. Neurocomputing, 2014, 133: 32-45.

[23] Krishnan K, Liu J, Kohli K. Feature-space assessment of electrical impedance tomography coregistered with computed tomography in detecting multiple contrast targets[J]. Medical physics, 2014, 41(6): 061903.

[24] Yang Y, Guo L, Wang T, et al. Unsupervised multiphase color-texture image segmentation based on variational formulation and multilayer graph[J]. Image and Vision Computing, 2014, 32(2): 87-106.

[25] Scarpa G, Haindl M, Zerubia J. A hierarchical texture model for unsupervised segmentation of remotely sensed images[M]//Image Analysis. Springer Berlin Heidelberg, 2007: 303-312.

[26] Besbes O, Belhadj Z, Boujemaa N. Adaptive satellite images segmentation by level set multi-region competition[J].Institut National De Recherche En Informatique Et En Automatique, 2006.

[27] Bou-Imajjane M, Sbihi M. A fusion of remote sensing images segmentation based on Markov random fields and fuzzy c-means models[J]. Annals of the University of Craiova-Mathematics and Computer Science Series, 2015, 42(1): 175-185.

[28] Liu Y, Zhang D, Lu G, et al. A survey of content-based image retrieval with high-level semantics[J]. Pattern Recognition, 2007, 40(1): 262-282.

[29] Zheng Y, Yang J, Zhou Y. Unsupervised segmentation on image with JSEG using soft class map[M]//Intelligent Data Engineering and Automated Learning-IDEAL 2004. Springer Berlin Heidelberg, 2004: 197-202.

[30] Chang Y C, Archibald J K, Wang Y G, et al. Texture-based color image segmentation using local contrast information[J]. Computational Intelligence and Bioinformatics and Computational Biology, 2007, 4(5): 488-493.

[31] Komati K S, Salles E O T, Sarcinelli Filho M. Fractal-JSEG: JSEG Using an Homogeneity Measurement Based on Local Fractal Descriptor[C]//SIBGRAPI. 2009: 253-260.

[32] Komati K S, Salles E O T. Unsupervised color image segmentation based on local fractal descriptor and J-images[C]// Proceedings of the 2010 IEEE International Conference on Industrial Technology, 2010: 303-308.

[33] Komati K S, Salles E O T, Sarcinelli-Filho M. Unsupervised color image segmentation based on local fractal dimension[C]//Proceedings of the 17th International Conference on Systems, Signals and Image Processing, 2010: 243-246.

[34] Abbas K, Rydh M. Satellite image classification and segmentation by using JSEG segmentation algorithm[J]. International Journal of Image, Graphics & Signal Processing, 2012, 4(10): 48-53.

[35] El Merabet Y, Meurie C, Ruichek Y, et al. Building roof segmentation from aerial images using a lineand region-based watershed segmentation technique[J]. Sensors, 2015, 15(2): 3172-3203.

[36] 王鑫，徐立中. 图像目标跟踪技术 [M]，北京：人民邮电出版社，2012.

[37] Duda R O, Hart P E. Pattern classification and scene analysis[J]. A Wiley lnterscience Publication, John Wiley and Sons, Inc, 1973.

[38] Bezdek J C. Pattern recognition with fuzzy objective function algorithms[M]. Kluwer Academic Publishers, 1981.

[39] Haar A. Zur theorie der orthogonalen funktionensystemc[J]. Mathematische Annalen, 1910, 69(3): 331-371.

第 9 章　基于多尺度融合的对象级高分辨率遥感影像变化检测

对象级高分辨率遥感影像变化检测方法利用对象的固有信息提取对象特征，有效地识别对象内部变化信息，提高高分辨率遥感影像变化的检测精度。由于在对象级变化检测时，采用单一的尺度不足以提取不同尺寸不同形状对象内部的全部特征，因此，本章提出了一种基于多尺度融合的对象级变化检测，利用变化信息的尺度相关性来弥补单一尺度的对象级变化检测方法的不足，通过实验验证，本算法具有较高的可靠性和准确性。

9.1　问题分析

本书第 7、8 章分别对高分辨率遥感影像的配准及分割展开了研究，实现了多时相影像的几何配准预处理及对象提取。在此基础上，本章针对高分辨率遥感影像中基于对象的特征提取及变化检测展开研究，从而构建一种统一的对象级高分辨率遥感影像多尺度变化检测框架。

对象级变化检测方法 (object-based change detection，OBCD) 利用了对象的固有形状及尺寸提取对象的特征，能够更加有效地识别对象内部的变化信息，是提高高分辨率遥感影像变化检测精度的根本途径[1−9]。在众多变化检测算法中，遥感影像空间信息的多尺度分析始终是提高检测精度的重要手段之一[10−19]。多尺度变化检测方法主要利用了变化信息的尺度相关性，即单一的尺度不足以提取不同尺寸不同形状对象内部的全部特征。根据人类的视觉系统及专家知识，多尺度分析工具与对象级变化检测相结合能更加深刻地分析单个对象及其在两幅图像间的变化信息，检测结果较单一尺度更加可靠。例如，Hall 等提出的算法采用小波变换以及基于标记点的影像分割方法进行多尺度的对象提取与分析，进而采用插值法获得检测结果，但这种算法难以检测具有复杂结构对象的变化信息，并且对多时相影像间视角差异鲁棒性较差[20]。尽管基于多尺度分析的 OBCD 算法能够有效提高算法的可靠性与准确性，但也面临如下几个主要的问题或挑战[5,21,22]。

第一，多尺度下的对象级变化检测尽管可以直接利用光谱特征比较对象间的变化信息，但仅利用光谱特征不仅对图像配准精度有较高要求，同时对孤立点及噪声的鲁棒性较差，因此额外的特征如纹理特征等正越来越多地被应用到对象级变化检测中[23]。图像的纹理特征能够描述局部区域的空间颜色分布和光强分布。纹理特征种类众多且提取方法多样，如采用 LBP 方法 (local binary patterns) 提取影像的 LBP 纹理特征[24,25]；利用灰度共生矩阵 (gray level co-occurrence matrix) 提取影像的对比度、熵等特征[26]。在多尺度影像中如何定义合适的描述子从而综合反映对象的纹理特征与光谱特征，是提高检测精度的关键问题。第二，在绝大多数多尺度 OBCD 算法中，图像分割过程中提取的对象光谱与纹理信息仅仅被用于定位对象的边界，而没有被进一步用于后续的变化检测[5]。这种策略不但割裂了影像分割与变化检测之间的联系，还会导致已有对象特征信息的丢失甚至重复计算。最后，多尺度变化检测在各个尺度中会产生不同的检测结果，因此设计有效的融合策略是另一个关键问题。

针对以上问题，本章提出了一种基于多尺度融合的对象级高分辨率遥感影像变化检测方法，主要包括数据准备与预处理、对象提取、对象特征提取及比较、多尺度融合。首先，采用第 2 章提出的影像配准方法进行几何校正，进而采用第 3 章所提出的 WJSEG 算法提取对象所在的区域，并在分割过程中产生的 J-image 序列上实现多尺度的对象特征提取与变化检测。在此基础上提出了两种不同的融合策略以获得最终的检测结果。实验结果表明，两种融合策略分别在控制误检率和漏检率方面取得了良好的效果。最后，检测结果进一步对变化区域的变化强度等级进行了划分，为野外作业等实际应用场合提供了有效的指导依据。

9.2 研究方法

9.2.1 对象提取

在采用前面所提出的配准算法对多时相影像进行几何配准的基础上，采用 WJSEG 算法提取对象所在的区域。选择 WJSEG 方法的主要原因包括：在分割过程中，WJSEG 算法会产生多尺度 J-image 序列。J-image 反映了原始影像的颜色分布，这也就是说 J-image 实质上是一幅包含尺度特征的梯度影像。因此，在不同时相影像的 J-image 中，对分割结果中的某一个对象只利用光谱特征进行相似性描述，即实际反映了对象在不同影像间光谱特征、纹理特征与尺度特征的相似性，能够有效克服单纯利用原始影像光谱特征所存在的不足。同时，这也意味着在后续的多尺度变化检测中无需重新计算多尺度影像。另外，与国际知名商业软件 eCognition 等相比，采用 WJSEG 算法不但能够准确地提取对象，更有利于提高变化检测过程的算法透明性与鲁棒性。

需要指出的是，在本章提出的算法中，将选择多时相影像中受到噪声以及阴影影响较小的一幅影像进行分割，并依据图像配准建立的坐标间映射关系。算法通过将所提取的边界分别叠加于多时相影像对应的所有尺度 J-image 影像中，获得统一的对象集合。另外，如果确实需要对每个时相的影像单独进行分割，从不同时相影像中获得的分割结果可基于配准的结果叠加在一起，并获得统一的对象集合，这两种分割方式在本章提出的所有检测方法中都是被允许的。而无论采用哪种分割方式，在利用 WJSEG 算法进行分割时，计算 J-image 序列所采用的特定尺寸窗口应保持一致，以保证多时相遥感影像能够获得相同尺度下的多尺度 J-image 序列。

9.2.2 对象特征提取及比较

在提取对象后，需要选择合适的相似性度量来描述对象在不同时相影像中的相似性。常见的相似性度量包括各种距离如欧氏距离、马氏距离等，还包括直方图匹配、协方差等。Wang 等提出的 SSIM (structural similarity) 综合考虑了向量的均值、方差和协方差，能够很好地表示向量间的相似性[27]。向量 x 与 y 之间的结构相似度 $S(x,y)$ 定义为

$$S(x,y)=[l(x,y)]^{\alpha}\cdot[c(x,y)]^{\beta}\cdot[s(x,y)]^{\gamma} \tag{9.1}$$

其中，

$$l(x,y)=\frac{2\mu_x\mu_y+C_1}{\mu_x^2+\mu_y^2+C_1} \tag{9.2}$$

$$c(x,y)=\frac{2\sigma_x\sigma_y+C_2}{\sigma_x^2\sigma_y^2+C_2} \tag{9.3}$$

$$s(x,y)=\frac{\sigma_{xy}+C_3}{\sigma_x\sigma_y+C_3} \tag{9.4}$$

式 (9.1)~ 式 (9.4) 中，μ_x，μ_y，σ_x，σ_y，σ_x^2，σ_y^2，σ_{xy} 分别是 x 与 y 的均值、标准差、方差和协方差。α，β，γ 是 3 个分量的权重，C_1，C_2，C_3 是为了防止当分母接近零时产生不稳定现象所添加的常数。

当 $\alpha=\beta=\gamma=1, C_3=C_2/2$ 时，式 (9.1) 可简化为

$$S(x,y)=\frac{(2\mu_x\mu_y+C_1)(2\sigma_{xy}+C_2)}{(\mu_x^2+\mu_y^2+C_1)(\sigma_x^2+\sigma_y^2+C_2)} \tag{9.5}$$

$S(x,y)$ 越大，对象在两时相影像间的变化越小，相似度越高。另外，根据 SSIM 定义可以看出，SSIM 还具有如下特点：① 有界，$S(x,y)\in[0,1]$；② 对称，$S(x,y)=S(y,x)$；③ 最大值唯一，当且仅当 $x=y$ 时，$S(x,y)=1$。满足以上三个条件的相似性度量通常被认为能够更好地描述向量间的相似性。

与 SSIM 相比，各种 “距离” 不满足有界的条件，直方图匹配不具有对称性，协方差则不满足最大值唯一条件。因此，本章选择 SSIM 作为对象间的相似性度量。

在某一尺度 J-image 中，计算分割结果中所有对象在两个时相影像间的 SSIM，进而可获得单一尺度下的变化检测结果。

9.2.3 多尺度融合

考虑到对象和变化信息对尺度的依赖性，为进一步提高变化检测精度，本章将两种决策级融合策略应用到所提出的对象级变化检测方法中。在融合过程中，本章进一步对对象的变化强度的等级进行划分，将分割结果中的所有对象划分为剧烈变化、明显变化及非变化三类，以便为野外实际作业提供有价值的目标靶区。

9.2.3.1 基于 D-S 证据理论的融合策略

D-S 证据理论利用多源信息对系统的整体进行归纳和分析，从而获得正确的决策，是一种解决不确定性推理问题的有效工具。其主要特点包括：满足比贝叶斯概率论更弱的条件；具有直接表达“不确定”和“不知道”的能力；不但允许将信度赋予假设空间的单个元素，而且还能赋予它的子集。基于这些优点，本章提出了一种基于 D-S 证据理论的多尺度融合策略 (下文中简称“证据融合策略”)。D-S 证据理论的基本概念如下[28,29]。

定义 U 是一个识别框架，在 U 上的基本概率分配 BPAF (basic probability assignment formula) 是一个函数 m: $2^U \to [0,1]$，且 m 满足

$$m(\varnothing) = 0 \tag{9.6}$$

$$\sum_{A \subseteq U} m(A) = 1 \tag{9.7}$$

其中，若 A 满足 $m(A) > 0$，称 A 为一个焦元 (focal elements)，$m(A)$ 表示证据对 A 的一种信任度量。Dempster 合成规则 (Dempster combinational rule) 定义如下。

对于 $\forall A \subseteq U$，U 上的 n 个 mass 函数 $m_i(i = 1, 2, \cdots, n)$ 的 Dempster 合成法则为

$$m = m_1 \oplus m_2 \oplus \cdots \oplus m_n(A) = \frac{1}{K} \sum_{\cap B_i = A} \prod_{1 \leqslant i \leqslant n} m_i(B_i) \tag{9.8}$$

其中，K 为归一化常数，其反映了证据的冲突程度，定义为

$$K = \sum_{\cap B_i \neq \varnothing} \prod_{1 \leqslant i \leqslant n} m_i(B_i) \tag{9.9}$$

在证据融合策略中，定义 D-S 理论框架 $U: \{JL, MX, N\}$。其中，JL 代表剧烈变化类，MX 代表明显变化类，N 代表非变化类。因此 2^U 的非空子集包括：$\{JL\}$，$\{MX\}$，$\{N\}$，$\{JL, MX, N\}$。对于每一个对象 $R_i(i = 1, 2, \cdots, P$，P

是分割结果中对象的总数)，定义 S_{ik} 为 R_i 在不同时相间相同尺度 J-image 间的 SSIM，进而根据以下公式建立相应的 BPAF。

$$m_{ik}(\{JL\}) = (1 - S_{ik}) \times T \times \alpha_k \tag{9.10}$$

$$m_{ik}(\{MX\}) = (1 - S_{ik}) \times (1 - T) \times \alpha_k \tag{9.11}$$

$$m_{ik}(\{N\}) = S_{ik} \times \alpha_k \tag{9.12}$$

$$m_{ik}(\{JL, MX, N\}) = 1 - \alpha_k \tag{9.13}$$

其中，阈值 T 决定了剧烈变化类中变化的剧烈程度，$\alpha_k \in (0,1)$，$(k = 1, 2, \cdots, M$，M 是分割中尺度的总数) 代表了某一尺度对判别的信任度。根据 J-value 的定义可知，较小的尺度适合于检测对象的细节变化，而较大的尺度则能够有效减少噪声以及孤立点的干扰。因此，所涉及参数及阈值可根据经验或具体应用的实际需求人工设定。

基于式 (9.10)~ 式 (9.13)，定义决策规则如下：

Step1 对象 R_i，根据式 (9.8)，利用不同尺度下的 S_{ik} 计算 $m_{ik}(\{JL\})$，$m_{ik}(\{MX\})$，$m_{ik}(\{N\})$ 和 $m_{ik}(\{JL, MX, N\})$：$m = m_1 \oplus m_2 \oplus \cdots \oplus m_M$。

Step2 若 $m_i(\{JL\}) > 0.8$ 或者 $m_i(\{MX\}) > 0.2$ 且 $m_i(\{JL\}) > 0.6$，则 R_i 为剧烈变化对象。

Step3 若 $m_i(\{MX\}) > 0.4$ 或者 $m_i(\{N\}) < 0.7$，则 R_i 为明显变化对象。

Step4 否则，R_i 为非变化对象。

Step5 重复 Step1 到 Step4，遍历分割结果中所有对象，获得最终的检测结果。

9.2.3.2 加权融合策略

为了进一步证明与单一尺度的变化检测相比，采用多尺度分析能够较有效地提高检测精度，并获得更加可靠的检测结果，融合策略 2 采用简单的加权融合 (下文简称 “加权融合策略”)。定义 $\alpha_l \in (0,1)$ 为单一尺度下检测结果所占的权重，其中 $l = 1, 2, 3, \cdots, M$。融合策略 2 的决策规则如下：

Step1 对于每个 R_i，S_{ik} 的合成公式为：$S_i = \alpha_1 \times S_{i1} + \alpha_2 \times S_{i2} + \cdots + \alpha_M \times S_{iM}$。

Step2 若 $S_i \in [0.85, 1]$，则 R_i 为非变化对象。

Step3 若 $S_i \in [0.3, 0.85)$，则 R_i 为明显变化对象。

Step4 否则，R_i 为剧烈变化对象。

Step5 重复 Step1 到 Step4，遍历分割结果中所有的对象，获得最终的检测结果。

9.3 方法实现流程

综上所述，本章提出算法的具体实现流程如图 9.1 所示。

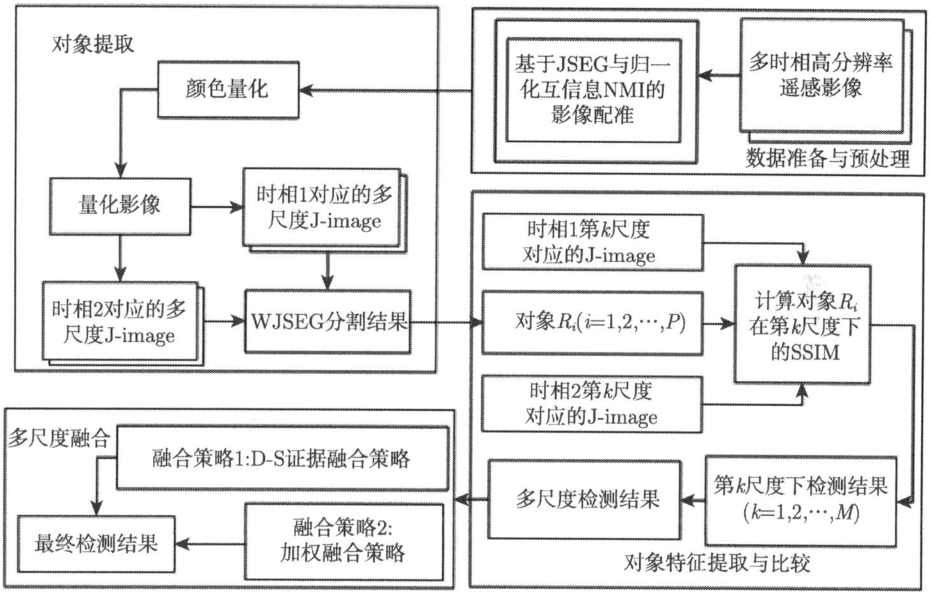

图 9.1 算法流程图

如图 9.1 所示，首先采用本章提出的配准算法对多时相高分辨率遥感影像进行配准，进而采用 WJSEG 算法实现对象的提取。为了获得统一的地理对象，分割结果获得的边界将基于配准结果直接映射到不同时相影像的所有 J-image 影像中去。因此，对于分割结果中的每一个对象 R_i，在不同时相影像的相同尺 J-image 中都能够确定与 R_i 对应的区域。在此基础上，根据式 (9.5) 计算单一尺度下每个 R_i 的 SSIM，进而通过所提出的两种不同的融合策略获得变化检测结果，完成整个检测过程。

9.4 实验与分析

为全面地分析算法的性能，实验采用两组不同传感器类型的多时相高分辨率遥感影像，一方面将所提出算法分别与传统像素级、对象级变化检测算法进行比较，另一方面分析尺度变化及不同融合策略对变化检测的影响。

实验中，传统像素级的变化检测方法选择经典的多波段变化矢量方法 (change vector analysis，CVA) 以及 Bruzzone 等提出的改进 CVA-EM 算法。CVA-EM 算法在 CVA 差异影像的基础上，通过引入 EM 算法估计高斯模型的相关参数，有效提高了检测精度。实验中两种算法 GMM 的分支数均设定为 2。对象级变化检测方法选择 Hall 等提出的 MOSA (multi-scale object-specific approach) 检测方法。MOSA 算法采用基于标记点的多尺度分水岭分割算法分析并提取对象，进而采用阈值自适应的差值法获得最终的变化结果，能有效检测与尺度相关的变化信息。Hall 等认为 MOSA 算法中最精细尺度的检测效果最佳，因此本章只对该尺度的检测结果进行精度评价。

9.4.1　数据集 1 实验

实验数据集 1 由配准后影像#1、#2 (图 9.2) 组成。#1 与#2 分别为 2009 年 3 月及 2012 年 2 月获取的航空遥感 DOM (digital orthophoto map) 数据，所在地区为中国江苏省南京市河海大学江宁校区，空间分辨率为 0.5m，图像大小为 512×512 像素。

由于数据集 1、数据集 2 影像采集时间分别为冬末春初 (2~3 月) 及春末夏初 (6~7 月)，因此植被覆盖类别相近，有利于进行变化检测。分别比较两组数据集 (图 9.2、图 9.10) 可以发现，场景中都存在典型的地物变化 (如既有结构复杂的人造目标发生变化，也有微小的植被细节变化等)；都包含丰富的地物种类如植被、湖泊、道路、建筑等。另外，受光照变化影响，数据集 1 中影像#2 存在大量阴影区域。因此，在数据集 1 中，选择对影像#1 进行分割。

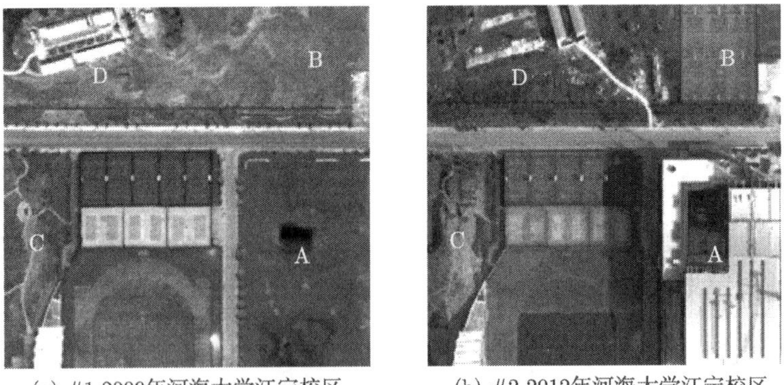

(a) #1 2009年河海大学江宁校区　　(b) #2 2012年河海大学江宁校区

图 9.2　数据集 1 航空遥感 MODIS 数据

计算 J-value 的窗口被设定为 20×20 像素、10×10 像素和 5×5 像素，因此 $M = 3$。图 9.3 展示了用 20×20 像素窗口计算的最大尺度 J-image 影像，称为尺度 1。

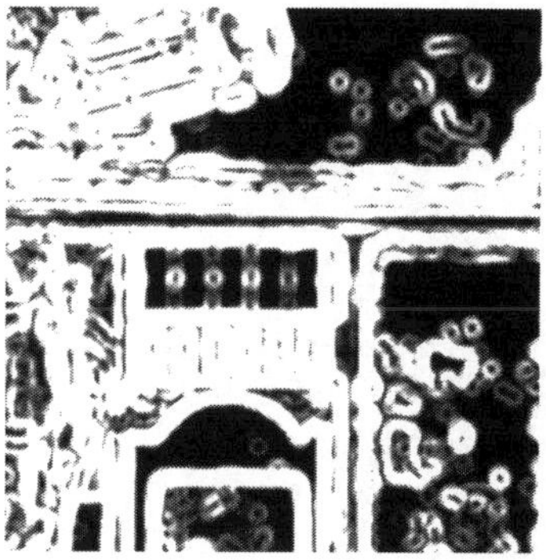

(a) 影像#1的尺度1 J-image

(b) 影像#2的尺度1 J-image

图 9.3 不同时相影像的 J-image.

采用 WJSEG 方法在影像#1 中提取的边界和一个对象 R_i 如图 9.4 所示。图 9.5 展示了在影像#2 的第 2 尺度 (用于计算 J-value 的窗口尺寸为 10×10 像素) 中对象 R_i 对应的区域。

在式 (9.5) 中，令参数 $C_1 = 0.2$，$C_2 = 0.8$。在证据融合策略中，令参数 $T = 0.3$，$\alpha_1 = 0.7$，$\alpha_2 = 0.8$，$\alpha_3 = 0.9$。为了能够进一步分析及比较两种融合策略的性能，加权融合策略中的参数 α_1，α_2，α_3 赋值与证据融合策略相同。数据集 1 中两种融合策略的变化检测结果如图 9.6 所示。在图 9.6 中，不同颜色代表了对象分别属于剧烈变化、明显变化和非变化区域。

图 9.7、图 9.8、图 9.9 分别展示了采用 MOSA、CVA 和 CVA-EM 算法的变化检测结果。

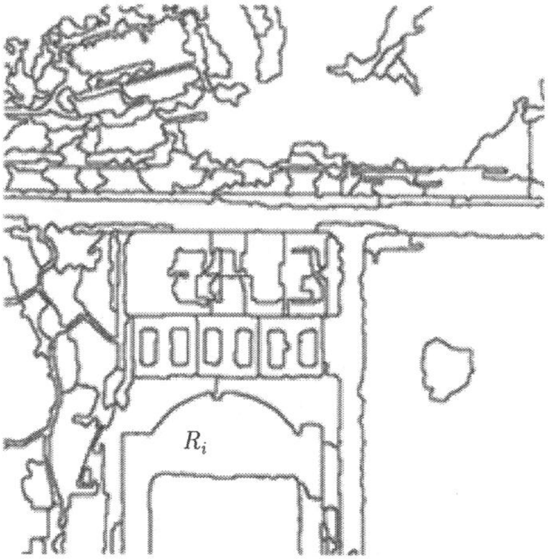

图 9.4 影像#1 的分割结果

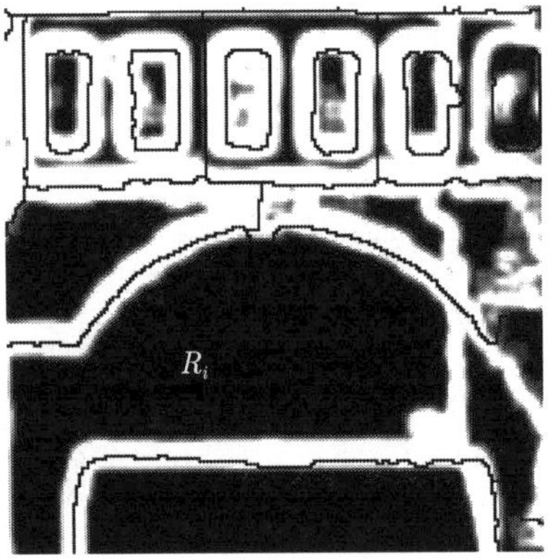

图 9.5　R_i 在影像#2 第 2 尺度中对应的区域

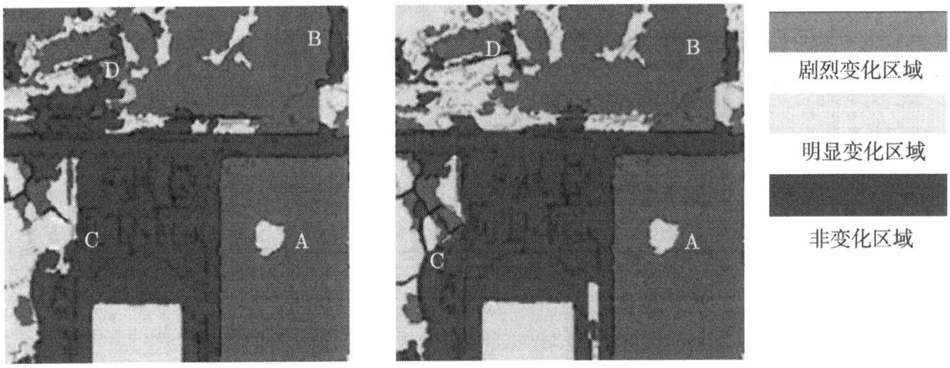

(a) 证据融合策略　　(b) 加权融合策略

图 9.6　本章方法数据集 1 检测结果

图 9.7　MOSA 数据集 1 检测结果

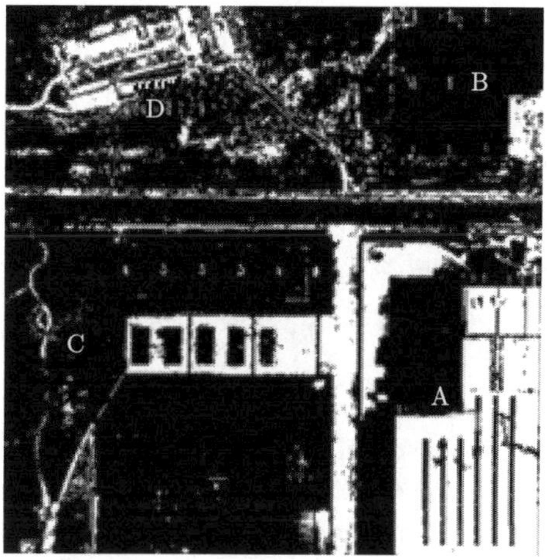

图 9.8 CVA 数据集 1 检测结果

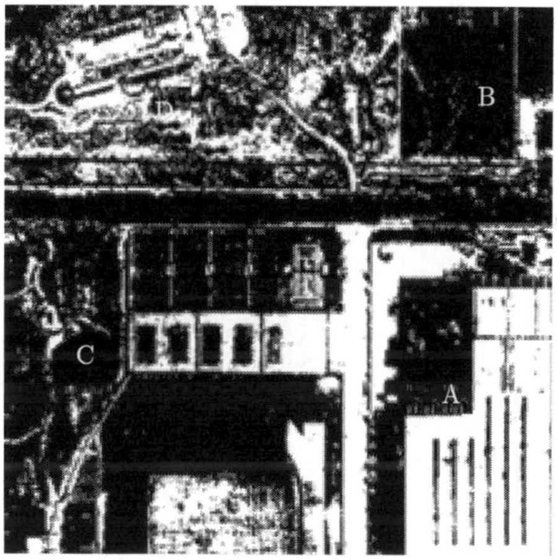

图 9.9 CVA-EM 数据集 1 检测结果

为便于目视分析，影像上标识了 2009 年到 2012 年河海大学江宁校区实际地物的变化位置，主要变化包括建筑物、篮球场、植被以及其他不规则的人造目标。变化位置 A 为新建的学校体育馆；B 为新建的篮球场，相邻区域为新建的手球场；C 为退化的草坪；D 为建筑工人搭建的临时板房。

通过目视分析对比图 9.6 与图 9.7、图 9.8、图 9.9 可以看出：① CVA 及 CVA-EM 主要漏检了位置 B 的篮球场与手球场区域；MOSA 对复杂的结构变化检测效果较差，如位置 D。② 本章算法的两种融合策略都有效地检测到了 4 个标识位置的变化信息。两种融合策略检测结果对规则的人造目标如位置 A、B 检测结果基本相同，差异主要体现在多种目标混杂的复杂背景区域，加权融合策略检测出了更多的变化区域，如位置 D 等，以及部分区域变化强度等级的不同判别，如位置 C 等。③ 影像#2 中存在的大量阴影区域导致了 CVA 及 CVA-EM 检测结果存在大量的“伪变化”，而基于对象的 MOSA 与本章算法能够有效地减少阴影造成的干扰，如体育馆所在位置 A 右侧的道路区域。

为进一步定量分析不同检测方法的性能，在实地考察和对影像可视化分析的基础上，数据集 1 中选择一组包含 7523 个变化像元与 8861 不变像元的样本数据，将其视为参考变化结果，采用误检率、漏检率、总体精度、Kappa 系数 4 个指标来评价不同算法的性能，如表 9.1 所示。

表 9.1　数据集 1 变化检测精度及误差

方法/指标	总体精度/%	误检率/%	漏检率/%	Kappa 值
证据融合策略	87.3	11.12	17.21	0.7212
加权融合策略	86.8	12.95	15.96	0.7074
MOSA	84.64	14.35	16.49	0.6878
CVA	81.2	13.29	30.5	0.6531
CVA-EM	83.5	12.59	23.32	0.6796

通过表 9.1 可以看出：① 本章提出的多尺度对象级变化检测算法明显优于其他两种像素级检测方法以及 MOSA 检测算法，与目视分析结果一致。两种融合策略的总体精度与 Kappa 系数分别达到 87.3%和 0.7212、86.8%和 0.7074，漏检率远低于两种像素级检测算法；虽然证据融合策略漏检率略高于 MOSA 算法，但误检率更低且总体精度更高。② 证据融合策略采用了基于 D-S 证据理论的决策融合，在实验中性能最优，仅漏检率略高于加权融合策略。③ 加权融合策略对不同尺度的检测结果采用了简单的加权数据融合，误检率略高于 CVA-EM 算法，但漏检率最低。

9.4.2　数据集 2 实验

数据集 2 采用空间分辨率为 5m 的 SPOT 5 全色–多光谱融合影像#3、#4 (图 9.10)，尺寸均为 1024×1024 像素。融合波段包括全色波段以及红、绿、近红外波段。影像#3 与#4 获取的时间分别为 2004 年 6 月及 2008 年 7 月，所在地区为中国上海。

与数据集 1 相比，数据集 2 分辨率略低且背景更加复杂，因此在对象提取时采用更小的窗口尺寸：9×9 像素、7×7 像素以及 5×5 像素。设定 $C_1 = 0.2$，$C_2 = 0.8$ 阈值 $T = 0.4$，$\alpha_1 = 0.8$，$\alpha_2 = 0.9$，$\alpha_3 = 0.95$，检测结果如图 9.11 所示。

采用 MOSA、CVA 算法以及 CVA-EM 算法的检测结果如图 9.12、图 9.13、图 9.14 所示。

(a) #3 2004年上海地区 (b) #4 2008年上海地区

图 9.10 数据集 2 SPOT 5 全色–多光谱融合数据

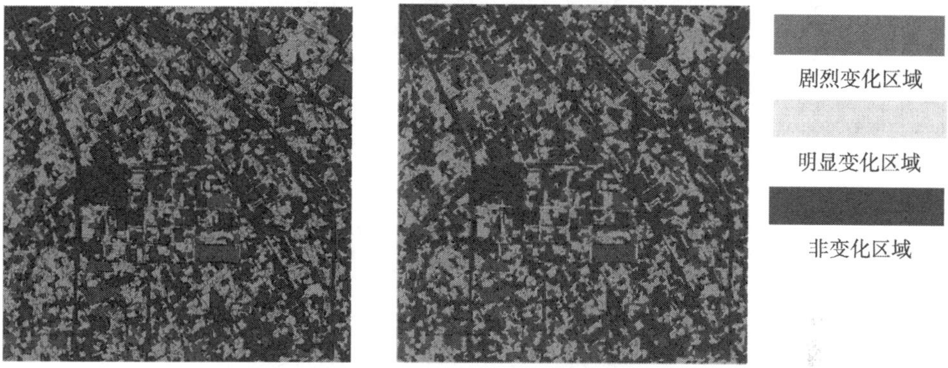

(a) 证据融合策略 (b) 加权融合策略

图 9.11 本章方法数据集 2 检测结果

图 9.12 MOSA 数据集 2 检测结果

图 9.13 CVA 数据集 2 检测结果

图 9.14 CVA-EM 数据集 2 检测结果

参照数据集 1 实验，选取图像上一组包含 7523 个变化像元与 8861 不变像元的样本数据，将其视为参考变化结果。计算不同方法的检测精度指标，如表 9.2 所示。

通过表 9.2 可看出：① 数据集 2 实验结果的精度指标与数据集 1 获得的结论基本相同。由此可见，与传统单一尺度的像素级变化检测算法相比，本章提出的基于对象的多尺度变化检测方法在高分辨率遥感影像变化检测中能够显著提高检测精度，同时有效减少“伪变化”。此外，与常规对象级检测方法相比，本章算法除漏检率与 MOSA 算法相当外，其他各项精度指标尤其是总体精度及 Kappa 系数均明显优于 MOSA 算法。② 在数据集 2 中各算法总体检测精度较数据集 1 有所下降，主要是数据集 2 中影像空间分辨率降低造成的。空间分辨率的降低导致了场景中包含多个目标的混合像元比例增加，同时增加了分割算法准确定位对象边缘的难度。③ 两组实验结果表明证据融合策略可以有效抑制误检率，而加权融合策略可以有效降低漏检率。因此在具体应用中，可从降低误检率和漏检率两方面的实际要求选择合适的融合策略。

表 9.2 数据集 2 变化检测精度及误差

方法/指标	总体精度/%	误检率/%	漏检率/%	Kappa 值
证据融合策略	85.2	13.75	18.98	0.7058
加权融合策略	85.1	14.83	15.42	0.6996
MOSA	83.7	15.02	17.25	0.6857
CVA	80.6	16.39	29.32	0.6531
CVA-EM	81.2	14.59	24.57	0.6647

9.4.3 尺度依赖性及融合策略分析

为进一步分析变化对尺度的依赖性以及两种融合策略对检测结果的影响，实验从两个方面进行了比较：检测结果的精度评价和不同变化强度区域所占面积的比例。

参照上文两组实验，对多尺度 J-image 影像序列中的每一个尺度 J-image 中分别进行变化检测，利用 SSIM 检测变化对象的判别区间与加权融合策略的判别区间相同。不同尺度以及不同融合策略获得的总体精度、误检率、漏检率以及 Kappa 系数如图 9.15 所示。

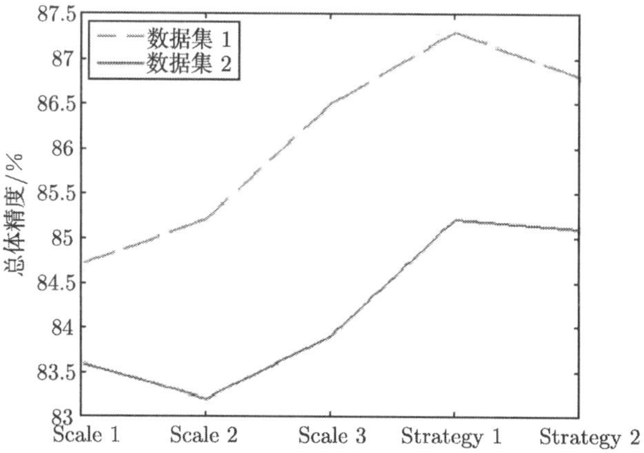

(a) 总体精度

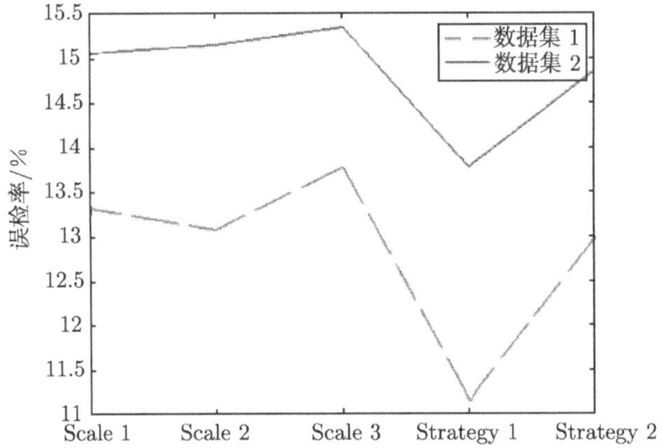

(b) 误检率

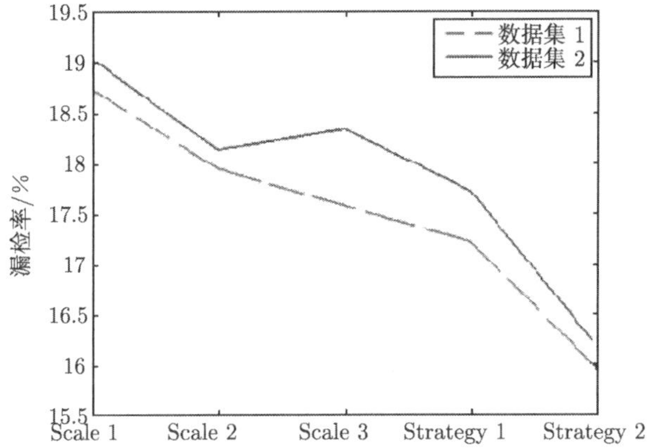

(c) 漏检率

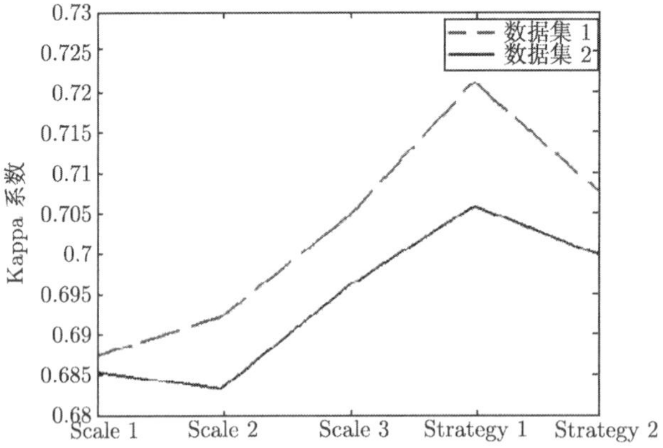

(d) Kappa系数

图 9.15　尺度依赖性分析及两种融合策略精度评价

通过比较图 9.15 中各个尺度及不同融合策略检测结果的精度指标可以得出如下结论：单一尺度下的变化检测结果间存在较大的差异，各项检测精度指标都明显低于两种融合策略。进一步证明了变化信息对尺度具有依赖性，单一尺度的检测结果并不可靠，而多尺度融合策略能有效提高变化检测精度。同时，通过表 9.1 与表 9.2 的比较可以看出，所提出的算法在单一尺度下获得的总体精度依然相当或明显好于 CVA 和 EM-CVA 算法。

9.4.4 不同融合策略变化强度差异分析

通过对两组实验中两种融合策略的检测结果进行统计分析，属于不同变化强度的区域所占的比例如表 9.3、表 9.4 所示。

表 9.3 数据集 1 不同变化强度等级面积比例 (单位：%)

融合策略	剧烈变化	明显变化	不变化	总计
证据融合策略	11.3	10.4	78.3	100
加权融合策略	10.2	16.6	73.2	100

表 9.4 数据集 2 不同变化强度等级面积比例 (单位：%)

融合策略	剧烈变化	明显变化	不变化	总计
证据融合策略	16.1	20.8	63.1	100
加权融合策略	18.7	22.8	58.5	100

从表 9.3 和表 9.4 中可以看出，两种融合策略检测出的剧烈变化区域面积相当 (分别为 10.2%~11.3%及 16.1%~18.7%)，且大部分区域重叠 (图 9.6 及图 9.11)。因此，剧烈变化区域可设定为实际应用中变化检测的首要检测靶区，而明显变化区域可作为第二阶段检测的重点区域。

参 考 文 献

[1] Patino J E, Duque J C. A review of regional science applications of satellite remote sensing in urban settings[J]. Computers, Environment and Urban Systems, 2013, 37: 1-17.

[2] 王超. 对象级高分辨率遥感影像变化检测及相关技术研究 [D] . 南京：河海大学，2014.

[3] Ma L, Li M, Blaschke T, et al. Object-based change detection in urban areas: the effects of segmentation strategy, scale, and feature space on unsupervised methods[J]. Remote Sensing, 2016, 8(9): 761.

[4] Xu M, Sun Q, Lu Y, et al. Nearest-neighbors based weighted method for the BOVW applied to image classification[J]. Journal of Electrical Engineering and Technology, 2015, 10(4): 1877-1885.

[5] Wang C, Xu M, Wang X, et al. Object-oriented change detection approach for high-resolution remote sensing images based on multiscale fusion[J]. Journal of Applied Remote Sensing, 2013, 7(1): 073696-073696.

[6] Shi A, Huynh D Q, Huang F C, et al. Unsupervised change detection based on robust chi-squared transform for bitemporal remotely sensed images[J]. International Journal of Remote Sensing, 2014, 35(21): 7555-7566.

[7] Chen Q, Chen Y. Multi-feature object-based change detection using self-adaptive weight change vector analysis[J]. Remote Sensing, 2016, 8(7): 549.

[8] Johansen K, Arroyo L A, Phinn S, et al. Comparison of geo-object based and pixel-based change detection of riparian environments using high spatial resolution multi-spectral imagery[J]. Photogrammetric engineering and remote sensing, 2010, 76(2): 123-136.

[9] Tortini R, Mayer A L, Maianti P. Using an OBCD approach and Landsat TM data to detect harvesting on nonindustrial private property in Upper Michigan[J]. Remote Sensing, 2015, 7(6): 7809-7825.

[10] Bovolo F, Bruzzone L. A detail-preserving scale-driven approach to change detection in multitemporal SAR images [J]. IEEE Transactions on Geoscience and Remote Sensing, 2005, 43(12): 2963-2972.

[11] Im J, Jensen J R, Tullis J A. Object - based change detection using correlation image analysis and image segmentation[J]. International Journal of Remote Sensing, 2008, 29(2): 399-423.

[12] Roessner S, Behling R, Segl K, et al. Automated Remote Sensing Based Landslide Detection for Dynamic Landslide Inventories[M]//Landslide Science for a Safer Geoenvironment. Springer International Publishing, 2014: 345-350.

[13] Bouchaffra D, Cheriet M, Jodoin P M, et al. Machine learning and pattern recognition models in change detection[J]. Pattern Recognition, 2015, 48(3): 613-615.

[14] Hussain M, Chen D, Cheng A, et al. Change detection from remotely sensed images: From pixel-based to object-based approaches[J]. ISPRS Journal of Photogrammetry and Remote Sensing, 2013, 80: 91-106.

[15] Hao M, Shi W, Zhang H, et al. A scale-driven change detection method incorporating uncertainty analysis for remote sensing images[J]. Remote Sensing, 2016, 8(9): 745.

[16] Pierce K B. Accuracy optimization for high resolution object-based change detection: an example mapping regional urbanization with 1-m aerial imagery[J]. Remote Sensing, 2015, 7(10): 12654-12679.

[17] Solberg A H S, Brekke C, Ove Husoy P. Oil spill detection in Radarsat and Envisat SAR images[J]. IEEE Transactions on Geoscience and Remote Sensing, 2007, 45(3): 746-755.

[18] Toure S, Stow D, Shih H, et al. An object-based temporal inversion approach to urban land use change analysis[J]. Remote Sensing Letters, 2016, 7(5): 503-512.

[19] Bruzzone L, Bovolo F. A novel framework for the design of change-detection systems for very-high-resolution remote sensing images[J]. Proceedings of the IEEE, 2013, 101(3): 609-630.

[20] Hall O, Hay G J. A multiscale object-specific approach to digital change detection[J]. International Journal of Applied Earth Observation and Geoinformation, 2003, 4(4): 311-327.

[21] Shi J, Malik J. Normalized cuts and image segmentation[J]. IEEE Transactions on Pattern Analysis and Machine Intelligence, 2000, 22(8): 888-905.

[22] Cour T, Benezit F, Shi J. Spectral segmentation with multiscale graph decomposition[C]// 2005 IEEE Computer Society Conference on Computer Vision and Pattern Recognition, 2005, 2: 1124-1131.

[23] Li L, Leung M K H. Integrating intensity and texture differences for robust change detection[J]. EEE Transactions on Image Processing, 2002, 11(2): 105-112.

[24] Namias R, Bellemare M E, Rahim M, et al. Uterus segmentation in Dynamic MRI using LBP texture descriptors[C]//SPIE Medical Imaging. International Society for Optics and Photonics, 2014: 90343W-90343W-9.

[25] Liu S, Bruzzone L, Bovolo F, et al. Hierarchical unsupervised change detection in multitemporal hyperspectral images[J]. IEEE Transactions on Geoscience and Remote Sensing, 2015, 53(1): 244-260.

[26] Racoviteanu A, Arnaud Y, Nicholson L. Surface characteristics of debris-covered glacier tongues in the Khumbu Himalaya derived from remote sensing texture analysis[C]//EGU General Assembly Conference Abstracts. 2013, 15: 10174.

[27] Wang Z, Lu L, Bovik A C. Video quality assessment based on structural distortion measurement[J]. Signal processing: Image communication, 2004, 19(2): 121-132.

[28] Dempster A P. Upper and lower probabilities induced by a multi-valued mapping[J]. The Annals of Mathematical Statistics, 1967: 325-339.

[29] 潘泉, 梁咏梅. 多源信息融合理论及应用 [M]. 北京: 清华大学出版社，2013.

第10章　一种对象级高分辨率 SAR 影像洪水灾害变化检测

本章主要是将对象级检测方法运用到一个具体的领域，对高分辨率 SAR 影像洪水灾害变化进行检测。它首先采用配准方法对多时相影像进行几何配准，再对每个时相影像进行轮廓波变换，在保持图像边缘特性的同时压制图像噪声，再通过简单的样本训练选择最佳分解尺度，在该尺度上获取水体可能存在区域的标记点位置；其次，采用基于标记点的分水岭分割以及区域合并策略获得水体的轮廓信息，并利用基于多种特征的判别规则进一步消除虚假目标的干扰；最后，根据配准结果直接比较多时相影像中所提取的水体轮廓，获得水体发生变化的区域。实验证明，本章的方法在对高分辨率 SAR 影像洪水灾害变化检测上，有良好的结果，总体精确度很高。

10.1　问 题 分 析

前文所提出的对象级多尺度检测框架主要针对变化检测中的“变与不变”，而不针对某一具体的应用领域。本章将对利用遥感影像进行自然灾害监测与评估领域中的一个重要内容，即基于高分辨 SAR 影像的洪水灾害变化检测展开研究。

洪水灾害是指由于降水导致的山洪暴发、堤坝溃坝、农田淹没、房屋损毁等现象，是目前世界上危害最为严重的自然灾害之一[1]。遥感影像由于具有时效性强、覆盖范围广泛等优点，目前已成为洪水灾害监测与评估的重要手段[2−5]。由于水体对于 014~215Lm 范围内的电磁波吸收率明显高于其他地物，因此水体通常表现为面状连续分布且整体亮度较低的成片区域，这也是利用遥感影像进行洪水灾害变化检测的基础[6]。

目前，全球用于洪水灾害监测的卫星主要包括美国陆地资源卫星 Landsat TM、法国 SPOT 系列资源卫星等光学遥感卫星，以及加拿大 Radarsat SAR 雷达卫星等[7]。例如 2012 年巴拉圭利用空间分辨率为 10m 的 SPOT 5 卫星对洪水进行了监测，我国利用 ERS − 1/2 和 Radarsat 影像监测了 1998 年发生在长江和嫩江流域的洪灾等。但是，由于传统资源卫星的轨道周期较长，因此难以获得动态的洪灾信息，时效性较差。同时，光学卫星难以穿透云层的遮挡，在雨季很难获得可靠且清晰的可用影像。而合成孔径雷达 SAR (synthetic aperture radar) 具有全天候、全天时成像、能够穿透云层、几何分辨率与传感器的波长和高度无关等特性，从而能够有效地揭示地面伪装及地貌结构，因此在洪水灾害监测中受到了高度重视。

近年来随着 SAR 影像空间分辨率的不断提高 (如分辨率为 3m 的意大利高分辨率雷达卫星 COSMO-SkyMed SAR 影像等)，为高分辨率 SAR 影像洪水灾害变化检测带来了新的机遇，同时也带来了新的挑战：空间分辨率的提高使 SAR 影像中的地物纹理特征更为精细、层次更为丰富，但 SAR 影像固有的干斑噪声以及大量以纯象元形式出现的如小金属、小目标等噪声造成的干扰也更加明显，因此需要有效的滤波方法进行去噪，同时能够保持图像细节的特征；高分辨率 SAR 影像中由地形起伏造成的影像畸变较中、低分辨率 SAR 影像更加突出，为几何配准带来了困难；影像中与水体区域具有相似几何特征及波谱特征的虚假目标可能造成大量的 "伪变化"；如何在背景复杂的场景中准确定位水体区域并准确提取水体的轮廓是变化检测成功的关键[8]。

针对洪灾前后水体区域这一特定目标的变化检测，可首先对多时相影像单独进行分割，进而判断发生变化的区域，再通过分类提取出变化对象中属于水体的区域，从而获得最终的检测结果[9]。但这种方法不会将水体区域作为一个独立的对象进行分析，因而在变化检测中忽略了水体区域独有的形状、光谱、面积等特征，难以获得可靠的水体区域变化检测结果。同时，变化检测产生的误差积累也会对分类精度造成影响。而在单一时相影像中先将水体作为独立的对象进行提取，再比较多时相影像间发生变化的水体区域，则能很好地避免这些问题和局限。由于变化检测的目的仅关注水体变化信息，因此分类问题可转化为如何准确提取影像中的水体区域这一关键问题[10,11]。最后，只需根据配准结果直接比较多时相影像中提取的水体区域即可获得最终的变化检测结果。因而准确提取高分辨率 SAR 影像中的水体轮廓、消除虚假目标造成的干扰是保证检测精度的关键。

针对高分辨率 SAR 影像水体提取及变化检测问题，学者们已开展了一些研究工作。目前，主流的 SAR 影像水体检测方法主要分为三种：第一种是基于传统边缘检测的水体提取方法。如朱俊杰等采用块追踪算法初步确定水体边缘所在的区域，进而采用活动轮廓 (snake) 模型进一步精确定位水体边缘[12]。但这种方法对噪声的鲁棒性较差，也容易受到虚假目标的干扰。第二种方法通常直接通过阈值法对图像进行分割，从而获得水体及非水体区域。如戴光照等根据影像的灰度直方图采用阈值分割的方法实现了水体的提取[13]。李金基等进一步提出先对差值影像和对数比图像进行融合，进而采用一种基于 T- 分布模型改进的 KI 阈值法对融合影像进行分割，获得洪水灾害变化检测的结果[14]。这种方法原理简单，易于实现，但基于阈值的影像分割对高分辨率 SAR 影像中的细节信息不敏感，因而难以准确定位水体的边缘。第三种是基于支持向量机 (SVM) 等分类器的检测方法[15]。如程明跃等通过模糊加权支持向量机对样本图像的纹理进行训练，获得判别水体的决策函数，进而检测出 SAR 图像的水体区域，但这种基于分类器的检测算法复杂度较高，且样本获取的代价较大[16]。

基于以上分析，本章提出一种对象级高分辨率 SAR 影像洪水灾害变化检测算法。针对 SAR 影像中可能存在的图像畸变，实验证明配准算法能够在高分辨率 SAR 影像配准中取得良好的效果，并且尤其适用于影像中存在畸变的应用场合。因此，首先采用本章提出的配准方法对多时相影像进行几何配准，进而对每个时相影像进行轮廓波 (countourlet) 变换。在保持图像边缘特性的同时压制图像噪声，同时通过简单的样本训练选择最佳分解尺度，并在该尺度上通过分块直方图统计快速获取水体可能存在区域的标记点位置。然后，采用基于标记点的分水岭分割以及区域合并策略获得水体的轮廓信息，并利用基于多种特征的判别规则进一步消除虚假目标的干扰。最后，根据配准结果直接比较多时相影像中所提取的水体轮廓，获得水体发生变化的区域。

下文首先介绍了所提出算法涉及的关键技术，进而阐述算法的基本原理与具体实现。实验首先对两幅德国罗森海姆 (Rosenheim) 地区的 TerraSAR-X HH 单极化 SLC SAR 影像进行单一时相影像中的水体提取实验，然后对一组加拿大渥太华 (Ottawa) 地区多时相 RADARST 影像进行洪灾前后的水体区域变化检测实验，并将实验结果与不同算法进行比较和分析。

10.2 研究方法

本章所提出的方法主要由几何配准、基于轮廓波变换的噪声抑制及标记点提取、基于标记点的分水岭分割及区域合并、虚假目标消除及变化检测组成。本节将对所提出算法的基本原理及具体实现进行详细阐述，算法流程图如图 10.1 所示。

10.2.1 基于轮廓波变换的噪声抑制及标记点提取

10.2.1.1 轮廓波变换

轮廓波变换是一种新颖的多尺度几何分析工具，能够有效捕获影像中的高维奇异信息[16,17]。与传统小波变换相比，轮廓波变换不仅具有时频特性及多尺度特性，且能够提取各个方向上的高频信息，即在不同尺度下可以定义不同方向、不同数量的信息。同时由于采用了迭代滤波器，其冗余度小于 4/3，有效提高了计算效率，降低了算法复杂度。因此，轮廓波已广泛应用于纹理影像分类及检索[18]、影像分割及融合[19−21]、影像压缩[22] 以及 SAR 影像相干斑噪声抑制[23,24] 等领域，取得了良好的效果。

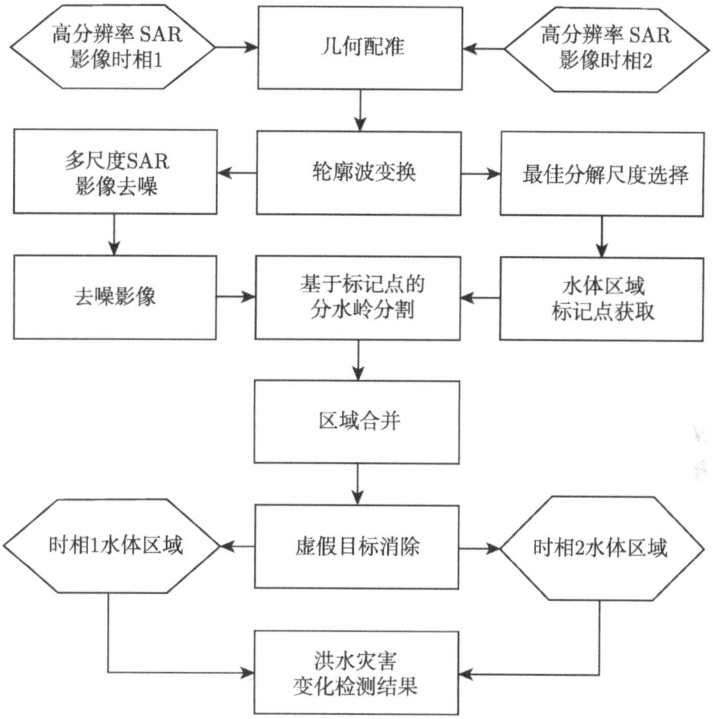

图 10.1 算法实现流程图

轮廓波采用轮廓段 (contour segment) 的基结构来逐渐逼近对象的轮廓，由于定义了能够根据尺度变化而改变长宽比的长方形结构作为基的支撑区间，因而具有各向异性及方向性。轮廓波变换主要包括两个步骤：

Step1 采用多尺度拉普拉斯金字塔 (Laplacian pyramid，LP) 分解影像，捕捉影像中的奇异点信息。

LP 分解是 Burt 等提出的一种多尺度分析方法[25]，每次分解都先采用低通滤波器对上一尺度进行滤波，进而进行下采样获得当前尺度的低频影像。对当前尺度低频影像做上采样操作，并进一步利用低通滤波进行平滑，最后与上一尺度低频影像相减可获得当前尺度下的高频影像。因此，LP 分解没有对高频影像的方向进行划分，利于后续采用方向滤波器进一步提取高频分量的方向信息。分解实现流程如图 10.2 所示。

其中，l 为当前尺度的低频影像，$l+1$ 为分解后获得的低频影像，k 为输出的带通影像，H 为分解滤波器，G 为综合滤波器。

Step2 采用方向滤波器组 (directional filter bank，DFB) 对高频影像进行方向滤波。方向滤波器能够将某一方向上不连续的点连接起来构成轮廓段，从而利用这种基结构来逼近原始影像。

轮廓波变换的结构示意图如图 10.3 所示。

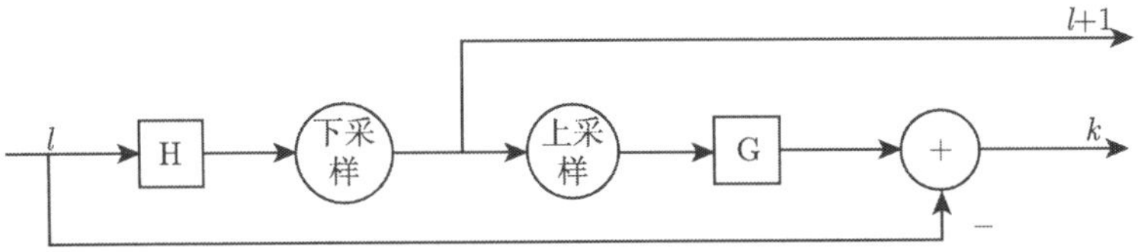

图 10.2　拉普拉斯金字塔 (LP) 分解流程图

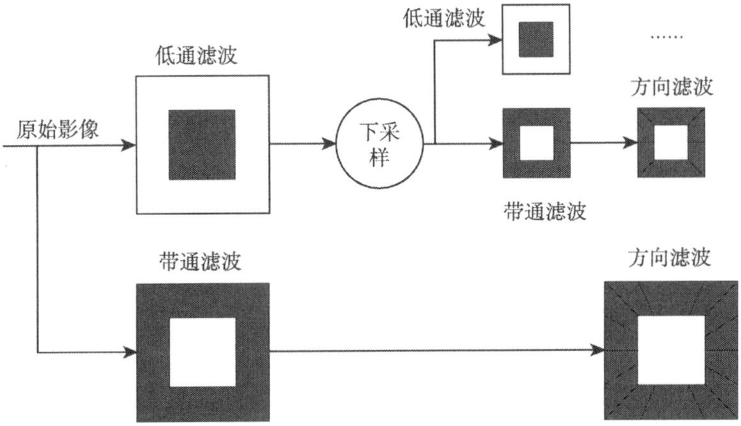

图 10.3　轮廓波变换结构图

10.2.1.2　相干斑噪声抑制

针对 SAR 影像中固有的相干斑噪声，首先采用轮廓波变换对配准后的多时相 SAR 影像进行多尺度去噪。在轮廓波分解后的影像中，噪声对应较小的轮廓波系数，因此通常采用硬阈值方法对噪声加以区分。本章采用如下多尺度策略：

Step1　若原始影像尺寸为 $N\times N$ 像素，定义影像中像素的灰度值为 $f_{i,j}(i,j=1,2,3,\cdots,N)$。定义分解层数 M，进行方向为 2^M 的轮廓波变换。

Step2　利用式 (10.1) 对分解后第 $m(m=1,2,\cdots,M)$ 层的系数的方差 $\delta^2(m)$ 进行估计，如下：

$$\delta^2_{f_{i,j}}(m)=\frac{\mathrm{Var}(|W_{f_{i,j}}(m)|)}{C} \tag{10.1}$$

其中，C 为常数。$|W_{f_{i,j}}(m)|$ 为第 m 层的轮廓波变换系数。

Step3　利用式 (10.2) 计算第 m 层各高频子带的阈值，如下：

$$T(m)=\delta^2_{f_{i,j}}(m)\sqrt{2\lg L(m)} \tag{10.2}$$

其中，$L(m)$ 为第 m 层分解系数的数量。

Step4 采用硬阈值方法对不同方向、不同子带的系数进行处理。

Step5 进行轮廓波反变换，获得去噪影像。

10.2.1.3 最佳轮廓波分解尺度选择

在利用轮廓波进行图像去噪的同时，进一步利用轮廓波分解后的低频影像对水体区域可能存在的位置进行标记。在轮廓波分解后的不同尺度低频影像中，地物特征的详细程度会发生变化[26]。低频影像尺度越大，图像尺寸越小，包含的细节信息也逐渐减少。同时，一些小目标、空洞及孤立点等可能会消失，而如水体、道路等轮廓特征明显、面积较大的典型地物却更加突出。因此，选择合适的低频影像标记水体可能存在的区域，不但能够减少运算量，同时利于提高所获取标记点的准确性。考虑到水体区域在高分辨率 SAR 图像中通常表现为灰度较为稳定的成片区域，利用局部方差对不同尺度下水体样本的光谱特征进行统计将具有很好的可比性。本章通过计算所选取水体样本的局部方差均值，选择均值最小的尺度为最佳分解尺度，并认为在此尺度下水体内部的均质度最高，因此仅在此尺度下搜索可能存在水体的区域，并提取标记点。最佳轮廓波分解尺度选择过程如下：

在图像去噪中，进行 M 层轮廓波变换后，每层取 $K=2^M$ 个方向，则对图像分解得到 $M\times K$ 个高频子带的轮廓波系数 $W_{m,k}$，$k=1,2,3,\cdots,K$ 表示其对应的高频子带。利用式 (10.3) 计算各尺度下各个波段的相位一致值 $PC_{m,k}$：

$$PC_{m,k}=\frac{\sum\limits_n A_n(x)\cos(\phi_n(x)-\bar{\phi}(x))}{\sum\limits_n A_n(x)} \tag{10.3}$$

其中，A_n 为 $W_{m,k}$ 傅里叶分解的 n 次谐波分量的幅度，$\phi_n(x)$ 表示该相位偏移量分量在 x 处的局部相位，$\bar{\phi}(x)$ 为所在点的傅里叶分量的加权平均相位。若所有傅里叶分量都具有一致的相位则该比值为 1；反之，该比值最小值为 0。

对各尺度下各个波段的相位一致值 $PC_{m,k}$ 求梯度 $G_{m,k}$。采用式 (10.4) 计算融合各尺度下不同波段相位一致梯度值为

$$\tilde{G}_m=\max(G_{m1},G_{m2},\cdots,G_{mK}) \tag{10.4}$$

在原始图像中选取 c 个大小为 $d\times d$ 像素的水体区域作为样本，为了使各尺度下的样本具有相同的地物面积，本章在各个尺度所对应相位一致梯度图的相同位置用不同尺寸的窗口对水体样本进行采样，用式 (10.5) 计算各尺度下水体的局部方差均值

$$\sigma_m^2=\frac{1}{c}\sum\frac{1}{g\times g}\sum_{x=1}^{g}\sum_{y=1}^{g}[\tilde{G}_m(x,y)-\bar{\tilde{G}}_m]^2 \tag{10.5}$$

其中，σ_m^2 为尺度 m 下水体地物的局部方差均值；$g \times g$ 像素为原始影像中样本区域在当前尺度下的对应区域的尺寸；$\tilde{G}_m(x,y)$ 表示 m 尺度下坐标为 (x,y) 的像元的相位一致梯度值；$\bar{\tilde{G}}_m$ 为采样样本的相位一致梯度均值。取 σ_m^2 值最小的尺度作为最佳分解尺度，并在此尺度下确定标记点位置。

10.2.1.4　基于分块直方图统计的标记点获取

经过轮廓波变换后的低频子图像保留了原始图像的大部分稳定信息，且分辨率相对于原始图像小，因此即使在最佳尺度对应的低频子图像中进行全局搜索，搜索次数也会有效减少。为了进一步减少计算量，本章将待检测的低频图像进行分块处理，即将整幅影像等分为 $H \times H$ 像素大小的子图像，分别进行标记点提取。由于高分辨率 SAR 图像中水体的灰度值较低且波动范围小的特点，即反映为图像灰度的平均值和标准差较小，本章提出了一种基于分块直方图统计的标记点提取策略：

Step1　确定子图像尺寸。若窗口过大，窗口中可能包含种类众多的地物；如果窗口太小就会失去统计意义，同时会显著增加计算量。由于人工提取的样本区域能够充分反映水体所在区域的相关特征，因此本章选择子图像尺寸与所选样本在当前尺度下的对应区域尺寸一致，即令 $H = g$。定义任意一个子图像为 I_i，且 $i = 1, 2, \cdots, U$，U 为子图像总数。

Step2　对 I_i 进行“灰度均值规则”判别，即计算子图像的灰度均值 μ_i，并与整幅影像的灰度均值 μ 进行比较。若满足 $\mu_i \leqslant \mu$，则将 I_i 标记为一个潜在的水体区域 I'_i，进入下一步。否则不进行标记，重复 Step2 对下一个子图像进行判别。

Step3　对 I'_i 进行“相邻性规则”判别，即若 I'_i 存在左侧水平相邻或者上方垂直相邻的子图像块，则以 I'_i 为中心在这两个方向上分别检测相邻的两个子图像，若有任一相邻子图像已被检测最终标记为水体区域块，则对当前 I'_i 不做任何标记，对下一块子图像进行判别。否则，将 I'_i 标记为 I''_i，进入下一步。

Step4　对 I''_i 进行“直方图特征规则”判别，即鉴于水体区域主要表现为亮度值较低的成片区域，计算 I''_i 的灰度直方图后，处于水体区域的子图像直方图应为左边单峰形状。本章认为满足如下条件的 I''_i 为水体区域：直方图峰值灰度级小于图像平均灰度级；峰值灰度级及其右边 8 个灰度级的像素数和占所在区域像素数比例大于 60%。对满足条件的 I''_i 标记为 I'''_i，取 I'''_i 的中心像素点作为标识水体主要区域的一个种子点；否则，不进行标记。重复 Step2 到 Step4，遍历所有子图像，获得当前尺度下的标记点。

Step5　将当前尺度下提取的标记点映射到原始影像中的对应区域，取区域的中心作为最终的标记点位置。

10.2.2 基于标记点的分水岭分割及区域合并

在利用标记点标记水体区域可能存在的位置后，对原始影像进行基于标记点的分水岭分割。首先计算原始影像的梯度影像，将梯度影像中的每个像素的像素值作为点的海拔高度值，将标记点作为积水盆地的底部。由于所提取的标记点仅标记了水体可能存在的区域，为避免欠分割现象，设定所提取标记点在梯度影像中的最大灰度值为阈值 T_e，将所有灰度值小于 T_e 的像素同样作为一个盆地的底部。将周围的像素按照海拔从低到高 (灰度值从小到大) 逐个并入每个盆地底部所在的区域，构成相应的积水盆地。随着各个盆地的面积不断扩大，当两个盆地的水流相汇时的边界，即为分水岭，对应分割结果中相邻对象的边界。由于高分辨率 SAR 图像中地物种类众多、纹理特征丰富，在分割结果中可能存在过分割现象，尤其可能存在属于同一片水体的相邻区域，因此需要进一步的合并处理。

设定阈值 T_d，由于参与合并的相邻区域应当具有相似的灰度分布，因此其灰度均值向量的欧氏距离应位于阈值 T_d 的区间内。具体合并过程为：设分割结果中区域为 $R=\{R_i, i=1,2,3,\cdots,N\}$，$N$ 为区域总个数；各区域的灰度均值向量为 $\mu=(\mu_1,\mu_2,\cdots,\mu_N)$，据此构建区域连接矩阵 $U=\{n_{ij}, i,j=1,2,\cdots,N\}$，若 R_i 和 R_j 相邻，则 $n_{ij}=1$，否则 $n_{ij}=0$。区域合并过程如下：

Step1 根据分割结果生成区域邻接图。

Step2 对每一个与 R_i 相邻的区域 R_j，计算灰度均值向量间的欧氏距离，若位于阈值 T_d 的区间内，则进行合并，并更新区域邻接图，重复 Step2。否则，直接对下一个区域进行判别。

Step3 重复 Step2，直到没有需要合并的区域为止。

由于所提出的标记点提取策略已经标记出所有水体可能存在的区域，因此经过区域合并处理后，分割结果仅保留包含标记点的部分区域，从而实现了水体区域的轮廓信息提取。

10.2.3 虚假目标消除

通过以上步骤提取的水体区域依然可能存在一些虚假目标，为此进一步定义判别规则如下。

规则一：计算每个水体区域的平均灰度值，将大于整幅影像的灰度均值的区域判定为虚假目标。

规则二：生成水体区域的灰度直方图，利用 10.2.1.4 节中提取水体区域标记点时提出的“直方图特征规则”进行虚假目标判别。

规则三：计算每个水体区域的面积，设定阈值 T_{area}，水体区域的面积应大于阈值 T_{area}，否则为虚假目标。

符合以上规则的区域被判定为水体区域。最后，采用同样的策略分别提取多时相 SAR 影像中的水体区域，并根据配准结果对这些区域进行比较，获得最终的洪水灾害变化检测结果。

10.3 实验与分析

所提出的变化检测算法采用先提取单一时相中水体区域，再比较多时相影像中水体区域变化信息的检测策略，因而单一时相影像中水体提取精度直接决定了最终的变化精度。因此，本节首先对两组单一时相高分辨率 SAR 影像进行水体提取实验，并与戴光照等提出的基于自适应阈值的高分辨率 SAR 影像水体提取算法(简称为“自适应阈值方法”) 进行了比较和分析。自适应阈值方法采用灰度直方图的第一个波谷点作为分割阈值，能够快速提取水体所在的区域。在此基础上，为了进一步验证所提出的算法在洪水灾害变化检测中的性能，本节选择了一组双时相加拿大渥太华 (Ottawa) 地区 1997 年洪灾前后的高分辨率 RADARSAT 影像进行实验，并与李金基等提出的洪水灾害变化检测算法 (简称为 “KI 阈值法”) 进行了比较和分析。KI 阈值法结合了插值法与对数比的优点，实现了差分影像的增强，并在此基础上利用一种基于 T- 分布模型改进的 KI 阈值法实现了对差分影像的阈值分割，获得了洪水灾害变化结果，取得了良好的效果。

10.3.1 水体提取实验

实验采用 Matlab7.11.0 平台，首先对两幅 TerraSAR-X 卫星采集的德国罗森海姆 (Rosenheim) 地区 HH 单极化 SLC SAR 图像进行实验，以验证所提出的算法在单一时相影像中提取水体区域的能力，如图 10.4、图 10.5 所示。实验影像#1 空

图 10.4 原始影像#1

图 10.5 原始影像#2

间分辨率为 3m，影像#2 空间分辨率为 1.7m，尺寸均为 512×512 像素。通过目视分析可以看出，两幅影像都属于典型的城市场景，地物种类众多，存在内部纹理特征单一的大块区域以及道路、桥梁、操场、结构复杂的建筑物等人造目标，同时存在大量的相干斑噪声，这些干扰因素都给准确地提取水体带来了困难。

设定参数 $M=4$，使用的拉普拉斯分解滤波器为 CDF97 小波，方向滤波器为 pkva12。这是由于在采用轮廓波去噪时，采用 CDF97 小波及 pkva 12 小波均能取得良好的效果。

去噪后影像如图 10.6、图 10.7 所示。

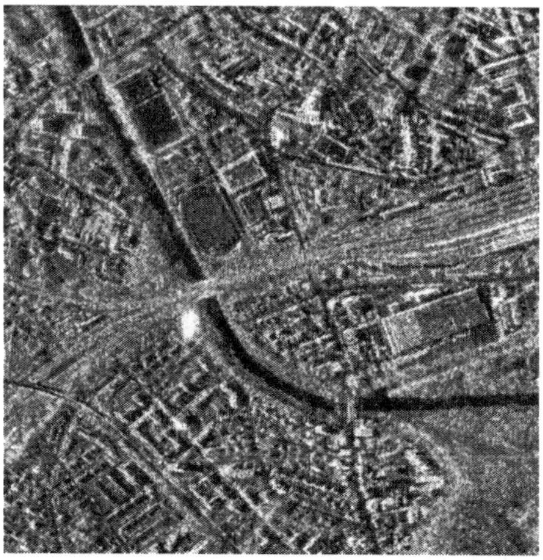

图 10.6 原始影像#1 去噪影像

图 10.7　原始影像#2 去噪影像

通过目视比较去噪前后的两幅影像可以看出，去噪后的影像得到了一定程度的平滑，相干斑噪声得到明显抑制，同时水体的边缘细节信息得到了较好的保留，水体所在的区域在视觉效果上更加突出。为了进一步定量分析去噪的效果，本节选择峰值信噪比 (peak signal to noise ratio，PSNR) 衡量去噪前后的影像品质，峰值信噪比越高，去噪效果越好，如表 10.1 所示。

表 10.1　去噪前后图像品质评价

项目	影像#1	影像#2
去噪前 PSNR	23.67	25.12
去噪后 PSNR	27.33	28.37

如表 10.1 所示，影像去噪后峰值信噪比得到明显提高，与目视分析结果一致。因此，所采用的轮廓波去噪策略是必要且有效的。定义原始影像为 m_0，依次分解获得的低频影像为 m_1、m_2、m_3、m_4。在 $m_1 \sim m_4$ 中的相同位置依次选择 32×32 像素、16×16 像素、8×8 像素、4×4 像素的窗口大小提取水体样本。利用式 (10.5) 计算各尺度下水体的局部方差均值，如表 10.2 所示。

表 10.2　各尺度水体样本区域局部方差均值

σ_m^2	影像#1	影像#2
m_1	0.028	0.037
m_2	0.011	0.013
m_3	0.0087	0.025
m_4	0.023	0.021

通过表 10.2 可以看出，原始影像中的样本局部方差值最大，影像#1 和影像#2 的局部方差极小值分别出现在尺度 m_3 及尺度 m_2，因此选择分别在这两个尺度中

进行水体标记点提取。值得注意的是，两幅影像中局部方差最小的尺度并非轮廓波变换后的最小尺度，这是由于过小的样本窗口反而增加了孤立点对统计结果的影响。因此，在影像#1 尺度 m_3 的低频影像中子图像尺寸取 4×4 像素，影像#2 尺度 m_2 中的低频影像中子图像尺寸取 8×8 像素，分别进行标记点提取，并将提取结果映射到原始影像中，所提取的标记点如图 10.8、图 10.9 所示。通过图 10.8、图 10.9 可以看出，两幅影像所提取的标记点均准确标记出了水体区域所在的位置，能够描绘出水体区域的主体轮廓。其中，绝大多数的标记点均位于水体内部，虚假只发生在少数与水体区域光谱及纹理特征极为相似的区域。

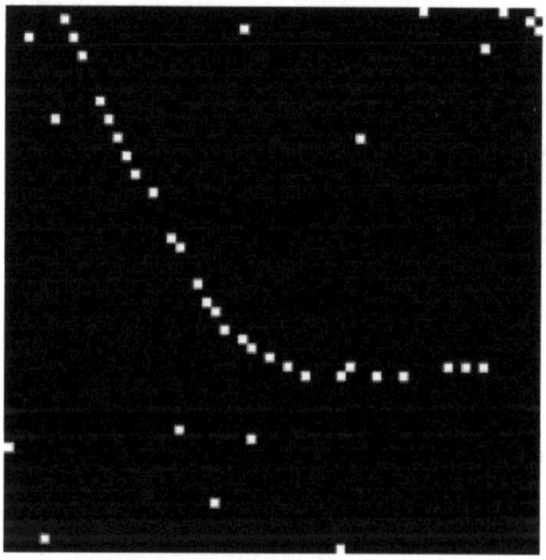

图 10.8 原始影像#1 标记点

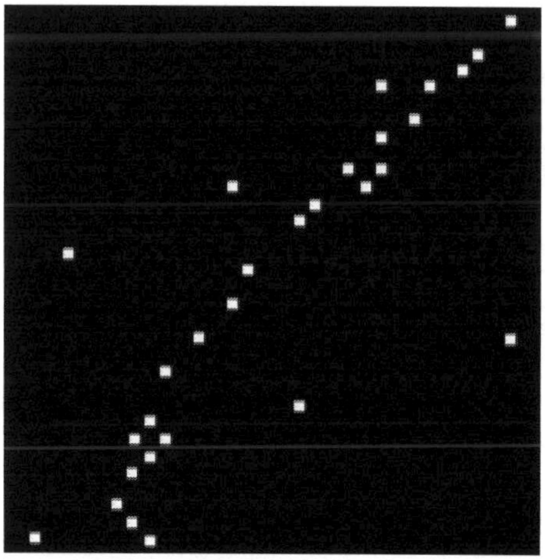

图 10.9 原始影像#2 标记点

对两组实验提取的标记点分布进行统计，结果如表 10.3 所示。

表 10.3 提取标记点分布分析

实验影像	提取标记点总数	水体区域	虚假目标	虚假目标比例/%
影像#1	42	27	15	35.7
影像#2	29	23	6	20.7

通过目视分析及表 10.3 可以看出：所提出的标记点提取策略能够准确标记水体所在的区域，也在一定程度上减少了虚假目标造成的干扰，使标记点主要由水体区域组成。另外，影像#1 中提取的标记点虚假目标比例为 35.7%，明显高于影像#2 的 20.7%。通过比较图 10.4 与图 10.5 可以看出，与影像#1 相比，影像#2 不仅具有更高的空间分辨率，而且背景纹理更加简单，水体区域的光谱及纹理特征以及水体轮廓都更为明显，因此更容易区分水体区域与虚假目标，这是造成两组实验中虚假目标比例差异明显的主要原因。

在区域分割及合并中，经过对多次试验结果的比较，本章选择设定阈值为 $T_d = [-3, 3]$。区域分割及合并后结果如图 10.10、图 10.11 所示。在虚假目标消除时，设定阈值 $T_{\text{area}} = 500$ 像素。在自适应阈值方法中，设定消除虚假目标时涉及的阈值 $T_{\text{re}} = 500$ 像素。采用两种方法分别对两幅影像进行水体提取，结果如图 10.12~图 10.15 所示，其中，白色区域为水体。

为便于对不同算法的实验结果进行比较和精度评价，本章对原始影像影像#1 和影像#2 采用目视解译与手绘的方式人工提取了两幅影像中的水体轮廓，作为水体区域的真实边界对两种算法的实验结果进行分析。将手绘水体轮廓分别叠加于

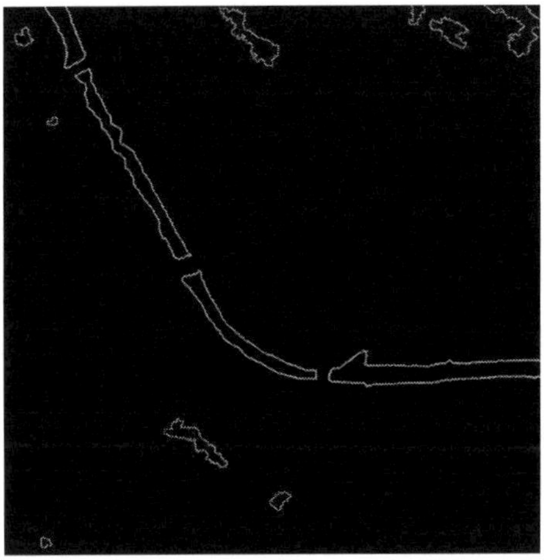

图 10.10 影像#1 分割结果

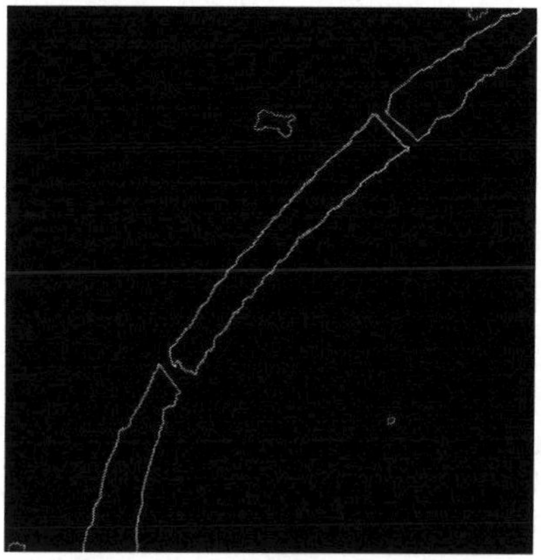

图 10.11 影像#2 分割结果

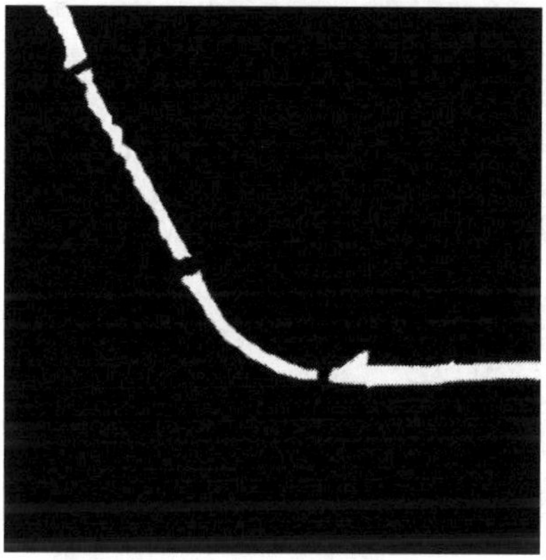

图 10.12 影像#1 本章算法

图 10.13 影像#2 本章算法

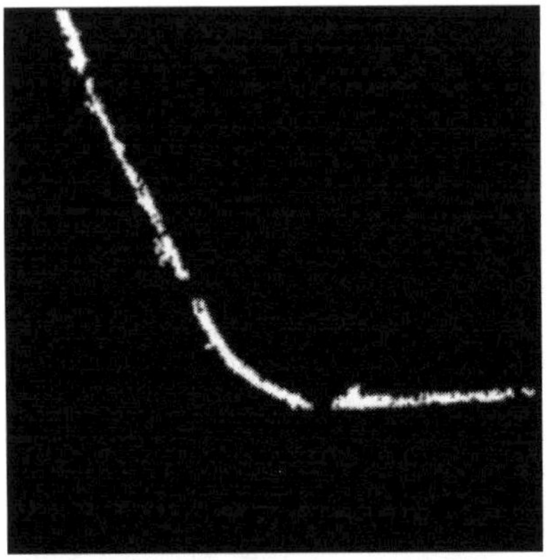

图 10.14 影像#1 自适应阈值方法

图 10.15 影像#2 自适应阈值方法

两种算法的实验结果中。为更加清晰地显示叠加结果，设定水体区域为白色 (灰度值为 255)，真实边界为黑色 (灰度值为 0)，其他区域为灰色 (灰度值为 125)，如图 10.16～图 10.19 所示。

通过目视分析可以看出，两组实验中两种算法都能够有效提取水体所在的主要区域，并有效消除虚假目标，但效果差异显著。本章提出的算法所提取的水体轮廓明显较自适应阈值方法更加接近水体区域的真实轮廓，因此具有更高的精度。

通过图 10.18 可以看出，在影像#1 实验中自适应阈值方法尽管采用了自适应阈值的影像分割策略，但单一的阈值难以准确提取高分辨率 SAR 影像中水体区域的光谱特征，实验结果中存在严重的漏检现象，大量水体区域被判定为陆地，甚至使原本连续的水体区域发生了断裂。如图 10.16 所示，本章所提出算法不但能够完整提取水体所在区域，同时能够准确地定位水体的边界。

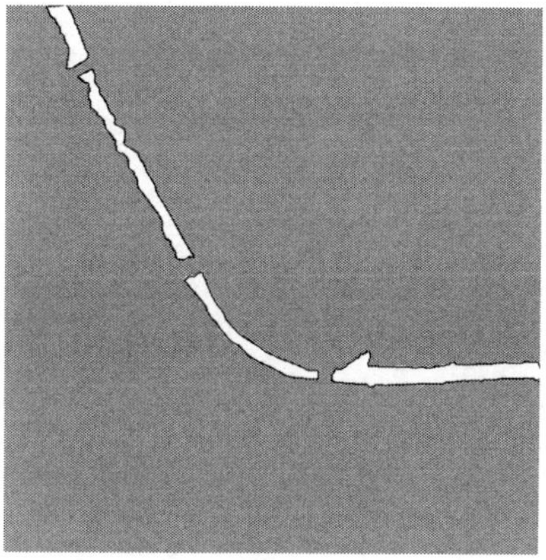

图 10.16 影像#1 本章方法

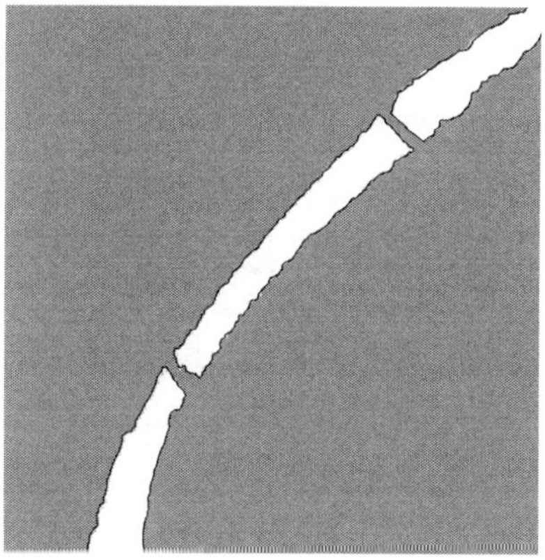

图 10.17 影像#2 本章方法

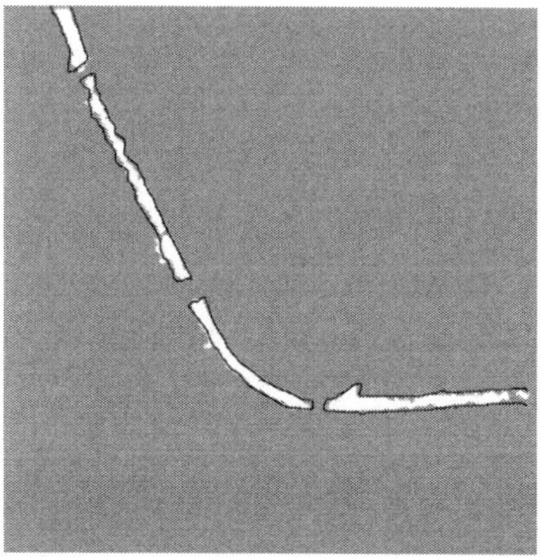

图 10.18 影像#1 自适应阈值方法

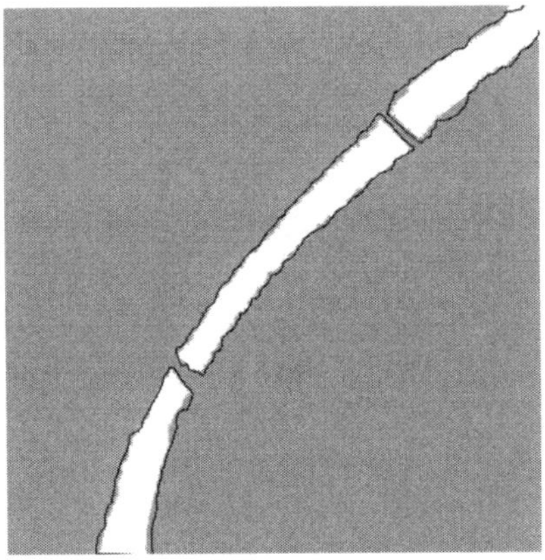

图 10.19 影像#2 自适应阈值方法

通过图 10.19 可以看出，自适应阈值方法在影像#2 中对水体边界的检测效果明显好于影像#1 的实验。本章提出方法检测效果则与影像#1 实验差异不大。自适应阈值方法检测精度显著提高的主要原因是由于影像#2 中水体区域的光谱特征与水体的边坡区域差异更加明显，使阈值分割方法定位水体边界的精度有所提高。

利用真实边界进一步对两种算法的实验结果进行精度评价，如表 10.4 所示。

表 10.4 精度评价

影像	方法	总体精度/%	误检率/%	漏检率/%	Kappa 值
影像#1	本章方法	95.11	3.21	3.19	0.9365
	自适应阈值方法	78.75	6.52	27.14	0.7532
影像#2	本章方法	97.21	1.58	2.73	0.9527
	自适应阈值方法	86.09	9.25	7.32	0.8638

通过表 10.4 可以看出，在两组实验中所提出的算法在总体精度、误检率、漏检率以及 Kappa 系数四项精度指标均明显高于自适应阈值方法，两组实验中总体精度均在 95%以上，与目视分析结果一致。自适应阈值方法采用基于阈值的水体检测算法，在两组实验中总体精度分别为 78.75%及 86.09%，差异明显。因此，在高分辨 SAR 影像中采用单一的阈值区分水体区域与其他目标很难取得理想的效果，算法可靠性较差。

10.3.2 水体区域变化检测实验

为进一步验证本章所提方法在洪水灾害变化检测中的效果，第三组数据采用两幅加拿大渥太华 (Ottawa) 地区洪水灾害前后的高分辨率 RADARSAT 影像进行实验，空间分辨率为 8.9m，影像尺寸为 256×256 像素，并与 KI 阈值法进行了比较实验。几何配准后的影像#3、影像#4 如图 10.20、图 10.21 所示。其中影像#3 的采集时间为 1997 年 5 月，影像#4 的采集时间为 1997 年 8 月，两幅影像反映的是 1997 年 5 月夏季暴雨导致的洪水灾害前后的水体区域变化。

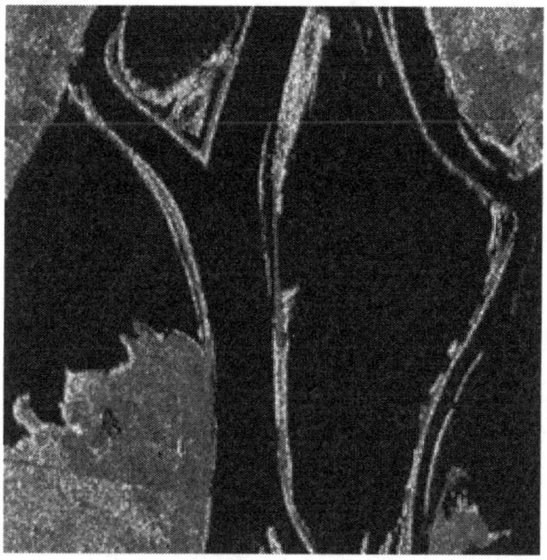

图 10.20 原始影像#3

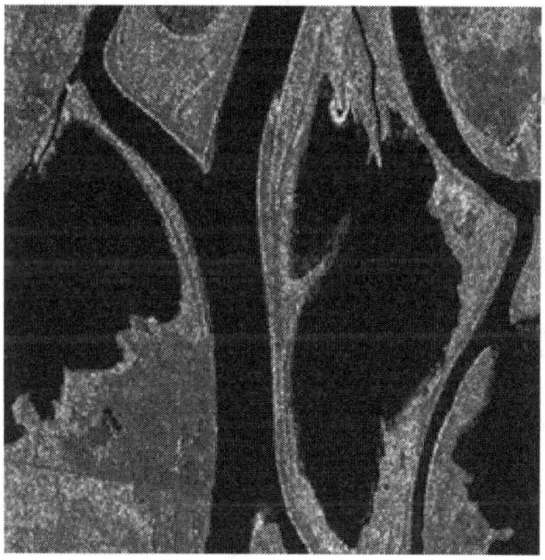

图 10.21 原始影像#4

通过图 10.20 和图 10.21 可以看出，场景中存在大面积的水体、湖泊以及零星分布的小片水体区域。设定 $T_{\text{area}} = 200$ 像素，$T_d = [-2, 2]$，其他参数设定均与前两组实验相同。在 KI 阈值法中，设定 Lee 滤波参数 $N_{\text{L}} = 3$，融合参数为 $N_{\text{F}} = 7$，$S_{\text{T}} = 0.7$。

采用本章方法提取的水体轮廓如图 10.22、图 10.23 所示，其中白色区域为水体。

图 10.22 影像#3 水体区域

图 10.23 影像#4 水体区域

为评价检测精度，通过目视解译提取了水体发生变化的区域作为参考数据，如图 10.24 所示。基于配准结果比较影像#3 和影像#4 中的水体区域，获得水体发生变化的区域如图 10.25 所示。图 10.26 为 KI 阈值法提取的水体变化区域。

通过目视分析可以看出，两种算法都提取出了洪水灾害前后水体变化的主要区域，而本章提出算法的检测结果最为接近图 10.24 的参考影像。KI 阈值法尽管采用了基于差分影像与对比影像的图像增强预处理，但基于阈值分割的变化检测策略仍然难以避免图像细节特征的损失，从而无法提取水体边缘细微的变化。进一步对两种算法的实验结果进行精度评价，如表 10.5 所示。

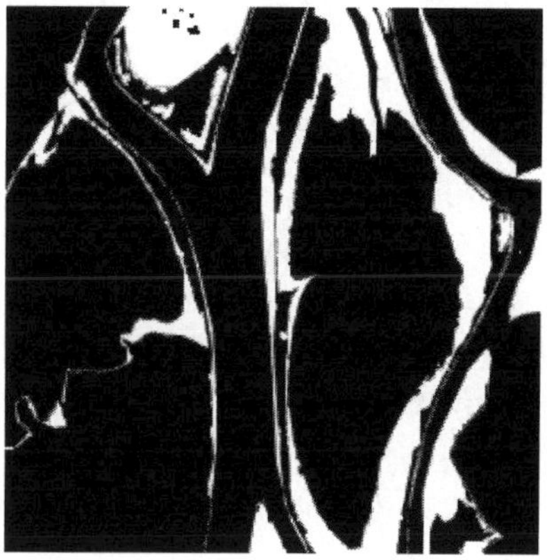

图 10.24 参考数据

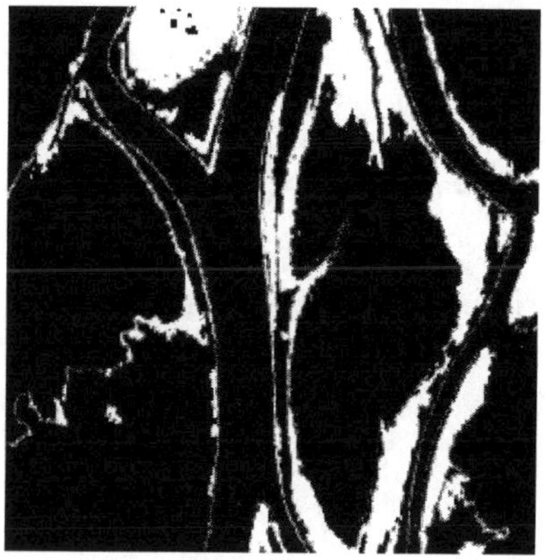

图 10.25 本章算法的变化检测结果

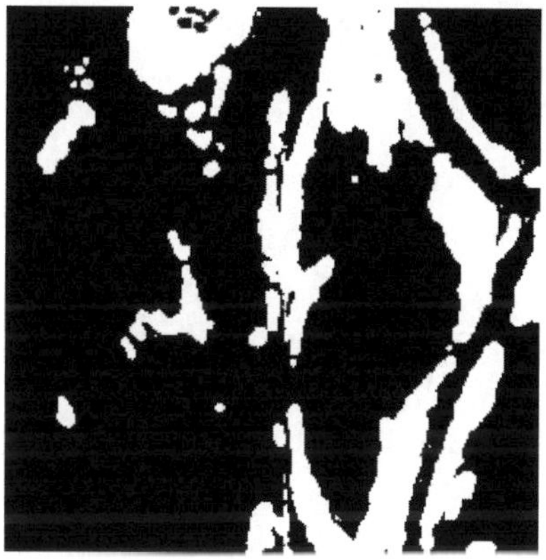

图 10.26 KI 阈值法的变化检测结果

表 10.5 精度评价

方法	总体精度/%	误检率/%	漏检率/%	Kappa 值
所提方法	92.35	6.82	3.82	0.8932
KI 阈值法	87.65	7.27	12.87	0.8132

通过表 10.5 可以看出，KI 阈值法在预处理过程中增加了图像的对比度，因而在抑制误检率方面取得了良好的效果。但本章算法在总体精度等评价指标中明显优于 KI 阈值法，与目视分析结果一致。

参 考 文 献

[1] Giustarini L, Chini M, Hostache R, et al. Flood hazard mapping combining hydrodynamic modeling and multi annual remote sensing data[J]. Remote Sensing, 2015, 7(10):

14200-14226.

[2] 孙涛, 黄诗峰. Envisat ASAR 在特大洪涝灾害监测中的应用 [J]. 南水北调与水利科技, 2006, 4(2): 33-35.

[3] Huang F C, Li M, Shi A Y, et al. Insect visual system inspired small target detection for multi-spectral remotely sensed images[J]. Journal of China Institute of Communications, 2011, 32(9): 88-95.

[4] 徐立中, 李士进, 石爱业. 数字图像的智能信息处理 [M] . 北京: 国防工业出版社, 2007.

[5] 黄凤辰, 李敏, 石爱业, 等. 受昆虫视觉启发的多光谱遥感影像小目标检测 [J]. 通信学报. 2011, 32(9): 88-95.

[6] Tamminga A D, Eaton B C, Hugenholtz C H. UAS - based remote sensing of fluvial change following an extreme flood event[J]. Earth Surface Processes and Landforms, 2015, 40(11): 1464-1476.

[7] Kundu S, Aggarwal S P, Kingma N, et al. Flood monitoring using microwave remote sensing in a part of Nuna river basin, Odisha, India[J]. Natural Hazards, 2015, 76(1): 123-138.

[8] Long S, Fatoyinbo T E, Policelli F. Flood extent mapping for Namibia using change detection and thresholding with SAR[J]. Environmental Research Letters, 2014, 9(3): 035002.

[9] Ding X W, Li X F. Monitoring of the water-area variations of Lake Dongting in China with ENVISAT ASAR images[J]. International Journal of Applied Earth Observation and Geoinformation, 2011, 13(6): 894-901.

[10] Youssef A M, Sefry S A, Pradhan B, et al. Analysis on causes of flash flood in Jeddah city (Kingdom of Saudi Arabia) of 2009 and 2011 using multi-sensor remote sensing data and GIS[J]. Geomatics, Natural Hazards and Risk, 2016, 7(3): 1018-1042.

[11] Wang X, Shen S, Ning C, et al. Multi-class remote sensing object recognition based on discriminative sparse representation[J]. Applied optics, 2016, 55(6): 1381-1394.

[12] 朱俊杰, 郭华东, 范湘涛. 高分辨率 SAR 图像的水体边缘快速自动与精确检测 [J]. 应用技术,2005,(5): 29-31.

[13] 戴光照, 张荣. 高分辨率 SAR 图像中的桥梁识别方法研究 [J]. 遥感学报,2007,11(2): 177-184.

[14] 李金基, 焦李成, 张向荣, 等. 基于融合和 T- 分布的 SAR 图像水灾变化检测 [J]. 计算机研究与发展, 2011,48(2): 271-280

[15] Ke H X, Liu G D, Pan G B. Fuzzy support vector machine for PolSAR image classification[J]. Advanced Materials Research, 2013, 639: 1162-1167.

[16] 程明跃, 叶勤, 张绍明, 等. 基于模糊加权 SVM 的 SAR 图像水体自动检测 [J]. 计算机工程, 2009, 35(2): 219-221.

[17] Sethunadh R, Thomas T. SAR image despeckling in directionlet domain based on edge detection[J]. Electronics Letters, 2013, 49(6): 422-424.

[18] Sha H, Jiang P. Image denoising based on classification standard in non-subsampled Contourlet transform domain[J]. Journal of Hefei University of Technology (Natural Science), 2013, 7: 028.

[19] Chen X W, Yu G L, Gong J B. Contourlet-1.3 texture image retrieval system[C]// 2010 International Conference on Wavelet Analysis and Pattern Recognition (ICWAPR), 2010: 49-54.

[20] 石爱业, 徐立中, 汤敏. 联合 IHS 变换和 MAP 估计的遥感图像融合 [J]. 遥感学报, 2010, 14(6): 1259-1272.

[21] Xiao M, He Z. Remote sensing image fusion based on Gaussian mixture model and multi-resolution analysis[C]//Eighth International Symposium on Multispectral Image Processing and Pattern Recognition. International Society for Optics and Photonics, 2013: 89210Q-89210Q-8.

[22] Wu Y, Zhang P, Li M, et al. SAR image multiclass segmentation using a multi-scale and multi-direction triplet Markov fields model in non-subsampled contourlet transform domain[J]. Information Fusion, 2013, 14(4): 441-449.

[23] Roque D, Afonso N, Fonseca A M, et al. OBIA Flood Delimitation Assisted by Threshold Determination with Principal Component Analysis[J]. Photogrammetric Engineering & Remote Sensing, 2014, 80(6): 551-557.

[24] Dixit M, Silakari S. Utility of parametric curves in image processing applications[J]. International Journal of Signal Processing, Image Processing and Pattern Recognition, 2015, 8(7): 317-326.

[25] Burt P J, Adelson E H. The Laplacian pyramid as a compact image code[J]. IEEE Transactions on Communications, 1983, 31(4): 532-540.

[26] Chen G Y, Bui T D. Multi-wavelets denoising using neighboring coefficients[J]. Signal Processing Letters, IEEE, 2003, 10(7): 211-214.

索　　引